永磁同步电机预测控制

宋战锋 著

科学出版社

北 京

内 容 简 介

本书主要涵盖永磁同步电机有限集预测控制的原理分析及其控制系统的设计与应用，同时对永磁同步电机预测控制器的参数整定方法、权值设定，以及算法简化过程等关键技术问题进行论述，得出一些有益的结论。全书力求贯彻理论与实际相结合的原则，既阐明永磁同步电机预测控制的基本原理，又给出设计和分析的具体过程，反映其新技术、新方法和实际应用动态，为相关领域的理论探索与应用研究提供一定的理论基础。

本书可作为电机学、永磁同步电机驱动、电力电子技术、电机预测控制等方向高年级本科生、研究生的参考书，也可供永磁同步电机驱动等领域相关科技人员阅读。

图书在版编目(CIP)数据

永磁同步电机预测控制/宋战锋著. —北京：科学出版社, 2023.8
ISBN 978-7-03-072104-4

Ⅰ. ①永… Ⅱ. ①宋… Ⅲ. ①永磁同步电机-预测控制 Ⅳ. ①TM351.012

中国版本图书馆 CIP 数据核字(2022)第 064456 号

责任编辑：张艳芬 魏英杰 / 责任校对：崔向琳
责任印制：赵 博 / 封面设计：陈 敬

科学出版社 出版
北京东黄城根北街 16 号
邮政编码：100717
http://www.sciencep.com
北京市金木堂数码科技有限公司印刷
科学出版社发行 各地新华书店经销
*
2023 年 8 月第 一 版 开本: 720 × 1000 1/16
2024 年 5 月第二次印刷 印张: 11 3/4
字数：226 000

定价: 128.00 元

(如有印装质量问题, 我社负责调换)

前　言

相对于传统的电励磁同步电机，永磁同步电机具有高效率、高功率密度、运行可靠等优点，已成为支撑国民经济发展的重要动力装备。同时，随着永磁材料性能的持续提升，以及永磁电机控制技术的不断成熟，永磁同步电机在航空航天和国防等领域的应用日趋广泛。近年来，预测控制理论不断完善，在电机控制领域的研究和应用均取得新的突破，尤其是在永磁同步电机驱动方面的探索愈发广泛、深入。其巨大的发展潜力和广阔的应用前景受到各国学者的深切关注。

全书共 8 章。第 1 章在回顾永磁同步电机发展历史的基础上，介绍预测控制在永磁同步电机领域的研究现状。第 2 章构建连续域和离散域下的永磁同步电机数学模型，并对暂态阻抗、功率因数、弱磁等特性进行分析。第 3 章针对永磁同步电机的传统驱动器——两电平电压源型逆变器，在构建数学模型的同时，重点分析三角波调制特性、零序注入特性、空间矢量脉冲宽度调制特性，以及延迟因素的影响。第 4 章主要研究永磁同步电机线性控制器的设计过程及其参数整定方法。第 5 章阐述有限集预测控制器设计与实现过程。第 6 章围绕永磁同步电机预测控制中的两个重要问题——价值函数中权值的设定方法，以及预测控制器的算法简化过程进行深入分析。第 7 章研究永磁同步电机预测控制中周期性扰动的特性及抑制策略。第 8 章以提升预测控制稳态控制性能为出发点，提出基于可变作用时间的永磁同步电机预测控制方法。

本书是作者在该领域多年研究工作的梳理和总结，是作者主持的多个国家级、省部级科研项目成果的凝练。作者指导的多名研究生，包括贾依林、张然、马小惠、毛丰羽等也参与了本书部分章节的撰写工作。本书的出版得到天津大学研究生创新人才培养项目 (YCX202006) 的资助。

本书的完成离不开前人所做的贡献，在此对本书参考的相关文献的作者表示感谢。

限于作者水平，书中难免存在不妥之处，恳请读者不吝指正。

作　者

2023 年 1 月

目　录

第 1 章　绪　　论

1.1　永磁同步电机发展现状

随着我国建设步伐的不断加快，装备制造业面临的技术需求日益提高。作为战略性新兴产业，高端装备制造业，尤其是面向国家支柱产业的高端装备制造技术成为国家重大需求。我国提出《中国制造 2025》战略迎接全球工业化革新浪潮，全面部署推进实施制造强国战略，推动工业机器人、航空航天装备及高技术船舶、新能源汽车等重点领域的突破发展。在《关于加快振兴装备制造业的若干意见》中，纵观振兴装备制造业的十六个关键领域，每个领域的振兴都离不开高效能电机系统，如大型冷热连轧成套设备、新型地铁和轨道交通车辆、大型海洋运输船舶等。可见，随着现代科技，特别是高端装备制造业的发展，高效能电机系统已经成为实现装备制造业现代化、提升其竞争力的关键与核心，对我国装备制造业发展起到重要的支撑作用。

永磁同步电机具有高效率、高功率密度等特点，逐渐成为支撑国民经济发展和国防建设的重要能源动力装备，以及重大基础装备的关键与核心，具有巨大的发展潜力和广阔的应用前景[1, 2]。就发展历程而言，永磁同步电机的发展依赖永磁材料性能的提高和电力电子技术的突破。20 世纪 60 年代，由于稀土永磁材料价格较高，永磁同步电机的应用仅集中在航空航天等特殊行业。80 年代，随着钕铁硼永磁材料的出现及电力电子技术的发展，永磁同步电机成本开始降低，控制更易实现，其应用范围也逐步向工业和民用领域拓展。90 年代至今，永磁材料、电力电子以及永磁同步电机设计与开发等技术都有了显著进步，永磁电机的应用范围进一步扩大，成为工业与民用领域高性能驱动系统的首选和主要发展方向[3]。

目前，永磁同步电机的应用遍及航空航天、国防、工业生产和日常生活的各个领域。在国防和航空航天领域，永磁同步电机可以满足系统对电机控制精度、稳定性、转矩脉动、响应速度、速度平稳性、低速性能、宽范围运行能力等方面较高的控制要求。在高档数控机床和机器人领域，永磁同步电机及其高性能伺服运动控制系统是其核心基础。在先进轨道交通装备领域，高性能永磁同步牵引电机代替异步牵引电机作为电力机车传动装置是未来发展的趋势。永磁同步电机传动系统高效率、零污染电能转化性能，在公共交通、工业制造、新能源汽车等领域对节能环保将起到至关重要的贡献作用[4]。

1.2 永磁同步电机控制技术分类及研究现状

随着电力电子技术和微处理器技术的快速发展，永磁同步电机控制技术不断完善。目前研究比较成熟且得到广泛工业应用的两类经典控制方案是基于磁场定向的矢量控制策略和直接转矩控制策略。永磁同步电机在本质上是非线性的控制对象。在实际应用过程中，电机的参数往往会实时变化，并且存在外部干扰，而经典的控制方法难以克服非线性、参数变化、外部扰动等因素的影响。现代控制策略和智能控制理论考虑控制对象参数变化，以及各种非线性因素的影响，具有不依赖对象模型、鲁棒性强的特点，因此被越来越多地应用到永磁同步电机控制中。

1. 矢量控制

矢量控制策略作为永磁同步电机的经典控制方法之一，由 Hass 和 Blaschke 在 20 世纪 70 年代提出，是目前实际应用中最成熟、最广泛的永磁同步电机控制策略，能够满足对速度和电流的精确控制，具有优异的稳态性能。其基本原理是，通过将电机变量从三相静止坐标系变换到两相旋转坐标系，采用比例积分控制器等电流控制器和脉冲宽度调制 (pulse width modulation，PWM) 模块产生电压信号来控制电机。矢量控制方法利用坐标变换对转矩和磁链的控制实施解耦，实现类似直流调速的动静态控制，成为跨时代的主流控制策略，被以西门子为代表的企业大范围应用于永磁同步电机的调速驱动系统[5]。

在电机控制领域中，矢量控制又称磁场定向控制。根据选择的定向磁场的不同，磁场定向控制可分为转子磁场矢量定向、定子磁场矢量定向和气隙磁场矢量定向。对于永磁同步电机，由于转子永磁体磁链恒定，一般采用转子磁场定向控制。根据控制目标的不同，磁场定向控制的具体实现方法又可分为以下几类。

(1) $i_d = 0$ 控制。该方法以保持永磁同步电机直轴电流等于零为控制目标，并以此消除直轴电枢反应。此时，无论对于凸极式还是隐极式永磁电机，电机转矩仅与交轴电流成正比，控制结构简单。此方法的不足之处是，电机功率因数会随着负载转矩的增大而减小，对逆变器容量的要求较高。

(2) 最大转矩电流比 (maximum torque per ampere，MTPA) 控制。该方法的控制目标是利用最小的定子电流输出最大的电磁转矩。由于表贴式永磁同步电机的 dq 轴电感基本相同，因此转矩表达式中不包含磁阻转矩，而内置式永磁同步电机的 dq 轴电感不等，在转矩表达式中就会出现一部分磁阻转矩。通过一定的控制方式可以利用该磁阻转矩使输出同等转矩时的定子电流达到最小，进而提高电机的效率。该方法称为最大转矩电流比控制。

(3) 单位功率因数控制。该方法的控制目标是保持电机功率因数为 1，通过控制电机直、交轴定子电流分量实现电机的高功率因数运行，降低对逆变器容量的要求。该方法的不足之处是，永磁同步电机的最大输出转矩有所降低。

(4) 恒磁链控制。该方法的控制思想是，通过控制定子直、交轴电流分量使电机定子磁链和转子永磁体磁链对应到定子绕组中的磁链相等。该方法可以获得较高的功率因数，但是同样存在最大输出转矩受限的问题。

2. 直接转矩控制

直接转矩控制也是永磁同步电机经典控制策略之一。与矢量控制不同，直接转矩控制可以省略旋转坐标变换和电流环控制等复杂的中间环节，直接对电机转矩进行控制，具有简化的控制结构以及快速的瞬态响应。其基本原理是，根据转矩和定子磁链的参考值与估计值之间的控制误差，通过开关表直接选择最优电压矢量，直接控制逆变器的开关状态，从而使转矩误差和定子磁链误差都维持在预期的范围之内。

在永磁同步电机直接转矩控制的实现过程中，首先测量电机定子电流，获得电机定子磁链和转矩的实际值，并确定定子磁链所处扇区。然后，将定子磁链和转矩的实际值与参考值比较，经过定子磁链和转矩滞环比较器得到输出结果，结合定子磁链所处扇区，在电压矢量表中选择合适的电压矢量，控制定子磁链幅值和相角的变化，实现对电机转矩的控制。

传统直接转矩控制的优点主要有，直接在静止坐标系下进行控制，无须坐标变换；对转子位置信息要求不高，便于实现无速度传感器控制；电机参数敏感度低，系统鲁棒性高；直接将转矩作为控制对象，省去电流控制等中间环节，具有较好的动态控制性能等。但是，传统直接转矩控制采用滞环比较器，导致电机转矩和定子磁链脉动较大，开关频率不恒定。针对传统直接转矩控制的不足，国内外研究学者在对电压矢量表改进、将直接转矩控制与空间矢量脉冲宽度调制 (space vector pulse width modulation，SVPWM) 相结合，以及将直接转矩控制与智能控制算法相结合等方面提出多种方法。

3. 现代控制理论

永磁同步电机在正常驱动工作过程中不可避免地会受到内外扰动的影响。具体来说，永磁同步电机驱动系统的扰动可以分为三个部分。第一部分是在系统建模中难以准确建模的因素，如磁链谐波、逆变器死区效应，以及输出信号的测量误差等。第二部分是参数的不确定性，例如机械转动惯量在特殊应用场合下的时变特性，以及定子电感的计算误差。第三部分是以负载转矩突变为主的外部扰动。上述扰动会干扰电机参考指令跟踪控制器的控制动作，使永磁同步电机控制策略无法获得期望的控制效果[6, 7]。现代控制理论和智能控制策略能够提升永磁同步电机的控制性能，有效抑制扰动对永磁同步电机的影响。目前流行的控制策略有模型参考自适应控制、自校正自适应控制、滑模变结构控制等。

自适应控制只需被控对象一个合适的参考模型，无须精确模型，能实时对被控对象进行在线辨识，可以克服参数变化带来的影响。自从提出到现在，自适应控制已经发展成现代控制理论中应用比较广泛的控制方法分支。自适应控制在永磁同步电机控制系统中主要解决的问题是提高永磁同步电机控制系统的鲁棒性，克服各种抖动和参数变化的影响。但是，自适应控制也有自己的缺点，如在线辨识和校正需要的时间可能比较长，对一些变化较快的伺服系统，可能无法达到理想的结果。

滑模控制策略是由 Emelyanov 和 Utkin 等在 20 世纪 60 年代提出的。作为一种非线性控制策略，滑模控制策略与传统控制策略的本质区别在于控制的不连续性，即系统控制期间的切换操作不断改变系统结构特征。该方法对数学模型要求不严格、对参数变化和内外扰动不敏感、响应速度快、算法简单、易于使用，可以为复杂的工业控制提供更好的解决方案，因此在永磁同步电机控制领域得到广泛的应用。有学者将滑模控制策略应用到直接转矩控制策略中，提出一种双滑模控制策略，可以有效降低磁链和转矩脉动，提高系统的鲁棒性。

上述自适应控制和滑模控制策略在永磁同步电机领域的应用最为成熟、广泛。除此以外，现代控制理论中还包括以模糊控制和神经网络控制为代表的智能控制算法，以及自抗扰控制等。越来越多的学者将此类新型控制算法与传统控制策略相结合，以此来进一步提升控制性能，并获得令人满意的成果。

4. 无位置传感器控制

在永磁同步电机的传统控制策略中，无论是矢量控制，还是其他控制策略系统的转速信息都需要通过光电编码器等位置或速度传感器来获得，以实现闭环控制。但是，传感器增加了电机的体积和转动惯量，使系统的可靠性降低，而且传感器的灵敏度和分辨率易受应用环境中温度、电磁噪声的干扰，使电机的控制精度降低。

无传感器控制技术可有效地解决机械传感器带来的各种缺陷，对提高系统可靠性和环境适应性具有重要意义，已成为永磁同步电机控制技术领域的研究热点。无传感器运行控制系统是通过直接计算、状态估计等方法，从电机绕组电压、电流等电信号中提取转子的位置和速度信号，并将其应用到闭环控制系统中，从而取代传感器。近年来，永磁同步电机的无位置传感器控制技术不断发展，逐渐形成多种转子磁链位置的估算和观测，以及确定转子初始位置的方法。

5. 容错控制

永磁同步电机控制系统是由具备独立功能的各种单元构成的复杂系统。目前，绝大部分的控制理论都是建立在假设系统各组成部分都正常工作的基础上。然而，当永磁同步电机发生失磁故障、断路故障、短路故障、逆变器故障时，若不根据故障状态设计相应的容错控制策略，那么电机系统的安全运行将受到威胁[8]。

失磁故障是永磁同步电机的常见故障。与异步电动机等电励磁电机相比，永磁同步电机最大的问题在于永磁材料存在失磁风险。永磁体的磁场波动或失磁都会直接导致电机发热异常和转矩性能变差。对此问题，许多学者提出实时失磁检测方法，通过分析永磁体发生失磁故障对电机运行状态的影响，提出相应的容错控制算法，实现永磁同步电机在失磁故障情况下的稳定运行。

由于环境恶劣、供电不稳、绕组输出端脱落等问题造成的电机绕组开路是永磁同步电机常见的故障，一旦电机绕组发生故障断开，转矩就不再平稳，同时非故障相绕组的电流急剧增加，电机控制性能下降，长时间运行甚至可能烧毁电机。针对永磁同步电机断相故障研究容错控制方法，通过重新分配非故障相电流的幅值与相位，设计控制器抑制转矩脉动，可以保证电机驱动系统安全稳定运行。

永磁同步电机控制系统常采用的功率变换器是电压源型逆变器，其中的功率半导体开关器件是极易发生故障的薄弱环节。尽管人们为提高驱动系统的可靠性采取降额设计或使用并联冗余元件等方法，但这会使系统成本过高，并且仅适用于空间条件许可的场合。针对此问题，国外有学者提出逆变器故障容错控制技术。典型的控制策略是直接移除包含故障开关的整个故障逆变器支路，然后对断相故障实施相应的容错控制策略。近几年，有学者提出充分利用故障逆变器支路中剩余的健康开关，使系统性能提升的容错控制策略。容错控制使驱动系统功率变换器在发生故障的情况下，能够自动补偿故障的影响来维护系统的稳定性，尽可能地恢复系统故障前的性能，从而保证系统稳定可靠地运行。

1.3 预测控制在永磁同步电机领域的研究与应用

1.3.1 预测控制机理及发展过程

预测控制是 20 世纪 70 年代工业过程控制领域出现的一类新型控制算法。与常规控制方法不同，预测控制是基于被控对象模型预测未来行为的一种控制方法。该方法结合被控对象运行的历史信息，采用有限时段的滚动优化方法得出最优输出量，并根据实测输出修正或补偿预测模型。近几十年来，预测控制理论的发展日趋完善，在实际应用也取得了丰硕的成果。

预测控制的发展历程大致经历了三个阶段。第一阶段是 20 世纪 70 年代后期基于阶跃响应、脉冲响应模型的工业预测控制算法，如动态矩阵控制等。其模型选择和控制思路很适合复杂工业过程应用的要求，从一开始就成为工业预测控制软件的主体算法，在化工、石油、汽车等领域得到了广泛的应用。由于理论分析困难，需要在应用中融入对实际过程的了解和调试经验。第二阶段是 20 世纪 80 年代以广义预测控制为代表的自适应预测控制算法。其模型和控制思路更适合理论分析，在航天、机器人等精密领域得到广泛应用，极大地促进了预测控制的进一步发展，但如何在定量分析中包含状态量和控制量的约束条件仍是一个悬而未解的难题。第三阶段是 20 世纪 90 年代随着预测控制理论的初步形成，学者不断提出多种新型算法，逐渐形成预测控制定性综合理论。在这一阶段，人们因为定量分析的困难而转变研究思路，不再局限于研究已有算法的稳定性，而是在研究如何保证稳定性的同时发展新的算法，所以预测控制的理论研究出现新的飞跃，并取得丰硕的研究成果。这成为当前预测控制研究的主流[9]。

进入 21 世纪，随着芯片集成度的不断提高，计算能力迅速提升。预测控制理论在运动控制中的研究和应用逐渐成为可能。21 世纪初期，多位学者先后将预测控制应用于永磁同步电机、异步电机，以及其他逆变器控制等快速时变系统中，标志着相关研究工作取得一定进展。此后，预测控制在永磁同步电机驱动领域的应用更加广泛、深入。

预测控制算法的形式具有多样性，但无论是何种形式，都应建立在预测、滚动优化、反馈校正三种基本原理的基础上[10]。

预测模型是预测控制的基础，其主要功能是根据对象的历史信息和未来输入预测未来输出，可以展现系统未来的动态行为。无论模型的结构形式如何，只要具备上述功能，均可作为预测模型使用。例如，状态方程、传递函数等传统的模型可以作为预测模型；阶跃响应、脉冲响应这类非参数模型也可直接作为预测模型使用。在预测模型的基础上，可任意地给出未来的控制策略，观察对象在不同控制策略下的输出变化，从而比较这些控制策略的优劣。

预测控制最主要的特征表现为滚动优化，通过优化某一性能指标确定未来的控制作用。预测控制的优化不是一次离线进行，而是随着采样时刻的前进反复在线进行，因此称为滚动优化。通常可取对象未来输出跟踪某一期望轨迹的方差最小为优化目标。需要注意的是，预测控制中的优化是一种有限时段的滚动优化，即优化过程不是用一个对全局相同的优化性能指标，而是在每一时刻有一个相对于该时刻的优化性能指标。因此，滚动优化是预测控制与传统最优控制的根本区别。

预测控制是一种闭环控制算法，包含反馈校正环节。反馈校正具有多种形式，可以在维持预测模型不变的基础上，对未来的误差做出预测并加以补偿，也可以根据在线辨识原理直接对预测模型进行修正。因此，预测控制中的优化不但基于模型，而且利用反馈信息，构成闭环优化[11]。

1.3.2　预测控制分类及特性

现在我们所说的预测控制，通常包括前述来自工业控制、自适应控制及内模控制 (internal model control，IMC) 等多方面的研究成果，它们统称为模型预测控制。21 世纪初期，模型预测控制开始广泛应用于永磁同步电机驱动领域。在每个采样周期内，利用电机模型预测未来状态，构造衡量预测状态与相应期望状态之间差异的代价函数，依靠价值函数对未来时刻变量与参考信号比较，选取下一时刻的最优操作。模型预测控制的目标是使代价函数最小。代价函数可以根据实际需要进行设计，控制准则更灵活。模型预测控制相比传统的双闭环矢量控制，可以避免复杂的参数整定，且算法简单易懂。

模型预测控制具有实现简单、动态响应迅速，可以处理非线性系统并结合多个控制目标与各种约束条件的高度灵活性等显著优点，因此自提出以来便引起强烈反响，从二十多年前首次应用于电力电子和电机驱动领域到今天，对永磁同步电机模型预测控制策略的探讨依然热度不减。永磁同步电机模型预测控制已被证明是一种有效的控制方案，并被视为最有可能替代主流矢量控制策略的方案，在许多知名车企中已经得到成功应用[12]。

永磁同步电机领域应用的模型预测控制主要有以下三种分类方式。

(1) 根据电压矢量控制集的不同，模型预测控制可分为连续控制集模型预测控制和有限控制集模型预测控制。连续控制集模型预测控制是将控制目标 (指令跟踪、最大转矩电流比控制、弱磁控制等) 和约束条件 (最大输出电流、最大输出电压等) 构造成优化函数，然后通过求解该优化问题得到最优电压矢量。根据预测模型及优化方式的不同，连续控制集模型预测控制又可分为广义预测控制和显式预测控制。其中，广义预测控制在线求解优化问题，算法较为复杂，计算量较大，并且难以处理约束条件，不利于实际电机控制应用；显式预测控制可离线求解最优控制问题，虽然能够降低计算负担，但是数据存储量较大。有限控制集模型预测控制则是充分利用逆变器开关器件的离散特性，基于控制对象预测模型，直接遍历逆变器所有可能开关状态对应的电压矢量，计算相应的预测值，然后代入包含各类控制目标和约束条件的代价函数进行评估，决策出最优电压矢量，并在下一个控制周期施加。相比于连续控制集模型预测控制，有限控制集模型在预测控制原理上更加简洁直观，易于软硬件执行，且不需要使用调制模块，具有更好的动态响应性能[13] 。这种直接结合被控对象的在线优化算法不需要变流器调制策略的干预，控制结构简单，可以方便地将电流限幅等约束条件考虑进代价函数的设计中，从而实现相应的控制目标。因此，有限集模型预测控制已成为当下电机控制领域研究的热点。

尽管具有突出的优势，但有限集模型预测控制策略还存在一些问题，其中最重要的是会不可避免地引起稳态转矩或电流波动。有限集模型预测控制策略通常保持固定的采样周期，在整个采样周期中只采用单个开关状态，且变流器只能在采样时刻改变其开关状态。此外，该方法的控制集仅由六个矢量长度和相角固定的基本非零电压矢量，以及两个零电压矢量组成。这些局限性会导致控制自由度降低，引起明显的转矩或电流波动，并且这一现象会随着采样周期的增大而加剧。为了解决这个问题，越来越多的改进型算法被提出。

Zhang 等提出一种典型的策略，通过插入零电压矢量来修改基本电压矢量的幅值。基于代价函数最小化，从六个基本矢量中选择最佳电压矢量，并使其与零电压矢量一起作用于算法，从而调节有效电压矢量的作用时间，即占空比调制[14]。该策略可使变流器在一个采样周期的任何时刻改变其开关状态，而不仅仅是在采样时刻。因此，与传统的有限集模型预测控制策略相比，转矩波动在一定程度上有所下降。不过这种控制方式是针对定子电压矢量幅值进行调节，并不能改变电压矢量的相位。为了进一步抑制转矩波动，有研究者提出基于多电压矢量的有限集模型预测控制策略，在第一个有效作用矢量确定后可以在非零矢量中选择第 2 个，甚至更多的有效作用矢量，并与上一个有效作用矢量在电压矢量空间中形成相角和矢量幅值均不固定的电压矢量。该方法可以灵活地调节作用定子电压矢量的相角和幅值，对转矩波动有较明显的改善，可以有效地提高转矩控制的性能。此外，通过用更多虚拟矢量扩展有限控制集也可以改善稳态控制性能，称为扩展控制集控制策略。采用递进式优化过程，通过扇区甄别、矢量筛选、幅值优化三个步骤，可以从扩展控制集中选择最优控制电压矢量。由于使用扩展控制集策略，控制自由度得到提高。更重要的是，在预测过程中可以直接确定占空比信号。

(2) 根据预测步数的不同，模型预测控制可分为单步预测和多步预测。单步预测仅对未来一个控制周期内电机运行状态的变化进行预测，算法简单、便于执行，整体计算量较低。考虑电机控制系统状态变量变化较快，控制周期通常在几十微秒，一般可以满足单步预测算法执行的时间需求，因此得到国内外学者的广泛采用。多步预测对未来多个控制周期的电机运行状态变化进行预测，可保证电机在具备良好动态和静态性能的同时，有效减小逆变器的开关频率。这在中高压大功率和多电平驱动场合具有重要的实际意义。但是，多步预测控制策略往往面临控制复杂程度上升、计算时间延长等制约工程实现的问题，产生的预测时滞问题会导致实际逆变器驱动的滞后。以三相两电平逆变器的模型预测控制方法为例，若执行单步预测需要枚举 8 个电压矢量，而 N 步预测 (N 为正整数) 需要枚举 8^N 个电压矢量，因此计算量呈指数级上升。如何结合控制目标缩小需要评估的电压矢量范围、简化算法以降低运算量成为多步预测控制研究的难点问题。针对此问题，有学者将移动阻塞策略与多步策略相结合。其主要思想是将预测时域分为两部分，第一部分使用控制周期对预测模型采样，第二部分采用控制周期的倍数对预测模型进行采样。这种方法可以降低多步策略的计算量。此外，改进的球形解码算法也被应用于多步策略。与传统枚举法相比，该方法能够快速计算出多步策略的最优解，降低多步策略的执行时间。

(3) 根据控制目标的不同，模型预测控制主要可分为模型预测转矩控制和模型预测电流控制。模型预测转矩控制是基于离散电机模型预测不同电压矢量作用下未来控制周期的转矩和定子磁链，由包含电磁转矩和定子磁链误差项的代价函数对所有预测结果进行评估，决定最优电压矢量。在传统的模型预测转矩控制中，价值函数同时包括转矩和定子磁链。由于转矩和定子磁链具有不同的单位和幅值，需要在价值函数中设定加权因子。不合适的加权因子会显著降低系统的参考跟踪性能，这对加权因子的整定过程提出了挑战，同时增加了该控制策略的复杂度。

为了解决传统有限集模型预测转矩控制策略的上述问题，人们提出多种改进方法。例如，对于加权因子整定繁复的情况，有学者提出基于多目标排序或模糊决策的优化方法。相关研究人员还提出有限集模型预测磁链控制策略来消除加权因子，在价值函数中采用定子磁链矢量代替转矩和定子磁链幅值，即只有前者被包括在价值函数中，可以显著降低控制复杂度。由于定子磁链矢量是基于转矩和定子磁链幅值推导得出的，因此有限集模型预测磁链控制策略可以保证转矩控制的精度。

模型预测电流控制则是基于预测模型计算得到逆变器所有开关组合对应的预测电流，然后通过构建包含电流误差项的代价函数，选择使代价函数最小化的电压矢量。相比于模型预测转矩控制，模型预测电流控制一般不需要对电流目标 (如交直轴电流分量) 赋予权重，算法更为简单。但是，模型预测电流控制依赖电机模型，模型失配时会影响预测控制的性能。

除了电流、转矩等电机主要控制目标，根据具体应用场合还有不同侧重点的协同控制目标，使模型预测控制算法在设计上有一定的差异。对于高压大功率电机应用场合，由于逆变器开关损耗较大，因此模型预测控制策略需要在实现电流等常规控制目标跟踪的同时尽可能地降低开关频率，以减小开关损耗，提升系统效率。针对该控制目标，一类模型预测控制是将逆变器三相桥臂开关次数设计为代价函数项，并赋予权重系数；另一类模型预测控制是在预测算法执行时，基于相邻控制周期只能有一相桥臂或者没有开关状态切换的标准进行电压枚举。两种方案均能有效降低开关频率，且易于实现，都得到了广泛应用。对于中低压小功率电机应用场合，可以允许较高的开关频率，相应地要求更优的稳态控制性能。在基本的模型预测控制策略中，每个控制周期只施加一个电压矢量，开关频率不固定，导致电流谐波频谱分散，产生一定的稳态电流波动。目前国内外研究主要提出两种解决思路，一种是基本的模型预测控制策略结合变占空比算法，实现一个控制周期内多种开关状态的组合。国内外学者先后提出非零电压矢量加零电压矢量、两个非零电压矢量、三电压矢量等改进方案。最新的三电压矢量方案是通过预测算法确定 3 个最优电压矢量，并借助空间电压矢量合成原理得到逆变器三相对应的占空比，使最终输出电压矢量的幅值和相位均可调节，从而有效地改善稳态控制性能。另一种是充分发挥模型预测控制代价函数，处理多目标协同控制的优势，将调整开关序列、改善频谱分布的目标设计为代价函数中的一项，得到类似于采用 PWM 模块的稳态控制性能。

第 2 章　永磁同步电机数学模型及特性分析

预测控制是基于电机和逆变器的离散化模型，实现对被控量的实时调节。因此，永磁同步电机模型的建立与分析是预测控制器设计的关键。以此为背景，本章在阐述矢量理论的基础上，分别建立永磁同步电机的电压方程和运动方程，并对连续/离散时间域下的数学模型及其标幺化进行重点阐述。同时，对暂态阻抗、功率因数、电流与电压约束，以及弱磁特性等进行简要分析，为永磁同步电机预测控制方法的研究奠定理论基础。

2.1　矢 量 基 础

2.1.1　三相系统

三相系统广泛应用于各类交流电机及电力电子变换器中，发电、输电、变电、配电等也常采用三相形式。相对于单相系统，三相系统具有三相瞬时值之和为零，以及三相瞬时功率恒定等方面的特点。在理想条件下，三相系统由以角速度 ω 旋转、相角互差 120°(2π/3 弧度) 的三相分量组成，通常以下标 a、b、c 分别表示。以电压分量为例，三相系统可表示为

$$\begin{cases} u_{\mathrm{a}}(t) = U_{\mathrm{a}} \cos(\omega t + \varphi_{\mathrm{a}}) \\ u_{\mathrm{b}}(t) = U_{\mathrm{b}} \cos(\omega t - 2\pi/3 + \varphi_{\mathrm{b}}) \\ u_{\mathrm{c}}(t) = U_{\mathrm{c}} \cos(\omega t - 4\pi/3 + \varphi_{\mathrm{c}}) \end{cases} \tag{2-1}$$

式中，$u_{\mathrm{a}}(t)$ 、$u_{\mathrm{b}}(t)$ 、$u_{\mathrm{c}}(t)$ 分别为三相电压的瞬时值；U_{a}、U_{b} 、U_{c} 分别为三相电压的幅值；φ_{a}、φ_{b} 、φ_{c} 分别为三相电压的初始相角。

三相电压的相量示意图如图 2-1 所示。

图中，三相电压相量以角速度 ω 逆时针旋转且 $\omega t + \varphi_{\mathrm{a}} = 0$。工况正常且不存在较大扰动时，三相电压幅值相等，相角互差 120°，即 $U_{\mathrm{a}} = U_{\mathrm{b}} = U_{\mathrm{c}}$ 、$\varphi_{\mathrm{a}} = \varphi_{\mathrm{b}} = \varphi_{\mathrm{c}}$。以 u_{a} 为参考相量，设其初始相角为 0°，三相电压可以重新表示为

$$\begin{cases} u_{\mathrm{a}}(t) = U_{\mathrm{a}} \cos(\omega t) \\ u_{\mathrm{b}}(t) = U_{\mathrm{b}} \cos(\omega t - 2\pi/3) \\ u_{\mathrm{c}}(t) = U_{\mathrm{c}} \cos(\omega t - 4\pi/3) \end{cases} \tag{2-2}$$

式中，b 相与 c 相分别滞后 a 相 120° 和 240°，对应正序运行工况。

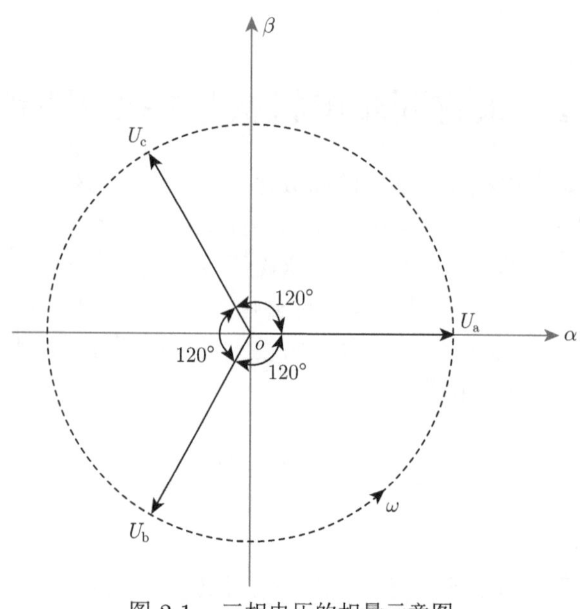

图 2-1　三相电压的相量示意图

与此相对，当 b 相滞后于 a 相 240° 时为负序运行工况，其对应的三相电压可以表示为

$$\begin{cases} u_{\rm a}(t) = U_{\rm a}\cos(\omega t) \\ u_{\rm b}(t) = U_{\rm b}\cos(\omega t - 4\pi/3) \\ u_{\rm c}(t) = U_{\rm c}\cos(\omega t - 2\pi/3) \end{cases} \tag{2-3}$$

正序电压和负序电压可以视为在相平面逆时针和顺时针旋转的电压相量。理想条件下的三相系统只含有正序分量，但是由于阻抗不平衡，三相系统在正常工况下会出现较小的负序电压和电流分量。此外，发生不对称故障时会出现较大的瞬态负序分量。由于故障通常在几个周期内即可消除，负序分量造成的不平衡通常仅持续几百毫秒[15]。

在正序、负序或正负序混合形式的三相系统中，三相电压瞬时分量的和恒为零，即

$$u_{\rm a}(t) + u_{\rm b}(t) + u_{\rm c}(t) = 0 \tag{2-4}$$

式 (2-4) 不成立时意味着，三相系统中存在零序电压分量，可以表示为

$$u_0(t) = \frac{u_{\rm a}(t) + u_{\rm b}(t) + u_{\rm c}(t)}{3} \tag{2-5}$$

零序分量的出现表明,三相系统处于不平衡状态。为便于表述,引入变量 $u_{\mathrm{a0}}(t)$、$u_{\mathrm{b0}}(t)$、$u_{\mathrm{c0}}(t)$ 表示不含有零序分量的三相电压，即

$$\begin{cases} u_{\mathrm{a0}}(t) = u_{\mathrm{a}}(t) - u_0(t) \\ u_{\mathrm{b0}}(t) = u_{\mathrm{b}}(t) - u_0(t) \\ u_{\mathrm{c0}}(t) = u_{\mathrm{c}}(t) - u_0(t) \end{cases} \tag{2-6}$$

式 (2-6) 对应的矩阵形式可以表示为

$$\begin{bmatrix} u_{\mathrm{a0}}(t) \\ u_{\mathrm{b0}}(t) \\ u_{\mathrm{c0}}(t) \end{bmatrix} = \frac{1}{3}\begin{bmatrix} 2 & -1 & -1 \\ -1 & 2 & -1 \\ -1 & -1 & 2 \end{bmatrix}\begin{bmatrix} u_{\mathrm{a}}(t) \\ u_{\mathrm{b}}(t) \\ u_{\mathrm{c}}(t) \end{bmatrix} \tag{2-7}$$

若采用星形 (Y 形) 联接方式且中性点不接地，三相系统中即使存在零序电压分量，也可以保证三相电流之和为零，即 $i_{\mathrm{a}}(t) + i_{\mathrm{b}}(t) + i_{\mathrm{c}}(t) = 0$。换言之，此时零序电压分量可以在相电压中自由地加减，而不会产生零序电流分量。

2.1.2 复空间矢量及其坐标变换

由式 (2-4) 可知，不含零序分量的三相电压分量 $u_{\mathrm{a}}(t)$ 、$u_{\mathrm{b}}(t)$ 、$u_{\mathrm{c}}(t)$ 中的任意一个分量始终可以用另外两个分量表示，如 $u_{\mathrm{a}}(t) = -u_{\mathrm{b}}(t) - u_{\mathrm{c}}(t)$ 。因此，可以通过此方法将三相系统等效为两相系统，并采用两相坐标系表示。其中，两相坐标系下的两个正交坐标轴可以视为复平面中的实轴和虚轴，分别用 α 和 β 表示，进而将相量形式转换为复数形式，实现三相坐标系到两相坐标系的变换。该变换也称为 Clarke 变换。

在两相坐标系中引入复空间矢量 $u_{\alpha\beta}(t)$(为了与实空间矢量区分，本书约定复空间矢量不加粗)，即

$$u_{\alpha\beta}(t) = u_\alpha(t) + \mathrm{j}u_\beta(t) = \frac{2}{3}K\left(u_{\mathrm{a}}(t) + \mathrm{e}^{\mathrm{j}2\pi/3}u_{\mathrm{b}}(t) + \mathrm{e}^{\mathrm{j}4\pi/3}u_{\mathrm{c}}(t)\right) \tag{2-8}$$

式中，下标 α、β 分别表示各量在静止坐标系中的 α、β 轴分量，即复空间矢量被映射在静止 $(\alpha\beta)$ 平面；K 为空间矢量比例常数 (将在之后的内容中讨论 K 的选择)。

复空间矢量可以由三个不同方向的矢量相加并乘以比例常数 $2K/3$ 合成 (三个矢量的正方向分别为单位矢量、$\mathrm{e}^{\mathrm{j}2\pi/3}$、$\mathrm{e}^{\mathrm{j}4\pi/3}$ 方向)。复空间矢量的合成如图 2-2所示。

空间矢量中的“空间”一词起初用来描述交流电机中二维空间磁通量的分布。使用“矢量”而不是“相量”，一方面是为了与相量区分开，另一方面是因为与之

对应的实空间二维矢量不会采用式 (2-8) 的复数形式表示，而是采用相应的实数矢量形式表示，即

$$\boldsymbol{u}_{\alpha\beta}(t)=\begin{bmatrix} u_{\alpha}(t) \\ u_{\beta}(t) \end{bmatrix}=\begin{bmatrix} \mathrm{Rm}\{u_{\alpha\beta}(t)\} \\ \mathrm{Im}\{u_{\alpha\beta}(t)\} \end{bmatrix} \tag{2-9}$$

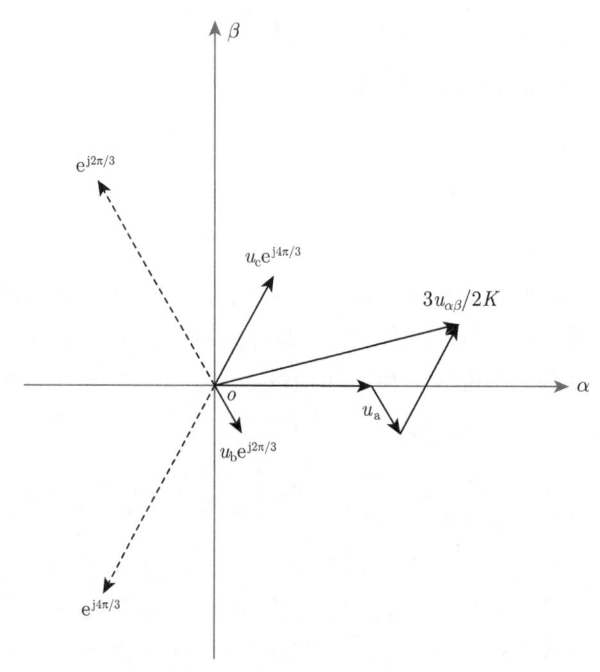

图 2-2 复空间矢量的合成

1. 正/负序分量的复空间矢量形式

三相电压的正序分量可以表示为

$$\begin{bmatrix} u_{\mathrm{a}+}(t) \\ u_{\mathrm{b}+}(t) \\ u_{\mathrm{c}+}(t) \end{bmatrix}=\begin{bmatrix} U_{+1}\cos(\omega t+\varphi_{+1}) \\ U_{+1}\cos(\omega t-2\pi/3+\varphi_{+1}) \\ U_{+1}\cos(\omega t-4\pi/3+\varphi_{+1}) \end{bmatrix} \tag{2-10}$$

式中，U_{+1} 和 φ_{+1} 分别为正序电压的幅值和初始相角。

正序电压分量的复空间矢量在 $\alpha\beta$ 平面上以逆时针方向旋转，其幅值和初始相角与 a 相保持一致。将式 (2-10) 代入式 (2-8)，可得其表达式，即

$$u_{\alpha\beta+}(t)=KU_{+1}\mathrm{e}^{\mathrm{j}(\omega t+\varphi_{+1})} \tag{2-11}$$

同样，三相电压的负序分量可以表示为

$$
\begin{bmatrix} u_{\mathrm{a}-}(t) \\ u_{\mathrm{b}-}(t) \\ u_{\mathrm{c}-}(t) \end{bmatrix} = \begin{bmatrix} U_{-1}\cos(\omega t+\varphi_{-1}) \\ U_{-1}\cos(\omega t-4\pi/3+\varphi_{-1}) \\ U_{-1}\cos(\omega t-2\pi/3+\varphi_{-1}) \end{bmatrix} \tag{2-12}
$$

式中，U_{-1} 和 φ_{-1} 分别代表负序电压的幅值和初始相角。

负序分量的复空间矢量在 $\alpha\beta$ 平面上以顺时针方向旋转，其幅值和初始相角与 a 相保持一致。相应的复空间矢量形式为

$$
u_{\alpha\beta-}(t) = KU_{-1}\mathrm{e}^{\mathrm{j}(-\omega t+\varphi_{-1})} \tag{2-13}
$$

将上述结果推广至含有高次谐波的复空间电压矢量，5 次谐波为负序、7 次谐波为正序。依此类推，含有高次谐波的复空间电压矢量可以表示为

$$
u_{\alpha\beta}(t) = K(U_{+1}\mathrm{e}^{\mathrm{j}(\omega t+\varphi_{+1})}+U_{-1}\mathrm{e}^{\mathrm{j}(-\omega t+\varphi_{-1})}+U_{-5}\mathrm{e}^{\mathrm{j}(-5\omega t+\varphi_{-5})}+U_{+7}\mathrm{e}^{\mathrm{j}(7\omega t+\varphi_{+7})}+\cdots) \tag{2-14}
$$

式中，U_{-5} 、U_{+7} 分别代表 5 次、7 次谐波电压的幅值；φ_{-5} 、φ_{+7} 分别代表 5 次、7 次谐波电压的初始相角[12]。

2. 复空间矢量与相量的关系

复空间矢量与相量紧密联系，其相似之处在于，式 (2-8) 中的复空间矢量可以写为

$$
u_{\alpha\beta}(t) = KU\mathrm{e}^{\mathrm{j}(\omega t+\varphi)} \tag{2-15}
$$

相应的三相分量为

$$
\begin{bmatrix} u_{\mathrm{a}}(t) \\ u_{\mathrm{b}}(t) \\ u_{\mathrm{c}}(t) \end{bmatrix} = \begin{bmatrix} U\cos(\omega t+\varphi) \\ U\cos(\omega t-2\pi/3+\varphi) \\ U\cos(\omega t-4\pi/3+\varphi) \end{bmatrix} \tag{2-16}
$$

相应的单相分量为

$$
u_{\mathrm{a}}(t) = U\cos(\omega t+\varphi) \tag{2-17}
$$

因此，复空间矢量和相量的相同点在于复空间矢量可以看作广义的三相系统旋转相量[16]。除上述相似之处，复空间矢量和旋转相量也存在如下诸多区别。

(1) 每个相量通常仅表示单一频率分量，而复空间矢量可以用于表示多个频率分量的合成形式，如式 (2-14) 所示。

(2) 相量描述稳态条件下电气量的幅值、频率、相位角等参数，仅用于交流电路的稳态分析。复空间矢量作为复数变量，能够描述电气量的瞬时值，可以用于交流电路的暂态分析。

(3) 就负频率代表的物理意义而言，当采用 $-\omega$ 替换电压相量 $u(t)=\sin\omega t$ 中的 ω 时，可以得到 $u(t)=\sin(-\omega t)=\sin(\omega t+\pi)$，即负频率相对正频率只产生一个相移。在复空间矢量和三相交流系统中，正频率和负频率分别对应于正序分量和负序分量，如式 (2-11) 和式 (2-13) 所示[17]。

3. 复空间矢量的坐标变换

仅考虑基频分量，复空间正序电压矢量为

$$u_{\alpha\beta}=KU\mathrm{e}^{\mathrm{j}(\omega t+\varphi)} \tag{2-18}$$

在以角速度为 ω 旋转的同步旋转坐标系 (即 dq 坐标系) 下，复空间电压矢量 u_{dq} 可以表示为

$$u_{dq}=u_d+\mathrm{j}u_q=\mathrm{e}^{-\mathrm{j}\omega t}u_{\alpha\beta}=KU\mathrm{e}^{\mathrm{j}\varphi} \tag{2-19}$$

式中，下标 d、q 分别表示同步旋转坐标系中的 d、q 轴分量。

式 (2-19) 表示的变换称为 dq 变换 (Park 变换)，可以视为同步旋转坐标系中观测复空间矢量所得的结果，也可以将其视为复空间矢量 $u_{\alpha\beta}$ 在同步旋转坐标系中的等效映射。复空间矢量在 $\alpha\beta$ 坐标系和 dq 坐标系下的投影如图 2-3 所示。

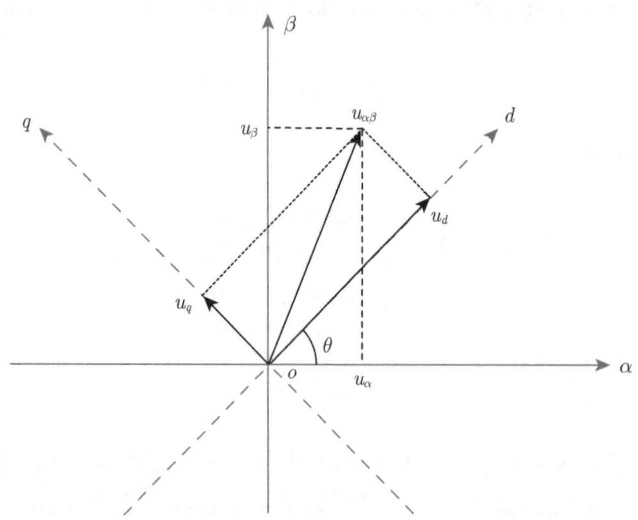

图 2-3　复空间矢量在 $\alpha\beta$ 坐标系和 dq 坐标系下的投影

在同步旋转坐标系中，复空间电压矢量 u_{dq} 不再旋转 (假设 $u_{\alpha\beta}$ 不包含除基频正序分量外的其他频率分量)，即 u_d 和 u_q 在稳态下将保持恒定。这意味着，dq 变换不仅有助于电机特性的分析，而且有助于电机驱动器的设计与实施。其原因

在于，与不断波动的 $\alpha\beta$ 分量相比，恒定的 dq 分量更易于控制和调节，仅需采用常规的线性控制器并添加部分辅助功能即可实现灵活控制。

需要指出的是，对恒速/恒频系统而言，式 (2-18) 中 ω 为恒定值且不随时间变化。对变速/变频系统而言，ω 通常为时变量，因此变速/变频系统中的 dq 变换一般定义为

$$u_{dq} = u_{\alpha\beta}\mathrm{e}^{-\mathrm{j}\theta} \tag{2-20}$$

式中

$$\theta = \int \omega(t)\mathrm{d}t \tag{2-21}$$

同理，变速/变频系统中的 $\alpha\beta$ 变换一般定义为

$$u_{\alpha\beta} = u_{dq}\mathrm{e}^{\mathrm{j}\theta} \tag{2-22}$$

将 dq 变换应用于包含不同频率分量的复空间电压矢量，即对式 (2-14) 进行 dq 变换，可得

$$u_{dq} = K(U_{+1}\mathrm{e}^{\mathrm{j}\varphi_{+1}} + U_{-1}\mathrm{e}^{\mathrm{j}(-2\omega t+\varphi_{-1})} + U_{-5}\mathrm{e}^{\mathrm{j}(-6\omega t+\varphi_{-5})} + U_{+7}\mathrm{e}^{\mathrm{j}(6\omega t+\varphi_{+7})} + \cdots) \tag{2-23}$$

由此可知，$\alpha\beta$ 坐标系中的基频负序分量转换为 dq 坐标系中的 2 次谐波负序分量。$\alpha\beta$ 坐标系中的 5 次、7 次谐波分量转换为 dq 坐标系中 6 次谐波的负序分量和正序分量。同样，$\alpha\beta$ 坐标系中的 11 次、13 次谐波分量转换为 dq 坐标系中 12 次谐波的负序分量和正序分量[18]。因此，dq 坐标系中谐波分量的角速度为 $6n\omega$ $(n = 1, 2, \cdots)$。为清晰表述，各次谐波分量在 dq 坐标系和 $\alpha\beta$ 坐标系的对应关系可表示为

$$\begin{matrix} \alpha\beta & \cdots & -11 & -5 & -1 & +1 & +7 & +13 & \cdots \\ dq & \cdots & -12 & -6 & -2 & 0 & +6 & +12 & \cdots \end{matrix} \tag{2-24}$$

需要注意的是，为了便于计算，坐标变换中的比例常数 K 可根据不同标准选择合适的数值。当 $K = 1$ 时，对应峰值标准，可得

$$u_{\alpha\beta} = U\mathrm{e}^{\mathrm{j}(\omega t+\varphi)} \tag{2-25}$$

$$u_{dq} = U\mathrm{e}^{\mathrm{j}\varphi} \tag{2-26}$$

当 $K = 1/\sqrt{2}$ 时，对应均方根标准，可得

$$u_{\alpha\beta} = \frac{U}{\sqrt{2}}\mathrm{e}^{\mathrm{j}(\omega t+\varphi)} \tag{2-27}$$

$$u_{dq} = \frac{U}{\sqrt{2}}\mathrm{e}^{\mathrm{j}\varphi} \tag{2-28}$$

当 $K = \sqrt{3/2}$ 时，对应恒功率标准，可得

$$u_{\alpha\beta} = \sqrt{\frac{3}{2}}U\mathrm{e}^{\mathrm{j}(\omega t+\varphi)} \tag{2-29}$$

$$u_{dq} = \sqrt{\frac{3}{2}}U\mathrm{e}^{\mathrm{j}\varphi} \tag{2-30}$$

$$S = u_{\alpha\beta}\bar{i}_{\alpha\beta} = u\bar{i}_{dq} \tag{2-31}$$

式中，$\bar{i}_{\alpha\beta}$ 和 $\bar{i}_{dq}$ 分别表示 $\alpha\beta$ 坐标系和 dq 坐标系中电流复空间矢量的共轭。

在本书后续公式和内容中，K 值多采用峰值标准。

2.1.3　实空间矢量及其坐标变换

由于复空间矢量通常表示为形如 $u_{\alpha\beta}(t) = u_\alpha(t) + \mathrm{j}u_\beta(t)$ 所示的复数形式，常规的加法、乘法、共轭等复数运算法则均可直接应用于复空间矢量的计算，并且较为简便，因此应尽量采用复空间矢量进行建模与分析。在驱动控制算法的数字实现等情况中，需使用与复空间矢量等效的实空间矢量。其原因在于，用于实现驱动控制算法的嵌入式微处理器通常不支持复变量形式的编程语言。此外，三相阻抗不平衡时也不宜采用复空间矢量进行建模、分析，以及控制器设计。

实空间矢量是具有两个元素的标准矢量。两个元素分别对应复空间矢量的实部和虚部，如式 (2-9) 中的 $\boldsymbol{u}_{\alpha\beta}(t)$。基于变换矩阵 $\boldsymbol{T}_{3-2}$ 及三相电压可得到实空间电压矢量，表示为

$$\boldsymbol{u}_{\alpha\beta}(t) = \begin{bmatrix} u_\alpha(t) \\ u_\beta(t) \end{bmatrix} = K\underbrace{\begin{bmatrix} \frac{2}{3} & -\frac{1}{3} & -\frac{1}{3} \\ 0 & \frac{1}{\sqrt{3}} & -\frac{1}{\sqrt{3}} \end{bmatrix}}_{\boldsymbol{T}_{3-2}}\begin{bmatrix} u_\mathrm{a}(t) \\ u_\mathrm{b}(t) \\ u_\mathrm{c}(t) \end{bmatrix} \tag{2-32}$$

两相坐标系到三相坐标系的逆变换可以采用逆变换矩阵 $\boldsymbol{T}_{2-3}$，有

$$\begin{bmatrix} u'_\mathrm{a}(t) \\ u'_\mathrm{b}(t) \\ u'_\mathrm{c}(t) \end{bmatrix} = \frac{1}{K}\underbrace{\begin{bmatrix} 1 & 0 \\ -\frac{1}{2} & \frac{\sqrt{3}}{2} \\ -\frac{1}{2} & -\frac{\sqrt{3}}{2} \end{bmatrix}}_{\boldsymbol{T}_{2-3}}\begin{bmatrix} u'_\alpha(t) \\ u'_\beta(t) \end{bmatrix} \tag{2-33}$$

式中，上标 ′ 表示经过坐标变换后的变量。

$\boldsymbol{T}_{3-2}\times\boldsymbol{T}_{2-3}=\boldsymbol{I}$($\boldsymbol{I}$ 为 2×2 的单位矩阵)。将式 (2-33) 代入式 (2-32)，可得 $[u'_\alpha(t)\quad u'_\beta(t)]^{\mathrm{T}}=[u_\alpha(t)\quad u_\beta(t)]^{\mathrm{T}}$。将式 (2-32) 代入式 (2-33) 可得

$$\begin{bmatrix}u'_{\mathrm{a}}(t)\\u'_{\mathrm{b}}(t)\\u'_{\mathrm{c}}(t)\end{bmatrix}=\underbrace{\frac{1}{3}\begin{bmatrix}2&-1&-1\\-1&2&-1\\-1&-1&2\end{bmatrix}}_{\boldsymbol{T}_{2-3}\boldsymbol{T}_{3-2}}\begin{bmatrix}u_{\mathrm{a}}(t)\\u_{\mathrm{b}}(t)\\u_{\mathrm{c}}(t)\end{bmatrix}\tag{2-34}$$

式 (2-34) 与式 (2-7) 相同，说明经过坐标变换后的三相电压等效于减去零序分量的三相电压。这意味着，当三相电压从三相坐标系变换到两相坐标系并再次转换回三相坐标系时，会丢失零序分量。

式 (2-20) 中所示的复空间电压矢量可以展开为

$$\begin{aligned}u_{dq}&=\mathrm{e}^{-\mathrm{j}\theta}u_{\alpha\beta}\\&=(\cos\theta-\mathrm{j}\sin\theta)(u_\alpha+\mathrm{j}u_\beta)\\&=\underbrace{u_\alpha\cos\theta+u_\beta\sin\theta}_{u_d}+\mathrm{j}\underbrace{(-u_\alpha\sin\theta+u_\beta\cos\theta)}_{u_q}\end{aligned}\tag{2-35}$$

定义实空间 dq 变换矩阵 $\boldsymbol{T}_{dq}$，以实空间矢量替代式 (2-35) 中的复空间矢量，可得

$$\underbrace{\begin{bmatrix}u_d\\u_q\end{bmatrix}}_{\boldsymbol{u}_{dq}}=\underbrace{\begin{bmatrix}\cos\theta&\sin\theta\\-\sin\theta&\cos\theta\end{bmatrix}}_{\boldsymbol{T}_{dq}}\underbrace{\begin{bmatrix}u_\alpha\\u_\beta\end{bmatrix}}_{\boldsymbol{u}_{\alpha\beta}}\tag{2-36}$$

根据式 (2-35)，由于各变量从 dq 坐标系变换到 $\alpha\beta$ 坐标系需要乘以变换因子 $\mathrm{e}^{\mathrm{j}\theta}$，因此将 dq 变换矩阵 $\boldsymbol{T}_{dq}$ 中的 $-\theta$ 替换为 θ 可以得到 $\alpha\beta$ 变换矩阵 $\boldsymbol{T}_{\alpha\beta}$，即

$$\underbrace{\begin{bmatrix}u_\alpha\\u_\beta\end{bmatrix}}_{\boldsymbol{u}_{\alpha\beta}}=\underbrace{\begin{bmatrix}\cos\theta&-\sin\theta\\\sin\theta&\cos\theta\end{bmatrix}}_{\boldsymbol{T}_{\alpha\beta}}\underbrace{\begin{bmatrix}u_d\\u_q\end{bmatrix}}_{\boldsymbol{u}_{dq}}\tag{2-37}$$

需要注意的是，$\boldsymbol{T}_{dq}$ 和 $\boldsymbol{T}_{\alpha\beta}$ 均为正交矩阵，且 $\boldsymbol{T}_{\alpha\beta}=\boldsymbol{T}_{dq}^{-1}=\boldsymbol{T}_{dq}^{\mathrm{T}}$。

2.2 永磁同步电机电压方程

2.2.1 连续时间域下电压方程

1. 自然坐标系下电压方程

在自然坐标系 (即 abc 坐标系) 下，三相永磁同步电机的定子电压方程可以表示为

$$\begin{bmatrix} u_\mathrm{a} \\ u_\mathrm{b} \\ u_\mathrm{c} \end{bmatrix} = R_\mathrm{s} \begin{bmatrix} i_\mathrm{a} \\ i_\mathrm{b} \\ i_\mathrm{c} \end{bmatrix} + \frac{\mathrm{d}}{\mathrm{d}t} \begin{bmatrix} \Psi_\mathrm{a} \\ \Psi_\mathrm{b} \\ \Psi_\mathrm{c} \end{bmatrix} \tag{2-38}$$

式中，i_a、i_b、i_c 分别为三相定子电流；Ψ_a、Ψ_b、Ψ_c 分别为三相定子磁链；R_s 为定子电阻。

永磁同步电机的每相定子磁链均由该相绕组的自感磁链、不同相绕组间的互感磁链及随转子旋转的永磁体磁链共同组成，可以表示为

$$\begin{bmatrix} \Psi_\mathrm{a} \\ \Psi_\mathrm{b} \\ \Psi_\mathrm{c} \end{bmatrix} = \begin{bmatrix} L_\mathrm{aa} & L_\mathrm{ab} & L_\mathrm{ac} \\ L_\mathrm{ba} & L_\mathrm{bb} & L_\mathrm{bc} \\ L_\mathrm{ca} & L_\mathrm{cb} & L_\mathrm{cc} \end{bmatrix} \begin{bmatrix} i_\mathrm{a} \\ i_\mathrm{b} \\ i_\mathrm{c} \end{bmatrix} + \begin{bmatrix} \Psi_\mathrm{fa} \\ \Psi_\mathrm{fb} \\ \Psi_\mathrm{fc} \end{bmatrix} \tag{2-39}$$

式中，L_aa、L_ab、L_ac 为各相自感；L_ab、L_ba、L_ac、L_ca、L_bc、L_cb 为相间互感；Ψ_fa、Ψ_fb、Ψ_fc 表示转子永磁体在各相绕组中产生的磁链，称为永磁体磁链。

隐极永磁同步电机中三相自感保持不变且彼此相等，将其值表示为 $L_{\sigma\mathrm{s}}$；相间互感同样也保持不变且彼此相等，将其值表示为 $-L_\mathrm{m}$，即

$$\begin{cases} L_\mathrm{aa} = L_\mathrm{bb} = L_\mathrm{cc} = L_{\sigma\mathrm{s}} = \text{常数} \\ L_\mathrm{ab} = L_\mathrm{ba} = L_\mathrm{ac} = L_\mathrm{ca} = L_\mathrm{bc} = L_\mathrm{cb} = -L_\mathrm{m} = \text{常数} \end{cases} \tag{2-40}$$

若仅考虑磁链基频分量，式 (2-39) 中的永磁体磁链 Ψ_fa、Ψ_fb、Ψ_fc 可以表示为

$$\begin{bmatrix} \Psi_\mathrm{fa} \\ \Psi_\mathrm{fb} \\ \Psi_\mathrm{fc} \end{bmatrix} = \begin{bmatrix} \Psi_\mathrm{f}\cos\theta_\mathrm{e} \\ \Psi_\mathrm{f}\cos(\theta_\mathrm{e} - 2\pi/3) \\ \Psi_\mathrm{f}\cos(\theta_\mathrm{e} + 2\pi/3) \end{bmatrix} \tag{2-41}$$

式中，Ψ_f 为磁链基频分量幅值；θ_e 为转子电角度。

假设永磁同步电机运行于转子电角速度 ω_e ($\omega_\mathrm{e} = \mathrm{d}\theta_\mathrm{e}/\mathrm{d}t$) 恒定工况，由式 (2-39) 和式 (2-41) 可得

$$\frac{\mathrm{d}}{\mathrm{d}t}\begin{bmatrix}\Psi_{\mathrm{a}}\\ \Psi_{\mathrm{b}}\\ \Psi_{\mathrm{c}}\end{bmatrix}=\begin{bmatrix}L_{\sigma\mathrm{s}} & -L_{\mathrm{m}} & -L_{\mathrm{m}}\\ -L_{\mathrm{m}} & L_{\sigma\mathrm{s}} & -L_{\mathrm{m}}\\ -L_{\mathrm{m}} & -L_{\mathrm{m}} & L_{\sigma\mathrm{s}}\end{bmatrix}\cdot\frac{\mathrm{d}}{\mathrm{d}t}\begin{bmatrix}i_{\mathrm{a}}\\ i_{\mathrm{b}}\\ i_{\mathrm{c}}\end{bmatrix}-\omega_{\mathrm{e}}\Psi_{\mathrm{f}}\begin{bmatrix}\sin\theta_{\mathrm{e}}\\ \sin(\theta_{\mathrm{e}}-2\pi/3)\\ \sin(\theta_{\mathrm{e}}+2\pi/3)\end{bmatrix} \tag{2-42}$$

将式 (2-42) 代入式 (2-38)，永磁同步电机定子电压方程可以写为

$$\begin{aligned}\begin{bmatrix}u_{\mathrm{a}}\\ u_{\mathrm{b}}\\ u_{\mathrm{c}}\end{bmatrix}=R_{\mathrm{s}}\begin{bmatrix}i_{\mathrm{a}}\\ i_{\mathrm{b}}\\ i_{\mathrm{c}}\end{bmatrix}+\begin{bmatrix}L_{\sigma\mathrm{s}} & -L_{\mathrm{m}} & -L_{\mathrm{m}}\\ -L_{\mathrm{m}} & L_{\sigma\mathrm{s}} & -L_{\mathrm{m}}\\ -L_{\mathrm{m}} & -L_{\mathrm{m}} & L_{\sigma\mathrm{s}}\end{bmatrix}\cdot\frac{\mathrm{d}}{\mathrm{d}t}\begin{bmatrix}i_{\mathrm{a}}\\ i_{\mathrm{b}}\\ i_{\mathrm{c}}\end{bmatrix}\\ -\omega_{\mathrm{e}}\Psi_{\mathrm{f}}\begin{bmatrix}\sin\theta_{\mathrm{e}}\\ \sin(\theta_{\mathrm{e}}-2\pi/3)\\ \sin(\theta_{\mathrm{e}}+2\pi/3)\end{bmatrix}\end{aligned} \tag{2-43}$$

不考虑零序电流分量时，永磁同步电机三相电流之和恒为零。定子磁链可以表示为

$$\begin{aligned}\begin{bmatrix}\Psi_{\mathrm{a}}\\ \Psi_{\mathrm{b}}\\ \Psi_{\mathrm{c}}\end{bmatrix}&=\begin{bmatrix}L_{\sigma\mathrm{s}}i_{\mathrm{a}}-L_{\mathrm{m}}(i_{\mathrm{b}}+i_{\mathrm{c}})\\ L_{\sigma\mathrm{s}}i_{\mathrm{b}}-L_{\mathrm{m}}(i_{\mathrm{a}}+i_{\mathrm{c}})\\ L_{\sigma\mathrm{s}}i_{\mathrm{c}}-L_{\mathrm{m}}(i_{\mathrm{a}}+i_{\mathrm{b}})\end{bmatrix}+\begin{bmatrix}\Psi_{\mathrm{fa}}\\ \Psi_{\mathrm{fb}}\\ \Psi_{\mathrm{fc}}\end{bmatrix}\\ &=\begin{bmatrix}(L_{\sigma\mathrm{s}}+L_{\mathrm{m}})i_{\mathrm{a}}\\ (L_{\sigma\mathrm{s}}+L_{\mathrm{m}})i_{\mathrm{b}}\\ (L_{\sigma\mathrm{s}}+L_{\mathrm{m}})i_{\mathrm{c}}\end{bmatrix}+\begin{bmatrix}\Psi_{\mathrm{fa}}\\ \Psi_{\mathrm{fb}}\\ \Psi_{\mathrm{fc}}\end{bmatrix}=\begin{bmatrix}L_{\mathrm{s}}i_{\mathrm{a}}\\ L_{\mathrm{s}}i_{\mathrm{b}}\\ L_{\mathrm{s}}i_{\mathrm{c}}\end{bmatrix}+\begin{bmatrix}\Psi_{\mathrm{fa}}\\ \Psi_{\mathrm{fb}}\\ \Psi_{\mathrm{fc}}\end{bmatrix}\end{aligned} \tag{2-44}$$

式中，$L_{\mathrm{s}}=L_{\sigma\mathrm{s}}+L_{\mathrm{m}}$ 为定子绕组等效电感，简称定子电感。

因此，在自然坐标系下，永磁同步电机定子电压方程可以重新表示为

$$\begin{aligned}\begin{bmatrix}u_{\mathrm{a}}\\ u_{\mathrm{b}}\\ u_{\mathrm{c}}\end{bmatrix}=R_{\mathrm{s}}\begin{bmatrix}i_{\mathrm{a}}\\ i_{\mathrm{b}}\\ i_{\mathrm{c}}\end{bmatrix}+\begin{bmatrix}L_{\mathrm{s}} & 0 & 0\\ 0 & L_{\mathrm{s}} & 0\\ 0 & 0 & L_{\mathrm{s}}\end{bmatrix}\cdot\frac{\mathrm{d}}{\mathrm{d}t}\begin{bmatrix}i_{\mathrm{a}}\\ i_{\mathrm{b}}\\ i_{\mathrm{c}}\end{bmatrix}\\ -\omega_{\mathrm{e}}\Psi_{\mathrm{f}}\begin{bmatrix}\sin\theta_{\mathrm{e}}\\ \sin(\theta_{\mathrm{e}}-2\pi/3)\\ \sin(\theta_{\mathrm{e}}+2\pi/3)\end{bmatrix}\end{aligned} \tag{2-45}$$

2. 静止坐标系下电压方程

通过 Clarke 变换可将永磁同步电机在自然坐标系下的三相定子电压方程转换至静止坐标系下。由式 (2-38) 可以得出静止坐标系下定子电压方程的实空间矢

量形式，即

$$\boldsymbol{u}_{\alpha\beta} = R_{\mathrm{s}}\underbrace{\begin{bmatrix} i_\alpha \\ i_\beta \end{bmatrix}}_{\boldsymbol{i}_{\alpha\beta}} + \frac{\mathrm{d}}{\mathrm{d}t}\underbrace{\begin{bmatrix} \Psi_\alpha \\ \Psi_\beta \end{bmatrix}}_{\boldsymbol{\Psi}_{\alpha\beta}} \tag{2-46}$$

式中，i_α 、i_β 、Ψ_α、Ψ_β 分别为定子电流和定子磁链的 α 轴和 β 轴分量；$\boldsymbol{i}_{\alpha\beta}$ 、$\boldsymbol{\Psi}_{\alpha\beta}$ 分别为静止坐标系下定子电流和定子磁链的实空间矢量形式。

在隐极式永磁同步电机中，式 (2-46) 中的定子磁链可以表示为

$$\boldsymbol{\Psi}_{\alpha\beta} = L_{\mathrm{s}}\boldsymbol{i}_{\alpha\beta} + \underbrace{\begin{bmatrix} \Psi_{\mathrm{f}}\cos\theta_{\mathrm{e}} \\ \Psi_{\mathrm{f}}\sin\theta_{\mathrm{e}} \end{bmatrix}}_{\boldsymbol{\Psi}_{\mathrm{f}\alpha\beta}} \tag{2-47}$$

采用复空间矢量表示的永磁同步电机定子电压方程可以写为

$$u_{\alpha\beta} = R_{\mathrm{s}}i_{\alpha\beta} + \frac{\mathrm{d}\Psi_{\alpha\beta}}{\mathrm{d}t} \tag{2-48}$$

式中，定子磁链复空间矢量 $\Psi_{\alpha\beta}$ 可以表示为

$$\Psi_{\alpha\beta} = L_{\mathrm{s}}i_{\alpha\beta} + \Psi_{\mathrm{f}\alpha\beta} \tag{2-49}$$

式中，$\Psi_{\mathrm{f}\alpha\beta}$ 表示永磁体磁链的复空间矢量形式，可写为 $\Psi_{\mathrm{f}\alpha\beta} = \Psi_{\mathrm{f}}\mathrm{e}^{\mathrm{j}\theta_{\mathrm{e}}}$。

将式 (2-49) 代入式 (2-46)，可得

$$u_{\alpha\beta} = R_{\mathrm{s}}i_{\alpha\beta} + L_{\mathrm{s}}\frac{\mathrm{d}i_{\alpha\beta}}{\mathrm{d}t} + e_{\alpha\beta} \tag{2-50}$$

式中，$e_{\alpha\beta} = \mathrm{j}\omega_{\mathrm{e}}\Psi_{\mathrm{f}}\mathrm{e}^{\mathrm{j}\theta_{\mathrm{e}}}$ 表示永磁体磁链在定子绕组中感生的反电动势。

3. 同步旋转坐标系下电压方程

通过 Park 变换可将永磁同步电机在静止坐标系中的数学模型转换至同步旋转坐标系。取永磁体磁链方向为 d 轴，将式 (2-48) 变换为同步旋转坐标系下的定子电压方程，可得

$$u_{dq} = R_{\mathrm{s}}i_{dq} + \frac{\mathrm{d}\Psi_{dq}}{\mathrm{d}t} + \mathrm{j}\omega_{\mathrm{e}}\Psi_{dq} \tag{2-51}$$

式中，u_{dq} 、i_{dq}、Ψ_{dq} 分别为同步旋转坐标系下定子电压、定子电流和定子磁链的复空间矢量形式。

将式 (2-51) 表示为同步旋转坐标系下的实空间矢量形式，有

$$\boldsymbol{u}_{dq} = \begin{bmatrix} u_d \\ u_q \end{bmatrix} = \begin{bmatrix} R_{\mathrm{s}}i_d - \omega_{\mathrm{e}}\Psi_q + \dfrac{\mathrm{d}\Psi_d}{\mathrm{d}t} \\ R_{\mathrm{s}}i_q + \omega_{\mathrm{e}}\Psi_d + \dfrac{\mathrm{d}\Psi_q}{\mathrm{d}t} \end{bmatrix} \tag{2-52}$$

式中，u_d、u_q 、i_d、i_q、$\varPsi_d$ 和 $\varPsi_q$ 分别表示 $\boldsymbol{u}_{dq}$、$\boldsymbol{i}_{dq}$、$\boldsymbol{\varPsi}_{dq}$ 的 d 轴和 q 轴分量。

定子磁链方程的实空间矢量形式可以表示为

$$\boldsymbol{\varPsi}_{dq} = \begin{bmatrix} \varPsi_d \\ \varPsi_q \end{bmatrix} = \begin{bmatrix} L_d i_d + \varPsi_{\mathrm{f}} \\ L_q i_q \end{bmatrix} \tag{2-53}$$

式中，L_d 和 L_q 分别代表电机的 d 轴和 q 轴电感。

结合式 (2-52) 和式 (2-53)，同步旋转坐标系下定子电压和电流间的关系可以表示为

$$\begin{bmatrix} u_d \\ u_q \end{bmatrix} = \begin{bmatrix} R_{\mathrm{s}} i_d + L_d \dfrac{\mathrm{d}i_d}{\mathrm{d}t} - \omega_{\mathrm{e}} L_q i_q \\ R_{\mathrm{s}} i_q + L_q \dfrac{\mathrm{d}i_q}{\mathrm{d}t} + \omega_{\mathrm{e}} \varPsi_{\mathrm{f}} + \omega_{\mathrm{e}} L_d i_d \end{bmatrix} \tag{2-54}$$

需要注意的是，永磁体磁链仅存在于式 (2-54) 所示的 q 轴电压方程中。隐极式永磁同步电机满足 $L_d = L_q = L_{\mathrm{s}}$，其定子电压方程可以进一步表示为

$$\begin{bmatrix} u_d \\ u_q \end{bmatrix} = \begin{bmatrix} R_{\mathrm{s}} i_d + L_{\mathrm{s}} \dfrac{\mathrm{d}i_d}{\mathrm{d}t} - \omega_{\mathrm{e}} L_{\mathrm{s}} i_q \\ R_{\mathrm{s}} i_q + L_{\mathrm{s}} \dfrac{\mathrm{d}i_q}{\mathrm{d}t} + \omega_{\mathrm{e}} \varPsi_{\mathrm{f}} + \omega_{\mathrm{e}} L_{\mathrm{s}} i_d \end{bmatrix} \tag{2-55}$$

2.2.2 离散时间域下电压方程

1. 同步旋转坐标系下的零阶保持离散化模型

将定子电流作为状态变量，连续时间域下采用复空间矢量表示的隐极式永磁同步电机电压方程可以写为

$$\frac{\mathrm{d}i_{dq}(t)}{\mathrm{d}t} = a_{\mathrm{c}} i_{dq}(t) + b_{\mathrm{c}} u_{\alpha\beta}(t) + b_{\varPsi\mathrm{c}} \varPsi_{\mathrm{f}} \tag{2-56}$$

式中

$$\begin{cases} a_{\mathrm{c}} = -\dfrac{R_{\mathrm{s}}}{L_{\mathrm{s}}} - \mathrm{j}\omega_{\mathrm{e}} \\ b_{\mathrm{c}} = \dfrac{\mathrm{e}^{-\mathrm{j}\theta_{\mathrm{e}}(t)}}{L_{\mathrm{s}}} \\ b_{\varPsi\mathrm{c}} = -\dfrac{\mathrm{j}\omega_{\mathrm{e}}}{L_{\mathrm{s}}} \end{cases} \tag{2-57}$$

由式 (2-56) 与式 (2-57) 可以看出，若 ω_{e} 保持恒定，反电动势项 $b_{\varPsi\mathrm{c}}\varPsi_{\mathrm{f}}$ 的模值保持恒定。若 ω_{e} 为非零值，则反电动势 $\boldsymbol{e}_{\alpha\beta}$ 是一个以同步速度 ω_{e} 旋转的矢量。假定 ω_{e} 为常数，转子电角度 $\theta_{\mathrm{e}}(t)$ 可表示为

$$\theta_{\mathrm{e}}(t) = \theta_{\mathrm{e}}(0) + \omega_{\mathrm{e}} t \tag{2-58}$$

式中，$\theta_{\mathrm{e}}(0)$ 为转子初始位置的电角度。

基于式 (2-56) 所示的连续时间域电压方程，可进一步推导离散时间域下永磁同步电机的电压方程。为了简化分析及建模过程，通常假设转子电角速度 ω_{e}，以及 R_{s}、L_{s}、Ψ_{f} 等参数在单个采样周期内保持恒定。此外，永磁同步电机逆变器采用开关周期平均值模型，即定子电压 $u_{\alpha\beta}(t)$ 在一个采样周期内保持不变。换言之，定子电压 $u_{\alpha\beta}(t)$ 在采样时刻 kT_{s} 与 $(k+1)T_{\mathrm{s}}$ 之间保持恒定，其中 k 表示采样点、T_{s} 表示采样周期。需要指出的是，为了避免逆变器开关动作引起的电磁干扰，永磁同步电机控制系统多采用同步采样机制，并且设定逆变器开关周期为采样周期 T_{s} 的 2 倍，即在两次开关状态切换的中间时刻进行电流采样，每次采样得到当前开关状态下电流的平均值。

在开关周期平均值模型下，同步旋转坐标系下隐极式永磁同步电机的离散化模型可以表示为

$$
\begin{aligned}
i_{dq}(k+1) &= i_{dq}(k)\mathrm{e}^{a_{\mathrm{c}}T_{\mathrm{s}}} + \frac{1}{L_{\mathrm{s}}}\int_0^{T_{\mathrm{s}}} \mathrm{e}^{a_{\mathrm{c}}\tau}\mathrm{d}\tau \cdot u_{dq}(k) + \int_0^{T_{\mathrm{s}}} \mathrm{e}^{a_{\mathrm{c}}\tau}\mathrm{d}\tau \cdot b_{\Psi\mathrm{c}}\Psi_{\mathrm{f}} \\
&= i_{dq}(k)\mathrm{e}^{a_{\mathrm{c}}T_{\mathrm{s}}} + \frac{1-\mathrm{e}^{a_{\mathrm{c}}\tau}}{R_{\mathrm{s}}+\mathrm{j}\omega_{\mathrm{e}}L_{\mathrm{s}}}u_{dq}(k) + \frac{\mathrm{j}\omega_{\mathrm{e}}(\mathrm{e}^{a_{\mathrm{c}}\tau}-1)}{R_{\mathrm{s}}+\mathrm{j}\omega_{\mathrm{e}}L_{\mathrm{s}}}\Psi_{\mathrm{f}}
\end{aligned} \tag{2-59}
$$

2. 延迟因素对离散化模型的影响

控制器的计算过程需要消耗一定的时间，因此控制系统中会额外产生一个采样周期 T_{s} 的计算延迟。在建立永磁同步电机零阶保持离散化模型时，需要考虑该因素。在计算延迟的影响下，当前采样周期中计算得到的控制信号将在下一采样周期实施。换言之，当前采样周期中计算得到的定子电压参考值将于下一采样周期作用于电机，即

$$
u_{\alpha\beta}(k) = u_{\alpha\beta}^{*}(k-1) \tag{2-60}
$$

式中，$u_{\alpha\beta}^{*}(k-1)$ 为 $k-1$ 时刻由控制器计算得到的电压参考值。

将式 (2-60) 转换至同步旋转坐标系中，有

$$
u_{dq}(k) = u_{dq}^{*}(k-1)\,\mathrm{e}^{-\mathrm{j}\omega_{\mathrm{e}}T_{\mathrm{s}}} \tag{2-61}
$$

式中，$u_{dq}^{*}(k-1)$ 为 $k-1$ 时刻由控制器计算得到的同步旋转坐标系下的电压参考值。

需要指出的是，同步旋转坐标系中的电压矢量以同步转速 ω_{e} 旋转，控制器的计算延迟会引入 $T_{\mathrm{s}}\omega_{\mathrm{e}}$ 的相位误差 (假设 ω_{e} 在两个连续采样时刻之间保持恒定)。为了补偿计算延迟对模型离散化过程中产生的误差，需要采用式 (2-61) 计算永磁同步电机的定子电压 $u_{dq}(k)$。

同时，也需要对坐标变换中的角度误差进行相应补偿，即式 (2-22) 中的转换因子应采用 $\mathrm{e}^{\mathrm{j}\theta'_{\mathrm{e}}}$，其中

$$\theta'_{\mathrm{e}} = \theta_{\mathrm{e}} + \omega_{\mathrm{e}} T_{\mathrm{s}} \tag{2-62}$$

此外，除了计算延迟，开关状态在每个采样周期中的切换会产生约半个周期的延迟，即 $0.5T_{\mathrm{s}}$，进而导致相位及幅值误差。因此，综合考虑 $1.5T_{\mathrm{s}}$ 的延迟因素，补偿后的电压值可以重新写为

$$u'_{dq}(k) = u_{dq}(k)\,\mathrm{e}^{-\mathrm{j}3\omega_{\mathrm{e}}T_{\mathrm{s}}/2} \tag{2-63}$$

补偿后的角度可以写为

$$\theta'_{\mathrm{e}} = \theta_{\mathrm{e}} + \frac{3}{2}\omega_{\mathrm{e}} T_{\mathrm{s}} \tag{2-64}$$

2.3 永磁同步电机运动方程

永磁同步电机的电磁转矩 T_{e} 可表示为实空间矢量叉乘的形式，即

$$T_{\mathrm{e}} = \frac{3}{2}p|\boldsymbol{\Psi}_{dq} \times \boldsymbol{i}_{dq}| \tag{2-65}$$

式中，p 为永磁同步电机极对数。

进一步整理，式 (2-65) 可写为

$$T_{\mathrm{e}} = \frac{3}{2}p(\Psi_d i_q - \Psi_q i_d) \tag{2-66}$$

将式 (2-53) 代入式 (2-66)，电磁转矩可以写为包含定子电感和永磁体磁链的表达式，即

$$T_{\mathrm{e}} = \frac{3}{2}p[\Psi_{\mathrm{f}} i_q + (L_d - L_q) i_d i_q] \tag{2-67}$$

由式 (2-67) 可知，永磁同步电机的电磁转矩由永磁转矩分量 (转子永磁体磁链和定子电流间的相互作用产生) 和磁阻转矩分量 (dq 轴电感差异产生) 两部分组成[19, 20]。隐极式永磁同步电机中 dq 轴电感相等，不存在磁阻转矩分量，其电磁转矩的表达式可以简化为

$$T_{\mathrm{e}} = \frac{3}{2}p\Psi_{\mathrm{f}} i_q \tag{2-68}$$

永磁同步电机的机械运动方程可以表示为

$$J\frac{\mathrm{d}\omega_{\mathrm{m}}}{\mathrm{d}t} = T_{\mathrm{e}} - T_{\mathrm{L}} - B\omega_{\mathrm{m}} \tag{2-69}$$

式中，J 为转动惯量；B 为黏滞摩擦系数；T_{L} 为负载转矩；ω_{m} 为电机的机械角速度。

将式 (2-68) 代入式 (2-69)，隐极式永磁同步电机的机械运动方程可以表示为

$$J\frac{\mathrm{d}\omega_{\mathrm{m}}}{\mathrm{d}t}=\frac{3}{2}p\Psi_{\mathrm{f}}i_q-T_{\mathrm{L}}-B\omega_{\mathrm{m}} \tag{2-70}$$

2.4 永磁同步电机数学模型标幺化

在上述方程中，各电气量采用的单位互不相同。为了便于计算，在实际控制器的设计中，通常会将电压、电流、频率等电气量转化为无量纲的标幺值。这一过程称为标幺化[21]。

对于电气量 x，其标幺值的计算公式为

$$x_{\mathrm{pu}}=\frac{x}{X_{\mathrm{base}}} \tag{2-71}$$

式中，X_{base} 为电气量 x 的基值。

对于电压、电流，其基值可以定义为

$$U_{\mathrm{base}}=\sqrt{2}KU_{\mathrm{N}} \tag{2-72}$$

$$I_{\mathrm{base}}=\sqrt{2}KI_{\mathrm{N}} \tag{2-73}$$

式中，U_{N} 、I_{N} 为相电压、相电流的额定值。

永磁同步电机及其驱动系统的电流额定值与电压额定值的设定受多种因素的影响。电流额定值由逆变器散热功率、电机温升、永磁体去磁温度等多个约束决定。电压额定值的确定过程如下。逆变器输出的 6 个非零电压矢量和 2 个零电压矢量组成图 2-4 所示的六边形区域。通过空间电压矢量合成，可以实现六边形范围内的任意电压矢量[22]。例如，电压矢量 $[u_\alpha,u_\beta]=[KU_{\mathrm{dc}}/3,0]$ 可以由开关状态 $(0,0,0)$ 与 $(1,0,0)$ 分别作用 $T_{\mathrm{s}}/2$ 时间来实现。

受线性调制算法的影响，合成电压矢量局限于六边形区域的内接圆范围内[23](图 2-4)。其半径与非零电压矢量长度的关系为

$$r_U=\frac{\sqrt{3}}{2}|\boldsymbol{U}_n|=\frac{KU_{\mathrm{dc}}}{\sqrt{3}},\quad n=1,2,\cdots,6 \tag{2-74}$$

式中，$\boldsymbol{U}_n$ 表示非零电压矢量 $\boldsymbol{U}_1\sim\boldsymbol{U}_6$。

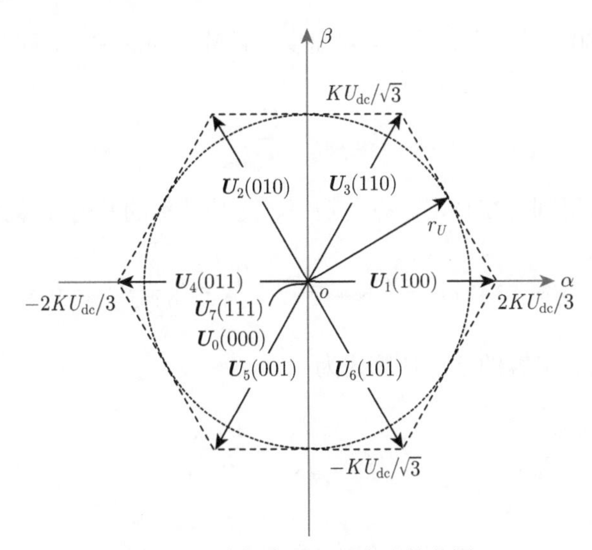

图 2-4　空间电压矢量合成的范围

由此，以内接圆范围为依据，可以定义电压基值为

$$U_{\mathrm{base}} = \frac{KU_{\mathrm{dc}}}{\sqrt{3}} \tag{2-75}$$

结合式 (2-72) 可得

$$U_{\mathrm{N}} = \frac{U_{\mathrm{dc}}}{\sqrt{6}} \tag{2-76}$$

根据标幺值计算式 (2-71)，电压、电流的标幺值计算公式为

$$u_{\mathrm{pu}} = \frac{u}{U_{\mathrm{base}}} \tag{2-77}$$

$$i_{\mathrm{pu}} = \frac{i}{I_{\mathrm{base}}} \tag{2-78}$$

对于磁链的基值，考虑永磁同步电机的转子为永磁体，其磁链的幅值保持恒定，基值为

$$\Psi_{\mathrm{base}} = \Psi_{\mathrm{f}} \tag{2-79}$$

基于电压、电流、磁链的基值，可以推导出其他电气量的基值。电角速度基值的推导需要根据式 (2-51)。考虑电机处于稳态工况下，Ψ_{dq} 与 i_{dq} 变化幅度很小，并且忽略电阻影响[24]，可得

$$u_{dq} \approx \mathrm{j}\omega_{\mathrm{e}}\Psi_{dq} \tag{2-80}$$

考虑式 (2-80) 中定子电压、电角速度、磁链之间的关系，可以得出电角速度的基值计算式为

$$\omega_{\mathrm{base}} = \frac{U_{\mathrm{base}}}{\Psi_{\mathrm{base}}} \tag{2-81}$$

同理，可以得到视在功率、有功功率、无功功率的基值计算公式，即

$$S_{\mathrm{base}} = P_{\mathrm{base}} = Q_{\mathrm{base}} = 3U_{\mathrm{N}}I_{\mathrm{N}} = \frac{3}{2K^2}U_{\mathrm{base}}I_{\mathrm{base}} \tag{2-82}$$

阻抗、电感、电容的基值计算式为

$$Z_{\mathrm{base}} = \frac{U_{\mathrm{N}}}{I_{\mathrm{N}}} = \frac{U_{\mathrm{base}}}{I_{\mathrm{base}}} \tag{2-83}$$

$$L_{\mathrm{base}} = \frac{Z_{\mathrm{base}}}{\omega_{\mathrm{base}}} \tag{2-84}$$

$$C_{\mathrm{base}} = \frac{1}{\omega_{\mathrm{base}}Z_{\mathrm{base}}} \tag{2-85}$$

综上所述，不同电气量的基值计算公式如表 2-1 所示。

表 2-1　不同电气量的基值计算公式

变量	基值计算公式
电压	U_{base}
电流	I_{base}
磁链	Ψ_{base}
电角速度	$\omega_{\mathrm{base}} = U_{\mathrm{base}}/\Psi_{\mathrm{base}}$
时间	$t_{\mathrm{base}} = 1/\omega_{\mathrm{base}}$
功率	$S_{\mathrm{base}} = P_{\mathrm{base}} = Q_{\mathrm{base}} = (3/2K^2)U_{\mathrm{base}}I_{\mathrm{base}}$
转矩	$T_{\mathrm{base}} = pP_{\mathrm{base}}/\omega_{\mathrm{base}}$
阻抗	$Z_{\mathrm{base}} = U_{\mathrm{base}}/I_{\mathrm{base}}$
电阻	$R_{\mathrm{base}} = Z_{\mathrm{base}}$
电感	$L_{\mathrm{base}} = Z_{\mathrm{base}}/\omega_{\mathrm{base}}$
电容	$C_{\mathrm{base}} = 1/\omega_{\mathrm{base}}Z_{\mathrm{base}}$
转动惯量	$J_{\mathrm{base}} = p^2T_{\mathrm{base}}/\omega^2{}_{\mathrm{base}}$
黏滞摩擦系数	$B_{\mathrm{base}} = pT_{\mathrm{base}}/\omega_{\mathrm{base}}$

以复空间矢量形式的视在功率为例，结合式 (2-77)、式 (2-78) 与式 (2-82)，其标幺值计算方法可以表示为

$$S = \frac{3}{2K^2}u\bar{i} = \frac{3}{2K^2}U_{\mathrm{base}}u_{\mathrm{pu}}I_{\mathrm{base}}\bar{i}_{\mathrm{pu}} = S_{\mathrm{base}}u_{\mathrm{pu}}\bar{i}_{\mathrm{pu}} \tag{2-86}$$

视在功率的标幺值可以写为

$$S_{\mathrm{pu}}=\frac{S}{S_{\mathrm{base}}}=u_{\mathrm{pu}}\bar{i}_{\mathrm{pu}} \tag{2-87}$$

式中，当 $S_{\mathrm{pu}}=1$ 时，视在功率等于额定功率。

在对式 (2-54) 所述的永磁同步电机电压平衡方程进行标幺化时，需考虑如下标幺值，即

$$\begin{cases}u_{d,\mathrm{pu}}=u_d/U_{\mathrm{base}}\\ u_{q,\mathrm{pu}}=u_q/U_{\mathrm{base}}\\ i_{d,\mathrm{pu}}=i_d/I_{\mathrm{base}}\\ i_{q,\mathrm{pu}}=i_q/I_{\mathrm{base}}\\ \omega_{\mathrm{pu}}=\omega_{\mathrm{e}}/\omega_{\mathrm{base}}\end{cases}$$

$$\begin{cases}R_{\mathrm{pu}}=R_{\mathrm{s}}/Z_{\mathrm{base}}\\ L_{d,\mathrm{pu}}=L_d/Z_{\mathrm{base}}\\ L_{q,\mathrm{pu}}=L_q/Z_{\mathrm{base}}\\ t_{\mathrm{pu}}=t/t_{\mathrm{base}}\\ \Psi_{\mathrm{f,pu}}=\Psi_{\mathrm{f}}/\Psi_{\mathrm{base}}\end{cases} \tag{2-88}$$

同时，结合表 2-1 中的基值计算式，可得标幺化之后的电压平衡方程，即

$$\begin{cases}u_{d,\mathrm{pu}}=R_{\mathrm{pu}}i_{d,\mathrm{pu}}+L_{d,\mathrm{pu}}\dfrac{\mathrm{d}i_{d,\mathrm{pu}}}{\mathrm{d}t_{\mathrm{pu}}}-\omega_{\mathrm{pu}}L_{q,\mathrm{pu}}i_{q,\mathrm{pu}}\\ u_{q,\mathrm{pu}}=R_{\mathrm{pu}}i_{q,\mathrm{pu}}+L_{q,\mathrm{pu}}\dfrac{\mathrm{d}i_{q,\mathrm{pu}}}{\mathrm{d}t_{\mathrm{pu}}}+\omega_{\mathrm{pu}}\Psi_{\mathrm{f,pu}}+\omega_{\mathrm{pu}}L_{d,\mathrm{pu}}i_{d,\mathrm{pu}}\end{cases} \tag{2-89}$$

在永磁同步电机机械运动方程的标幺化过程中，需要根据表 2-1 计算转矩的基值，即

$$T_{\mathrm{base}}=\frac{pP_{\mathrm{base}}}{\omega_{\mathrm{base}}}=\frac{3pU_{\mathrm{base}}I_{\mathrm{base}}}{2K^2\omega_{\mathrm{base}}} \tag{2-90}$$

当 $K=1$ 时，式 (2-90) 可以变为

$$T_{\mathrm{base}}=\frac{pP_{\mathrm{base}}}{\omega_{\mathrm{base}}}=\frac{3pU_{\mathrm{base}}I_{\mathrm{base}}}{2\omega_{\mathrm{base}}} \tag{2-91}$$

根据式 (2-78)、式 (2-81) 和式 (2-91)，对式 (2-68) 所示的电磁转矩表达式进行标幺化，可得

$$T_{\mathrm{e,pu}}=\Psi_{\mathrm{f,pu}}i_{q,\mathrm{pu}} \tag{2-92}$$

同时，考虑转动惯量与黏滞摩擦系数的基值为

$$J_{\rm base} = \frac{p^2 T_{\rm base}}{\omega^2{}_{\rm base}} \tag{2-93}$$

$$B_{\rm base} = \frac{p T_{\rm base}}{\omega_{\rm base}} \tag{2-94}$$

对永磁同步电机的机械运动方程进行标幺化，根据

$$\begin{cases} T_{\rm e,pu} = T_{\rm e}/T_{\rm base} \\ T_{\rm L,pu} = T_{\rm L}/T_{\rm base} \\ J_{\rm pu} = J/J_{\rm base} \\ B_{\rm pu} = B/B_{\rm base} \\ \omega_{\rm pu} = p\omega_{\rm m}/\omega_{\rm base} \\ t_{\rm pu} = t/t_{\rm base} \end{cases} \tag{2-95}$$

结合表 2-1中的基值计算公式，可以得到永磁同步电机的标幺化机械运动方程，即

$$J_{\rm pu}\frac{{\rm d}\omega_{\rm pu}}{{\rm d}t_{\rm pu}} = T_{\rm e,pu} - T_{\rm L,pu} - B_{\rm pu}\omega_{\rm pu} \tag{2-96}$$

结合式 (2-92)，可得

$$J_{\rm pu}\frac{{\rm d}\omega_{\rm pu}}{{\rm d}t_{\rm pu}} = \Psi_{\rm f,pu} i_{q,\rm pu} - T_{\rm L,pu} - B_{\rm pu}\omega_{\rm pu} \tag{2-97}$$

2.5 永磁同步电机特性分析

2.5.1 暂态阻抗与时间常数

永磁同步电机的暂态阻抗会影响定子电压瞬变工况下的暂态运行特性。在静止坐标系和同步旋转坐标系下，从永磁同步电机定子端观测得到的暂态阻抗可以表示为

$$\begin{cases} Z_{\alpha\beta} = R_{\rm s} + \dfrac{{\rm d}L_{\rm s}}{{\rm d}t} \\ Z_{dq} = R_{\rm s} + \dfrac{{\rm d}L_{\rm s}}{{\rm d}t} + {\rm j}\omega_{\rm e} L_{\rm s} \end{cases} \tag{2-98}$$

永磁同步电机的电气时间常数可以表示为

$$\tau_{\mathrm{e}}=\frac{R_{\mathrm{s}}}{L_{\mathrm{s}}} \tag{2-99}$$

永磁同步电机的机械时间常数可以表示为

$$\tau_{\mathrm{m}}=\frac{J}{B} \tag{2-100}$$

2.5.2 功率因数特性

在同步旋转坐标系下，采用复空间矢量表示的永磁同步电机视在功率可以写为

$$S=\frac{3}{2K^2}u_{dq}\bar{i}_{dq} \tag{2-101}$$

永磁同步电机的有功功率和无功功率可以分别表示为

$$\begin{cases}P=\mathrm{Re}\left(S\right)=\dfrac{3}{2K^2}\mathrm{Re}\left(u_{dq}\bar{i}_{dq}\right)\\Q=\mathrm{Im}\left(S\right)=\dfrac{3}{2K^2}\mathrm{Im}\left(u_{dq}\bar{i}_{dq}\right)\end{cases} \tag{2-102}$$

根据式 (2-55)，当永磁同步电机在较高转速区域稳定运行时，可以近似认为 dq 轴电流的变化率为 0[25]。在此基础上，忽略定子电阻压降。此时，永磁同步电机的定子电压可以表示为

$$u_{dq}=\mathrm{j}\omega_{\mathrm{e}}\left(L_{\mathrm{s}}i_{dq}+\Psi_{\mathrm{f}}\right) \tag{2-103}$$

由式 (2-103) 可得

$$u_{dq}\bar{i}_{dq}=\omega_{\mathrm{e}}\Psi_{\mathrm{f}}i_q+\mathrm{j}\omega_{\mathrm{e}}\left[\Psi_{\mathrm{f}}i_d+L_{\mathrm{s}}\left(i_d^2+i_q^2\right)\right] \tag{2-104}$$

结合式 (2-102)～ 式 (2-104)，可得

$$\begin{cases}P\propto\omega_{\mathrm{e}}\Psi_{\mathrm{f}}i_q\\Q\propto\omega_{\mathrm{e}}\left[\Psi_{\mathrm{f}}i_d+L_{\mathrm{s}}\left(i_d^2+i_q^2\right)\right]\end{cases} \tag{2-105}$$

若通过调节 i_d 来保证 $\Psi_{\mathrm{f}}i_d+L_{\mathrm{s}}\left(i_d^2+i_q^2\right)=0$，永磁同步电机此时运行于单位功率因数。若调节 i_d 保持为 0，永磁同步电机的功率因数可写为

$$\cos\varphi=\frac{P}{\sqrt{P^2+Q^2}}=\frac{1}{\sqrt{1+\left(\dfrac{L_{\mathrm{s}}i_q}{\Psi_{\mathrm{f}}}\right)^2}} \tag{2-106}$$

2.5.3 电流与电压约束

永磁同步电机的运行与控制过程不仅需要合理调节电流控制环的参考值，还需要考虑定子电流与定子电压的约束条件。永磁同步电机的定子电流约束条件可以表示为

$$i_d^2 + i_q^2 \leqslant I_{\mathrm{limit}}^2 \tag{2-107}$$

式中，I_{limit} 为定子电流限幅值。

定子电流约束条件主要取决于永磁同步电机及其逆变器的温度限制，同时该约束条件也是为了避免过高定子电流诱发永磁体退磁。

永磁同步电机的定子电压约束条件可以表示为

$$u_d^2 + u_q^2 \leqslant U_{\mathrm{limit}}^2 \tag{2-108}$$

式中，U_{limit} 为定子电压限幅值。

定子电压约束条件既取决于永磁同步电机的设计因素 (主要为绝缘因素)，同时也取决于逆变器可以提供的最大电压。当转速较低时，永磁同步电机的反电动势较小，逆变器可以提供足够的定子电压产生需要的定子电流。此工况无须顾及电压约束条件，仅考虑式 (2-107) 所述的电流约束条件即可。然而，当转速升高时，永磁同步电机的反电动势逐渐接近逆变器可输出的最大电压。此时，永磁同步电机工作模式的选择，以及控制器的设计与实施需要同时兼顾定子电流及电压约束条件。

2.5.4 弱磁特性

为了分析永磁同步电机高转速 (接近或高于额定转速) 运行时定子电压约束的影响机制及控制特性，需要对永磁同步电机的数学模型进行相应简化。忽略式 (2-54) 中定子电阻压降对定子电压的影响，假设电机稳态运行，永磁同步电机的定子电压方程可简化为

$$\begin{bmatrix} u_d \\ u_q \end{bmatrix} \approx \begin{bmatrix} -\omega_{\mathrm{e}} i_q L_q \\ \omega_{\mathrm{e}} \Psi_{\mathrm{f}} + \omega_{\mathrm{e}} i_d L_d \end{bmatrix} = \begin{bmatrix} -\omega_{\mathrm{e}} i_q L_q \\ \omega_{\mathrm{e}} \left(\Psi_{\mathrm{f}} + i_d L_d \right) \end{bmatrix} \tag{2-109}$$

隐极式永磁同步电机的定子电压方程可以进一步简化为

$$\begin{bmatrix} u_d \\ u_q \end{bmatrix} \approx \begin{bmatrix} -\omega_{\mathrm{e}} i_q L_{\mathrm{s}} \\ \omega_{\mathrm{e}} \Psi_{\mathrm{f}} + \omega_{\mathrm{e}} i_d L_{\mathrm{s}} \end{bmatrix} = \begin{bmatrix} -\omega_{\mathrm{e}} i_q L_{\mathrm{s}} \\ \omega_{\mathrm{e}} \left(\Psi_{\mathrm{f}} + i_d L_{\mathrm{s}} \right) \end{bmatrix} \tag{2-110}$$

由式 (2-110) 可以看出，永磁体磁链在定子绕组中产生的电压分量主要影响 q 轴电压，并且该电压分量正比于转子转速。当永磁同步电机转速低于额定

转速 ω_N 时，输出电磁转矩恒为额定转矩 T_N，电机运行于最大转矩区。随着永磁同步电机转速的升高，q 轴电压不断升高，当电机运行于额定转速 ω_N 附近时，反电动势接近逆变器可输出的最大电压。此时，用于产生 q 轴电流的电压较小，难以提供所需的电磁转矩，因此无法使转速进一步提高。此工况可以通过注入负向 d 轴电流减小 d 轴磁通的方式减小反电动势，即通过弱磁的方式达到提升转速的目的，但是永磁同步电机所能产生的最大电磁转矩也会相应降低[26]。因此，根据电机转速的不同，其工作区域可以分为最大转矩区域和弱磁区域，如图 2-5 所示。

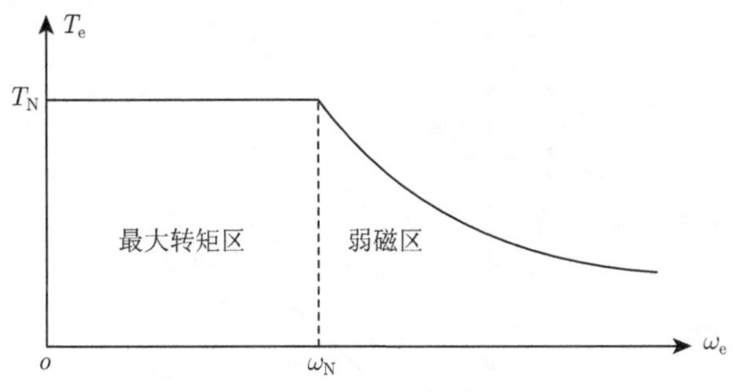

图 2-5 最大转矩区域和弱磁区域

隐极式永磁同步电机高速运行工况下，$i_d = 0$ 的时空矢量图如图 2-6 所示。当 $i_d = 0$ 时，定子电压矢量不能满足电压约束条件，因此该运行方式不能在实际运行中实现。隐极式永磁同步电机高速运行工况下，$i_d < 0$ 的时空矢量图如图 2-7 所示。当 $i_d < 0$ 时，通过注入负向 d 轴电流可以降低定子磁链，进而降低反电动势。在此情况下，定子电压矢量即可满足电压约束条件。

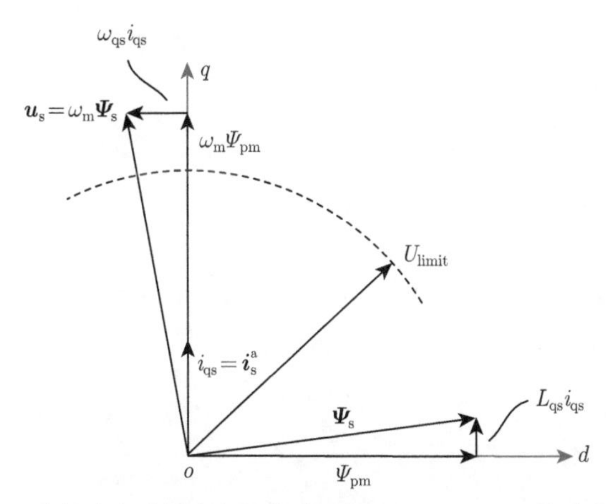

图 2-6 隐极式永磁同步电机高速运行工况下 $i_d = 0$ 的时空矢量图

在定子电流幅值接近限值时，需要在注入负向 d 轴电流的同时减小 q 轴电流，以满足电流约束条件，如式 (2-107) 所示。此时，永磁同步电机能产生的最大电磁转矩也会相应降低，具体降低幅度取决于永磁同步电机的转子结构型式。在隐极式永磁同步电机中，由于电磁转矩与 q 轴电流成正比，q 轴电流的减小会直接降低电机的转矩输出能力。在凸极式永磁同步电机中，由于磁阻转矩分量的存在，注入 d 轴电流会增大电磁转矩，进而在一定程度上弥补 q 轴电流减小造成的电磁转矩降低[27]。

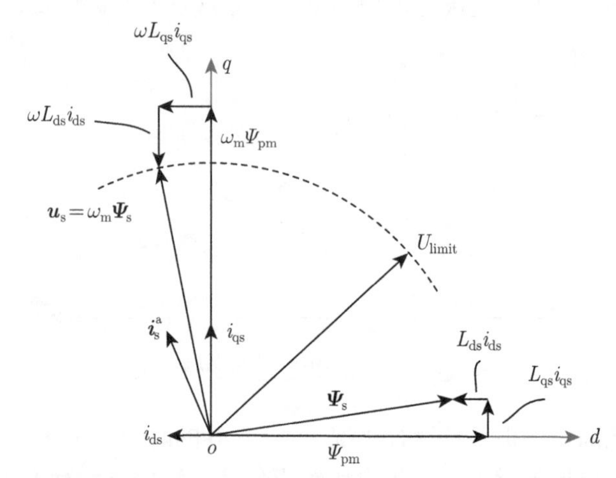

图 2-7　隐极式永磁同步电机高速运行工况下 $i_d < 0$ 的时空矢量图

第 3 章　两电平电压源型逆变器数学模型及特性分析

预测控制基于电机和逆变器的离散化模型实现对被控量的实时调节，因此建立准确的逆变器数学模型至关重要。本章首先建立两电平电压源型逆变器的数学模型，在此基础上对其三角波调制特性、零序注入特性、过调制特性，以及空间矢量脉冲宽度调制特性进行重点分析，并阐述逆变器延迟和控制器延迟等因素对电机控制过程的影响。

3.1　两电平电压源型逆变器数学模型

基于绝缘栅双极型晶体管 (insulated gate bipolar transistor，IGBT) 的两电平电压源型逆变器的电路拓扑结构如图 3-1 所示。

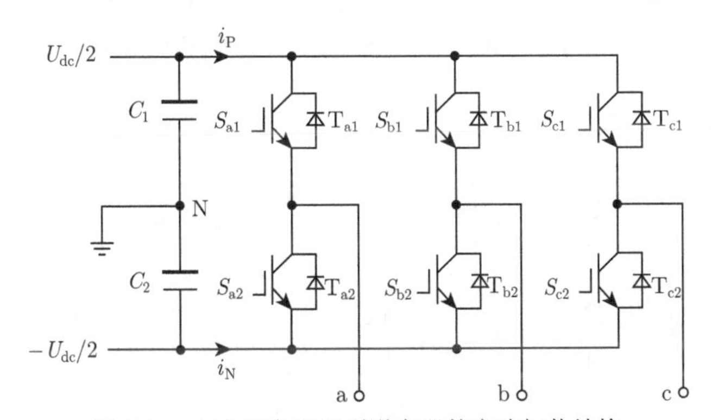

图 3-1　两电平电压源型逆变器的电路拓扑结构

图中，C_1、C_2 为直流侧电容，N 为直流母线的中点，$U_{dc}/2$、$-U_{dc}/2$ 分别为直流侧正极电压与负极的电压，a、b、c 为交流侧输出点，T_{a1}、T_{a2}、T_{b1}、T_{b2}、T_{c1}、T_{c2} 为三相桥臂包含的 6 个功率开关元件。

为简便起见，首先提取图 3-1 中的单相桥臂进行分析，并由此扩展到三相电路中。两电平电压源型逆变器 a 相桥臂电路如图 3-2 所示。

可以看到，单相桥臂由两个功率开关元件 T_{a1} 和 T_{a2} 组成，其对应的开关信号 (门极信号) 分别为 S_{a1} 和 S_{a2}。为避免短路，在任何时刻单相桥臂只有一个功率开关元件导通，即上桥臂功率开关元件 T_{a1} 与下桥臂功率开关元件 T_{a2} 以互补的方式工作。永磁同步电机的 a 相绕组与桥臂中点相连。设直流母线中点 N 为零电压参考点，直流侧正极电压为 $U_{dc}/2$，负极电压为 $-U_{dc}/2$。电流 i_P 和 i_N 分别对应于直流侧正极与负极的支路电流。a 相桥臂在不同开关模式下的等效电路图如图 3-3 所示。为了降低分析过程的复杂性，图中功率开关元件由理想开关表示，同时忽略与功率开关元件反并联的续流二极管。另外，换流过程中的死区时间也一并忽略。

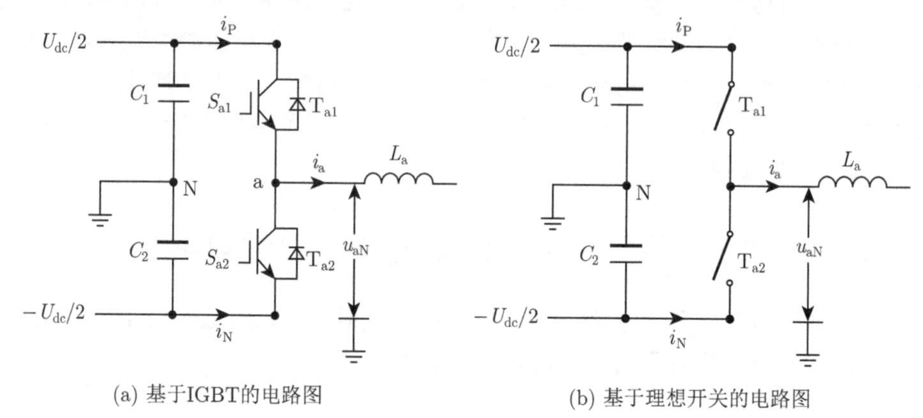

(a) 基于IGBT的电路图　　　　(b) 基于理想开关的电路图

图 3-2　两电平电压源型逆变器 a 相桥臂电路

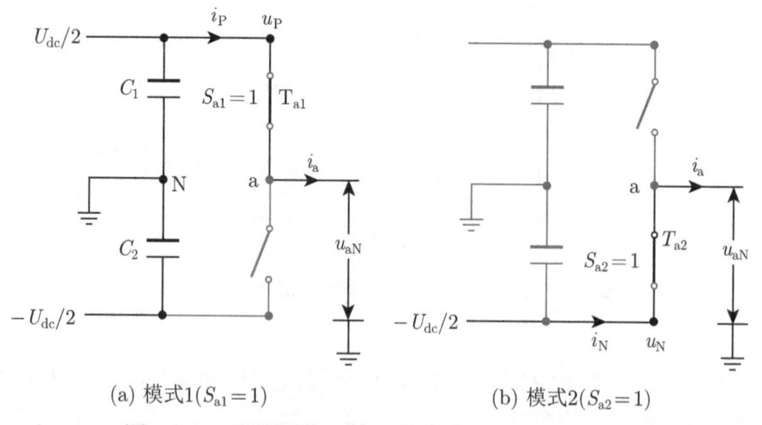

(a) 模式1($S_{a1}=1$)　　　　(b) 模式2($S_{a2}=1$)

图 3-3　a 相桥臂在不同开关模式下的等效电路图

通过分析两种工作模式的开关状态，可以得到对应的交流侧输出电压[28, 29]。

对于模式 1，上桥臂功率开关元件 T_{a1} 导通，下桥臂功率开关元件 T_{a2} 断开。由电路分析可得，桥臂的交流侧输出端 a 与直流侧正极相连。考虑直流侧正极相对中点 N 的电压为 $U_{dc}/2$，则输出电压 $u_{aN}=U_{dc}/2$。

对于模式 2，上桥臂功率开关元件 T_{a1} 断开，下桥臂功率开关元件 T_{a2} 导通。由电路分析可得，桥臂的交流侧输出端 a 与直流侧负极相连。考虑直流侧负极相对中点 N 的电压为 $-U_{dc}/2$，则输出电压 $u_{aN}=-U_{dc}/2$。同理，将 a 相桥臂的工作模式推广到其他两相桥臂，可以得出三相桥臂的输出电压，即

$$u_{xN}=\begin{cases}+U_{dc}/2, & T_{x1}\text{导通且}T_{x2}\text{断开}(S_{x1}=1,S_{x2}=0)\\ -U_{dc}/2, & T_{x1}\text{断开且}T_{x2}\text{导通}(S_{x1}=0,S_{x2}=1)\end{cases} \tag{3-1}$$

可以看到，式 (3-1) 建立了逆变器中交流侧与直流侧之间的电压关系。通过对模式 1 与模式 2 的电路进行分析，可以进一步建立交流侧与直流侧之间的电流关系式。在模式 1 中，交流侧输出电流 i_a 与直流侧正极电流 i_P 相同。在模式 2 中，交流侧输出电流 i_a 与直流侧负极电流 i_N 相同[30]。将其推广到三相系统，可以建立以下关系式，即

$$i_x=\begin{cases}i_P, & T_{x1}\text{导通且}T_{x2}\text{断开}\ (S_{x1}=1,S_{x2}=0)\\ i_N, & T_{x1}\text{断开且}T_{x2}\text{导通}\ (S_{x1}=0,S_{x2}=1)\end{cases} \tag{3-2}$$

为了便于分析，将每相桥臂的上桥臂通断状态作为该相桥臂开关状态，则三相桥臂的开关状态可以表示为

$$S_x=\begin{cases}1, & T_{x1}\text{导通且}T_{x2}\text{断开}(S_{x1}=1,S_{x2}=0)\\ 0, & T_{x1}\text{断开且}T_{x2}\text{导通}(S_{x1}=0,S_{x2}=1)\end{cases} \tag{3-3}$$

由此可以得到桥臂开关状态、功率开关元件门极信号、交流侧电压、交流侧电流之间的对应关系，桥臂开关状态与交流侧电压、电流之间的关系如表 3-1 所示。

表 3-1 桥臂开关状态与交流侧电压、电流之间的关系

开关状态	门极信号		交流侧电压	交流侧电流
S_x	S_{x1}	S_{x2}	u_{xN}	i_x
1	1	0	$U_{dc}/2$	i_P
0	0	1	$-U_{dc}/2$	i_N

在两电平电压源型逆变器中，每相桥臂的开关状态存在 0 和 1 两种模式，因此对于三相桥臂，所有可能的开关状态组合方式共有 $2^3=8$ 种。图 3-4 给出了三相桥臂开关状态与空间电压矢量的关系[31, 32]。图中右下角为不同桥臂开关状态的图示，其中黑色圆圈表示功率开关元件处于导通状态，白色圆圈表示功率开关元件处于断开状态。可以看出，不同开关状态对应不同的空间电压矢量，例如开

关状态 $(1,0,0)$ 表示电压矢量 $\boldsymbol{U}_1$。6 个非零电压矢量 $\boldsymbol{U}_1 \sim \boldsymbol{U}_6$ 构成六边形结构，2 个零电压矢量 $\boldsymbol{U}_0$ 和 $\boldsymbol{U}_7$ 的开关状态分别为 $(0,0,0)$ 与 $(1,1,1)$，位于六边形的中心。与非零电压矢量相比，零电压矢量无法输出有效的电压矢量[33]。

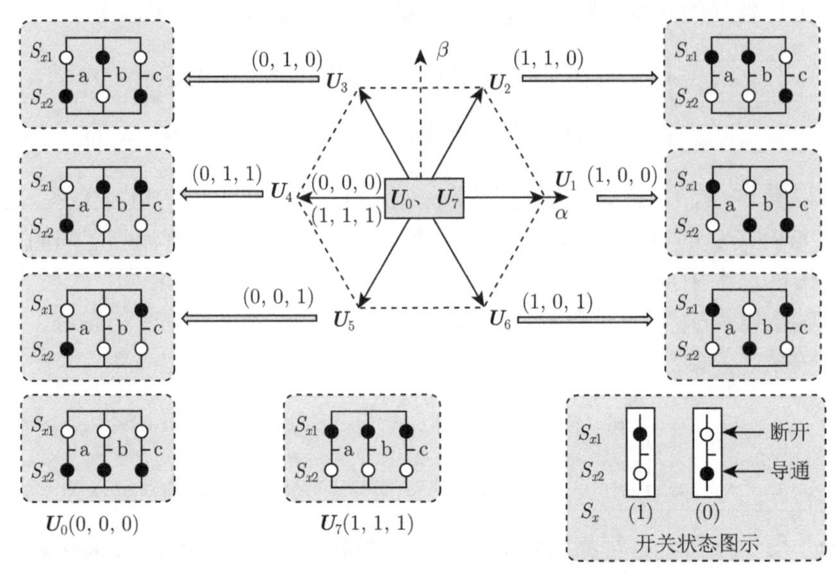

图 3-4　三相桥臂开关状态与空间电压矢量的关系

结合式 (3-1) 与式 (3-3)，可以得到交流侧电压与桥臂开关状态的关系式，即

$$\begin{bmatrix} u_{\mathrm{aN}} \\ u_{\mathrm{bN}} \\ u_{\mathrm{cN}} \end{bmatrix} = \begin{bmatrix} S_{\mathrm{a}} \\ S_{\mathrm{b}} \\ S_{\mathrm{c}} \end{bmatrix} U_{\mathrm{dc}} - \frac{U_{\mathrm{dc}}}{2} \tag{3-4}$$

根据各个桥臂输出的交流侧电压，在静止坐标系下，逆变器输出的空间电压矢量可以表示为

$$u_{\alpha\beta} = \frac{2K}{3}(u_{\mathrm{a}} + \mathrm{e}^{\mathrm{j}2\pi/3}u_{\mathrm{b}} + \mathrm{e}^{\mathrm{j}4\pi/3}u_{\mathrm{c}}) \tag{3-5}$$

由于相电压的取值范围为 $\{-U_{\mathrm{dc}}/2, U_{\mathrm{dc}}/2\}$，因此 $u_{\alpha\beta}$ 的取值范围为

$$\begin{cases} u_\alpha = \left\{0, \pm\dfrac{KU_{\mathrm{dc}}}{3}, \pm\dfrac{2KU_{\mathrm{dc}}}{3}\right\} \\ u_\beta = \left\{0, \pm\dfrac{\sqrt{3}KU_{\mathrm{dc}}}{3}\right\} \end{cases} \tag{3-6}$$

两电平电压源型逆变器开关状态与空间电压矢量的对应关系如表 3-2所示。其中，空间电压矢量的最大幅值为

$$|u_{\alpha\beta}|_{\max} = \frac{2KU_{\mathrm{dc}}}{3} \tag{3-7}$$

表 3-2 两电平电压源型逆变器开关状态与空间电压矢量的对应关系

开关信号	开关状态 S_{abc}	上桥臂开关信号			电压矢量
		S_{a}	S_{b}	S_{c}	
S_0	$(0,0,0)$	0	0	0	$\boldsymbol{U}_0=[0,0]$
S_1	$(1,0,0)$	1	0	0	$\boldsymbol{U}_1=\left[\frac{2}{3}KU_{\mathrm{dc}},0\right]$
S_2	$(1,1,0)$	1	1	0	$\boldsymbol{U}_2=\left[\frac{1}{3}KU_{\mathrm{dc}},\frac{\sqrt{3}}{3}KU_{\mathrm{dc}}\right]$
S_3	$(0,1,0)$	0	1	0	$\boldsymbol{U}_3=\left[-\frac{1}{3}KU_{\mathrm{dc}},\frac{\sqrt{3}}{3}KU_{\mathrm{dc}}\right]$
S_4	$(0,1,1)$	0	1	1	$\boldsymbol{U}_4=\left[-\frac{2}{3}KU_{\mathrm{dc}},0\right]$
S_5	$(0,0,1)$	0	0	1	$\boldsymbol{U}_5=\left[-\frac{1}{3}KU_{\mathrm{dc}},-\frac{\sqrt{3}}{3}KU_{\mathrm{dc}}\right]$
S_6	$(1,0,1)$	1	0	1	$\boldsymbol{U}_6=\left[\frac{1}{3}KU_{\mathrm{dc}},-\frac{\sqrt{3}}{3}KU_{\mathrm{dc}}\right]$
S_7	$(1,1,1)$	1	1	1	$\boldsymbol{U}_7=[0,0]$

除了开关状态 (1,1,1) 和 (0,0,0) 为零电压矢量，其余 6 个开关状态均对应空间电压矢量的最大幅值。由图 3-4 可知，通过矢量合成的方法，适当地组合包括零矢量在内的所有开关状态，可以获得位于六边形内部任意位置的矢量[34]。例如，$[u_\alpha,u_\beta]=[KU_{\mathrm{dc}}/3,0]$ 可以通过等长时间地切换开关状态 (0,0,0) 和 (1,0,0) 来获得。需要指出的是，图 3-4 中与正六边形内切的圆是线性调制的极限，通过几何关系可知，圆的半径 r_{limit} 为最大电压矢量模值的 $\sqrt{3}/2$ 倍，即

$$r_{\mathrm{limit}}=\frac{\sqrt{3}}{2}|u_{\alpha\beta}|_{\max}=\frac{KU_{\mathrm{dc}}}{\sqrt{3}} \tag{3-8}$$

3.2 两电平电压源型逆变器调制特性分析

3.2.1 三角波调制特性

在两电平电压源型逆变器中，PWM 可以由经典的三角波调制法实现。三角波调制法将电压参考信号 $u^{\mathrm{ref}}\in[-U_{\mathrm{dc}}/2,U_{\mathrm{dc}}/2]$ 转变为合适的逆变器开关信号。具体来说，三角波调制法就是将占空比信号 $d=u^{\mathrm{ref}}/U_{\mathrm{dc}}+0.5\in[0,1]$ 与幅值

为 1 的三角载波信号比较。当占空比信号大于载波信号时，上桥臂导通，逆变器输出电压为 $U_{\rm dc}/2$；当占空比信号小于载波信号时，下桥臂导通，逆变器输出电压为 $-U_{\rm dc}/2$。上桥臂导通时间 t_+ 与下桥臂导通时间 t_- 在载波周期 $[0,T_{\rm sw}]$ 中对称分布[35]。三角波调制法 (以其中一相为例) 示意图如图 3-5 所示，$t_{\rm ri}$ 表示三角载波。

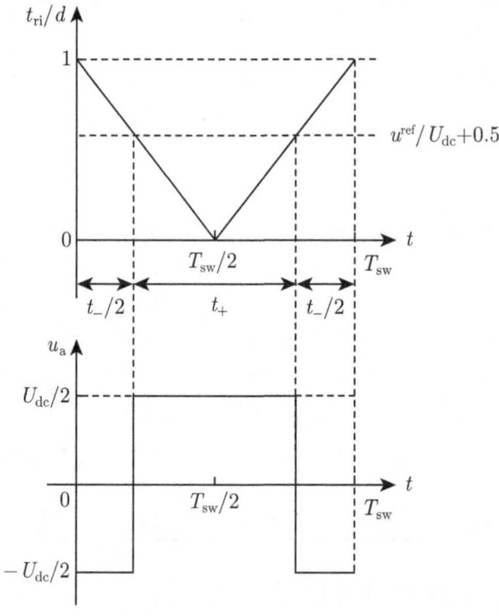

图 3-5　三角波调制法 (以其中一相为例) 示意图

在一个载波周期中，三相平均电压可以计算为

$$u_x=\frac{1}{T_{\rm sw}}\left[t_+\frac{U_{\rm dc}}{2}+t_-\left(-\frac{U_{\rm dc}}{2}\right)\right],\quad x={\rm a,b,c}\tag{3-9}$$

相应的空间电压矢量可以表示为

$$\begin{aligned}\begin{bmatrix}u_\alpha\\u_\beta\end{bmatrix}&=K\begin{bmatrix}\frac{2}{3}&-\frac{1}{3}&-\frac{1}{3}\\0&\frac{1}{\sqrt{3}}&-\frac{1}{\sqrt{3}}\end{bmatrix}\begin{bmatrix}u_{\rm a}\\u_{\rm b}\\u_{\rm c}\end{bmatrix}\\&=KU_{\rm dc}\begin{bmatrix}\frac{2}{3}&-\frac{1}{3}&-\frac{1}{3}\\0&\frac{1}{\sqrt{3}}&-\frac{1}{\sqrt{3}}\end{bmatrix}\begin{bmatrix}d_{\rm a}-\frac{1}{2}\\d_{\rm b}-\frac{1}{2}\\d_{\rm c}-\frac{1}{2}\end{bmatrix}\end{aligned}\tag{3-10}$$

占空比信号 d_{abc} 可由参考电压矢量 $\boldsymbol{u}_{\alpha\beta}^{\mathrm{ref}}=[u_{\alpha}^{\mathrm{ref}},u_{\beta}^{\mathrm{ref}}]$ 计算得出，即

$$\begin{aligned}\begin{bmatrix} d_{\mathrm{a}} \\ d_{\mathrm{b}} \\ d_{\mathrm{c}} \end{bmatrix} &= \frac{1}{KU_{\mathrm{dc}}}\begin{bmatrix} 1 & 0 \\ -\dfrac{1}{2} & \dfrac{\sqrt{3}}{2} \\ -\dfrac{1}{2} & -\dfrac{\sqrt{3}}{2} \end{bmatrix}\begin{bmatrix} u_{\alpha}^{\mathrm{ref}} \\ u_{\beta}^{\mathrm{ref}} \end{bmatrix}+\begin{bmatrix} \dfrac{1}{2} \\ \dfrac{1}{2} \\ \dfrac{1}{2} \end{bmatrix} \\ &= \frac{1}{\sqrt{3}U_{\mathrm{base}}}\begin{bmatrix} 1 & 0 \\ -\dfrac{1}{2} & \dfrac{\sqrt{3}}{2} \\ -\dfrac{1}{2} & -\dfrac{\sqrt{3}}{2} \end{bmatrix}\begin{bmatrix} u_{\alpha}^{\mathrm{ref}} \\ u_{\beta}^{\mathrm{ref}} \end{bmatrix}+\begin{bmatrix} \dfrac{1}{2} \\ \dfrac{1}{2} \\ \dfrac{1}{2} \end{bmatrix}\end{aligned} \tag{3-11}$$

通过三角波调制法，将占空比信号转换为相应的逆变器开关信号，从而输出电压矢量 $\boldsymbol{u}_{\alpha\beta}=\boldsymbol{u}_{\alpha\beta}^{\mathrm{ref}}$。

3.2.2　零序注入特性

假设参考电压矢量幅值为电压基值，三角波调制法中空间电压矢量的范围如图 3-6 所示。采用三角波调制法时，通过式 (3-11) 可计算出 $d_{\mathrm{a}}=1.077$、$d_{\mathrm{b}}=d_{\mathrm{c}}=0.277$，因此，允许调制的电压矢量幅值最大为 $\sqrt{3}/2U_{\mathrm{base}}=0.87U_{\mathrm{base}}$。此时，$d_{\mathrm{a}}$ 的最大取值为 1[36]。三角波调制法中空间电压矢量的范围如图 3-6 中虚线圆所示。

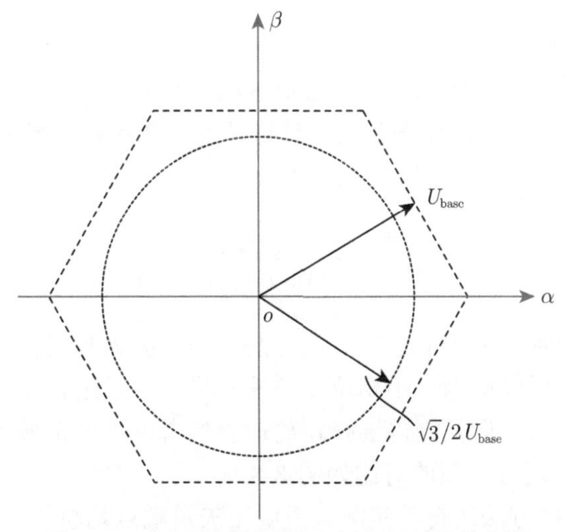

图 3-6　三角波调制法中空间电压矢量的范围

为了避免采用三角波调制法使输出电压降低，可以将零电压矢量添加到参考电压矢量中。这种方法称为零序注入法，具体实现方法如下。

首先，如果从三相占空比信号中减去相同的偏差 Δ，即

$$\begin{cases} d'_{\mathrm{a}} = d_{\mathrm{a}} - \Delta \\ d'_{\mathrm{b}} = d_{\mathrm{b}} - \Delta \\ d'_{\mathrm{c}} = d_{\mathrm{c}} - \Delta \end{cases} \tag{3-12}$$

则会添加零序分量，但是并不会改变电压矢量。将调制范围扩展到整个六边形的关键是选择合适的 Δ，使

$$\max(d'_{\mathrm{a}}, d'_{\mathrm{b}}, d'_{\mathrm{c}}) = 1 - \min(d'_{\mathrm{a}}, d'_{\mathrm{b}}, d'_{\mathrm{c}}) \tag{3-13}$$

由式 (3-13) 可得

$$\Delta = \frac{\max(d'_{\mathrm{a}}, d'_{\mathrm{b}}, d'_{\mathrm{c}}) + \min(d'_{\mathrm{a}}, d'_{\mathrm{b}}, d'_{\mathrm{c}})}{2} - 1 \tag{3-14}$$

由式 (3-10) 可得， d_{abc} 和 d'_{abc} 生成的空间电压矢量相同。这两种开关状态之间的区别在于零电压矢量的生成方式[37]。如图 3-7 所示，对于 d_{abc}，其开关状态通过在载波周期的中间部位施加 (1,1,1) 信号生成零电压矢量。对于 d'_{abc}，其开关状态将生成三个零电压矢量，即在载波周期的开始和结束部位施加 (0,0,0) 信号、在载波周期的中间部位施加 (1,1,1) 信号。

3.2.3 过调制特性

零序注入法的调制范围是整个六边形区域，因此三相占空比信号 d'_{abc} 中任一相占空比的数值超过 [0, 1] 范围都会导致过调制。在这种情况下，必须缩放 d'_{abc}，使其最大值等于 1[38]。相应的缩放方法如下，即

$$d'_{\mathrm{abc}} \rightarrow \frac{d'_{\mathrm{abc}}}{\max(1, d'_{\mathrm{a}}, d'_{\mathrm{b}}, d'_{\mathrm{c}})} \tag{3-15}$$

这是防止过调制而采用的最广泛的方法之一。因为其只会减小电压矢量的幅值而不改变角度，所以称为最小相位误差法。另一种采用较多的方法是最小幅值误差法。该方法在六边形范围内选择距离理想参考电压矢量最近的矢量作为实际参考电压矢量[39]。两者之间的对比如图 3-8 所示。

可以看到，两种方法所得的实际参考电压矢量端点均位于六边形上。其中，采用最小相位误差法得到的实际参考电压矢量的方向与理想参考电压矢量相同；对

于采用最小幅值误差法得到的实际参考电压矢量，其端点由理想参考电压矢量的端点作垂线与六边形相交得到。该方法所得的实际参考电压矢量与理想参考电压矢量的距离最短[40]。

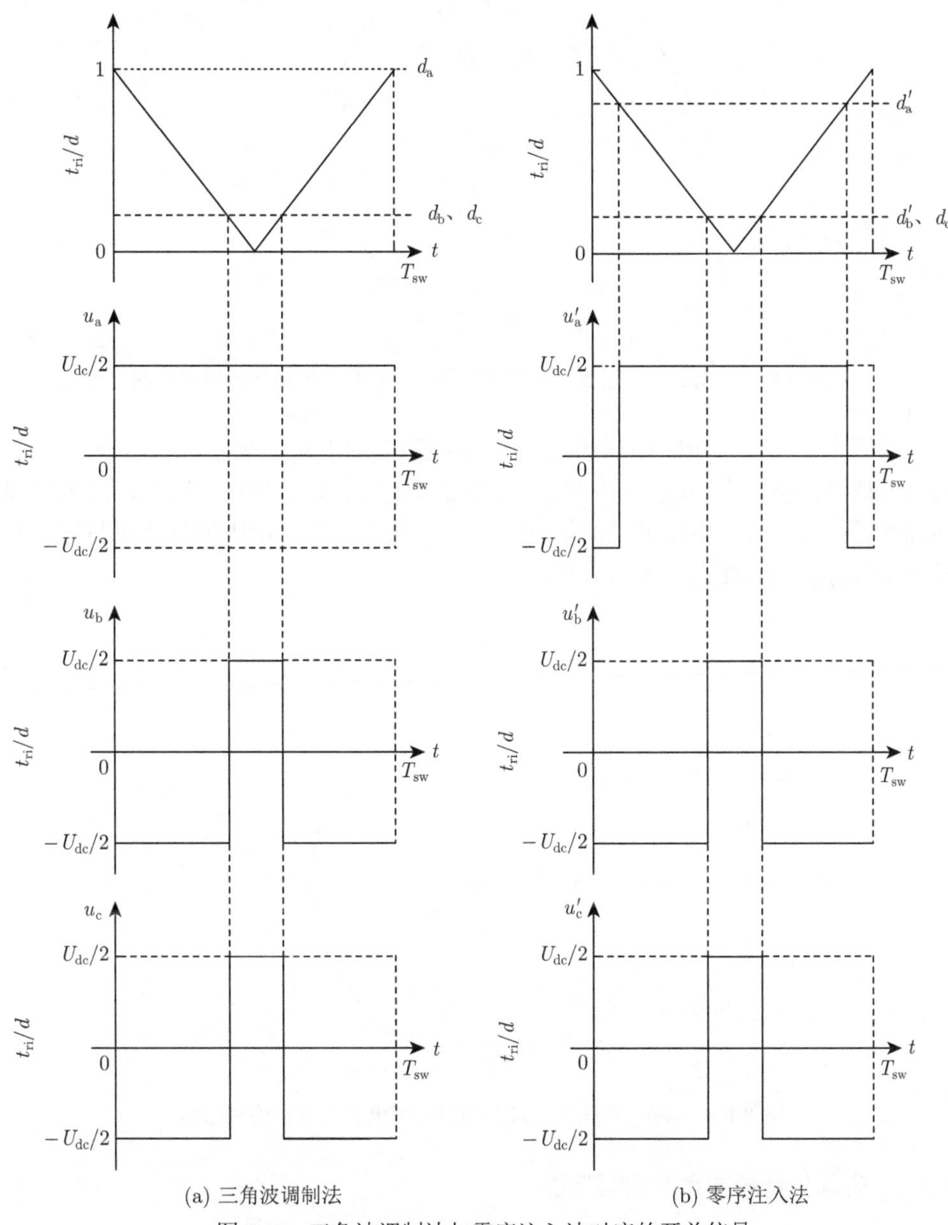

(a) 三角波调制法 (b) 零序注入法

图 3-7 三角波调制法与零序注入法对应的开关信号

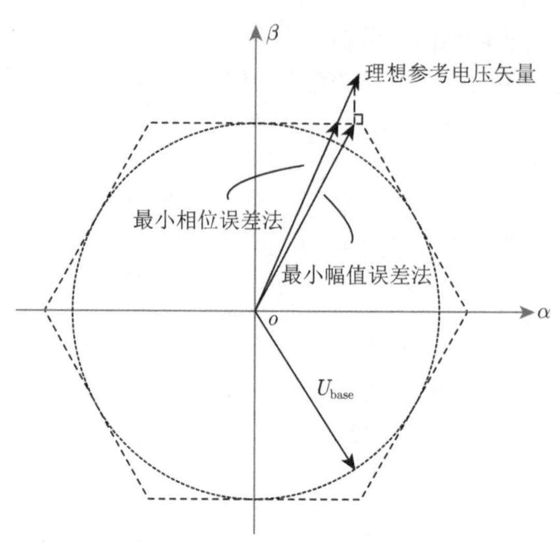

图 3-8　过调制情况下实际参考电压矢量与理想参考电压矢量对比图

采用上述过调制策略得到的实际参考电压矢量用 $\boldsymbol{u}_{\alpha\beta}^{*}$ 表示。在过调制区域，通过过调制保护，有 $|\boldsymbol{u}_{\alpha\beta}^{*}| < |\boldsymbol{u}_{\alpha\beta}^{\rm ref}|$。理想参考电压矢量的轨迹为圆形，采用过调制算法后，实际参考电压矢量的轨迹将产生畸变[41]。实际电压矢量轨迹与理想参考电压矢量轨迹对比图如图 3-9 所示。

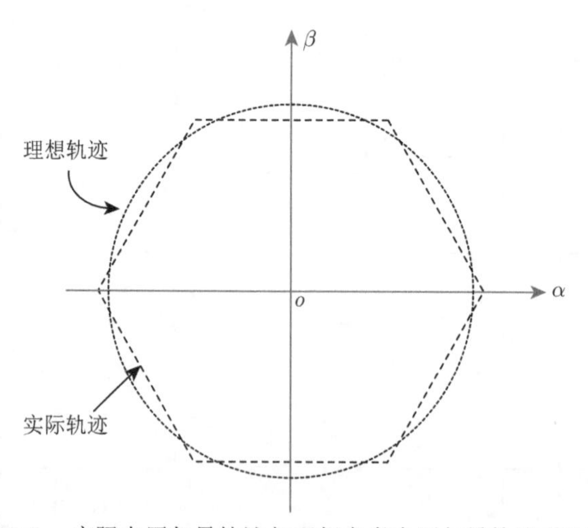

图 3-9　实际电压矢量轨迹与理想参考电压矢量轨迹对比图

3.2.4　空间矢量脉冲宽度调制特性

空间矢量脉冲宽度调制是广泛应用于各类三相逆变器中的调制策略。其核心思想是通过调节相邻空间电压矢量的作用时间，实现矢量合成，从而实现圆形参考电压矢量轨迹[42]。在空间矢量脉冲宽度调制中，根据逆变器产生的 6 个非零电压矢量，可以将 $\alpha\beta$ 平面平均分为 6 个扇区，如图 3-10 所示。在任意扇区 k 内，可以使用相邻矢量 $\boldsymbol{U}_k$、$\boldsymbol{U}_{k+1}$ 和 $\boldsymbol{U}_0$，分别作用 t_k、t_{k+1} 和 t_0 的时间，合成位于扇区 k 的参考电压矢量 $\boldsymbol{u}^*_{\alpha\beta}$，即

$$\boldsymbol{u}^*_{\alpha\beta} = \frac{1}{T_{\text{sw}}}(\boldsymbol{U}_k t_k + \boldsymbol{U}_{k+1} t_{k+1} + \boldsymbol{U}_0 t_0) \tag{3-16}$$

式中，t_k/T_{sw}、t_{k+1}/T_{sw} 和 t_0/T_{sw} 分别为矢量 $\boldsymbol{U}_k$、$\boldsymbol{U}_{k+1}$ 和 $\boldsymbol{U}_0$ 的占空比；T_{sw} 为载波周期，等于各矢量作用时间之和，即

$$T_{\text{sw}} = t_k + t_{k+1} + t_0 \tag{3-17}$$

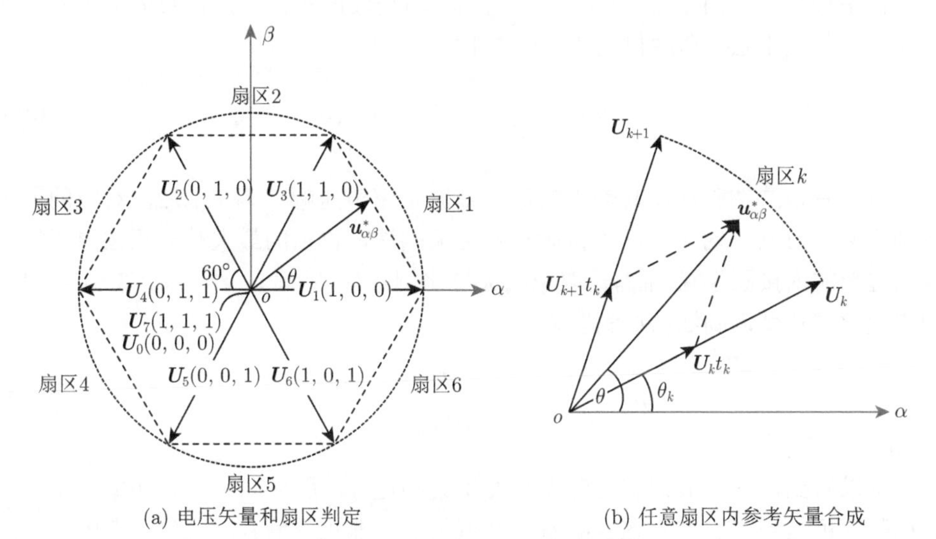

(a) 电压矢量和扇区判定　　(b) 任意扇区内参考矢量合成

图 3-10　空间矢量脉冲宽度调制

利用三角函数可以计算出每个矢量的作用时间，即

$$\begin{cases} t_k = \dfrac{3T_{\text{sw}}|\boldsymbol{u}^*_{\alpha\beta}|}{2U_{\text{dc}}}\left[\cos(\theta-\theta_k) - \dfrac{\sin(\theta-\theta_k)}{\sqrt{3}}\right] \\ t_{k+1} = \dfrac{3T_{\text{sw}}|\boldsymbol{u}^*_{\alpha\beta}|}{2U_{\text{dc}}}\dfrac{\sin(\theta-\theta_k)}{\sqrt{3}} \\ t_0 = T_{\text{sw}} - t_k - t_{k+1} \end{cases} \tag{3-18}$$

式中，θ 为参考电压矢量 $\boldsymbol{u}^*_{\alpha\beta}$ 的角度；θ_k 为电压矢量 $\boldsymbol{U}_k$ 的角度。

参考电压矢量 $\boldsymbol{u}^*_{\alpha\beta}$ 所在的扇区 k 可以通过下式确定，即

$$k=\begin{cases}1, & 0\leqslant\theta<\pi/3\\ 2, & \pi/3\leqslant\theta<2\pi/3\\ 3, & 2\pi/3\leqslant\theta<\pi\\ 4, & \pi\leqslant\theta<4\pi/3\\ 5, & 4\pi/3\leqslant\theta<5\pi/3\\ 6, & 5\pi/3\leqslant\theta<2\pi\end{cases}\tag{3-19}$$

3.2.5 空间矢量脉冲宽度调制与零序注入的关系

在 PWM 技术中，调制度 m 为调制波与载波的幅值比，在数值上等于逆变器输出的基波正弦电压幅值与 $U_{\mathrm{dc}}/2$ 的比值，即

$$m=\frac{u_x}{0.5U_{\mathrm{dc}}},\quad x=\mathrm{a,b,c}\tag{3-20}$$

对于三角波调制法，其输出的最大基波正弦电压幅值为 $U_{\mathrm{dc}}/2$，对应的最大调制度 $m=1.0$ 。对于空间矢量脉冲宽度调制法，输出的最大基波正弦电压幅值为六边形的内接圆半径 r_{limit}。取空间矢量比例常数 $K=1$，结合式 (3-8) 可得空间矢量脉冲宽度调制法的调制度为

$$m=\frac{r_{\mathrm{limit}}}{0.5U_{\mathrm{dc}}}=\frac{2U_{\mathrm{dc}}}{\sqrt{3}U_{\mathrm{dc}}}=1.1547\tag{3-21}$$

可以看到，三角波调制法的调制度不会超过 1，而空间矢量脉冲宽度调制法的调制度可达到 1.1547。这意味着，其调制波并非正弦信号。同时，考虑零序注入法与空间矢量脉冲宽度调制法具有相同的线性调制范围，可以推测两种方法的调制波具有一定的联系。

根据图 3-5,在单位采样周期内,由调制波与载波进行比较得到的占空比信号为

$$\begin{cases}d_{\mathrm{a}}=\dfrac{u_{\mathrm{a}}^{\mathrm{ref}}}{U_{\mathrm{dc}}}+0.5\\ d_{\mathrm{b}}=\dfrac{u_{\mathrm{b}}^{\mathrm{ref}}}{U_{\mathrm{dc}}}+0.5\\ d_{\mathrm{c}}=\dfrac{u_{\mathrm{c}}^{\mathrm{ref}}}{U_{\mathrm{dc}}}+0.5\end{cases}\tag{3-22}$$

式中，$u_{\mathrm{a}}^{\mathrm{ref}}$、$u_{\mathrm{b}}^{\mathrm{ref}}$、$u_{\mathrm{c}}^{\mathrm{ref}}$ 分别为三相参考电压。

根据式 (3-22)，将上标 ref 替换为 *，将其作为空间矢量脉冲宽度调制法中三相桥臂对应的占空比与调制波之间的关系，即

$$\begin{cases} d_{\mathrm{a}}^{*}=\dfrac{u_{\mathrm{a}}^{*}}{U_{\mathrm{dc}}}+0.5 \\ d_{\mathrm{b}}^{*}=\dfrac{u_{\mathrm{b}}^{*}}{U_{\mathrm{dc}}}+0.5 \\ d_{\mathrm{c}}^{*}=\dfrac{u_{\mathrm{c}}^{*}}{U_{\mathrm{dc}}}+0.5 \end{cases} \tag{3-23}$$

在三角波调制法与零序注入法中，载波和调制波的定义是非常清楚的，但在空间矢量脉冲宽度调制法中，并没有明确的调制波定义。为此，若能够将式 (3-18) 中各个矢量的作用时间与式 (3-23) 建立联系，则可以推导出空间矢量脉冲宽度调制法与三角波调制法之间的关系[43]。

以空间矢量脉冲宽度调制中扇区 1 为例，分析图 3-11 所示的三相脉宽 T_{a}、T_{b} 和 T_{c} 与矢量作用时间 t_1、t_2 和 t_0 之间的关系。

根据图 3-11，可以得到以下关系，即

$$\begin{cases} T_{\mathrm{a}}=k_0t_0+t_2+t_1 \\ T_{\mathrm{b}}=k_0t_0+t_2 \\ T_{\mathrm{c}}=k_0t_0 \end{cases} \tag{3-24}$$

式中，k_0 为 $0\sim1$ 范围内的系数。

将式 (3-24) 两侧均除以控制周期 T_{s}，有

$$\begin{cases} d_{\mathrm{a}}=\dfrac{1}{T_{\mathrm{s}}}(k_0t_0+t_2+t_1) \\ d_{\mathrm{b}}=\dfrac{1}{T_{\mathrm{s}}}(k_0t_0+t_2) \\ d_{\mathrm{c}}=\dfrac{1}{T_{\mathrm{s}}}k_0t_0 \end{cases} \tag{3-25}$$

根据式 (2-32) 所示的 Clarke 变换，可以得到空间矢量脉冲宽度调制中自然坐标系和静止坐标系下的电压参考值关系，即

$$\begin{cases} u_{\alpha}^{*}=\dfrac{2}{3}u_{\mathrm{a}}^{*}-\dfrac{1}{3}(u_{\mathrm{b}}^{*}+u_{\mathrm{c}}^{*}) \\ u_{\beta}^{*}=\dfrac{\sqrt{3}}{3}(u_{\mathrm{b}}^{*}-u_{\mathrm{c}}^{*}) \end{cases} \tag{3-26}$$

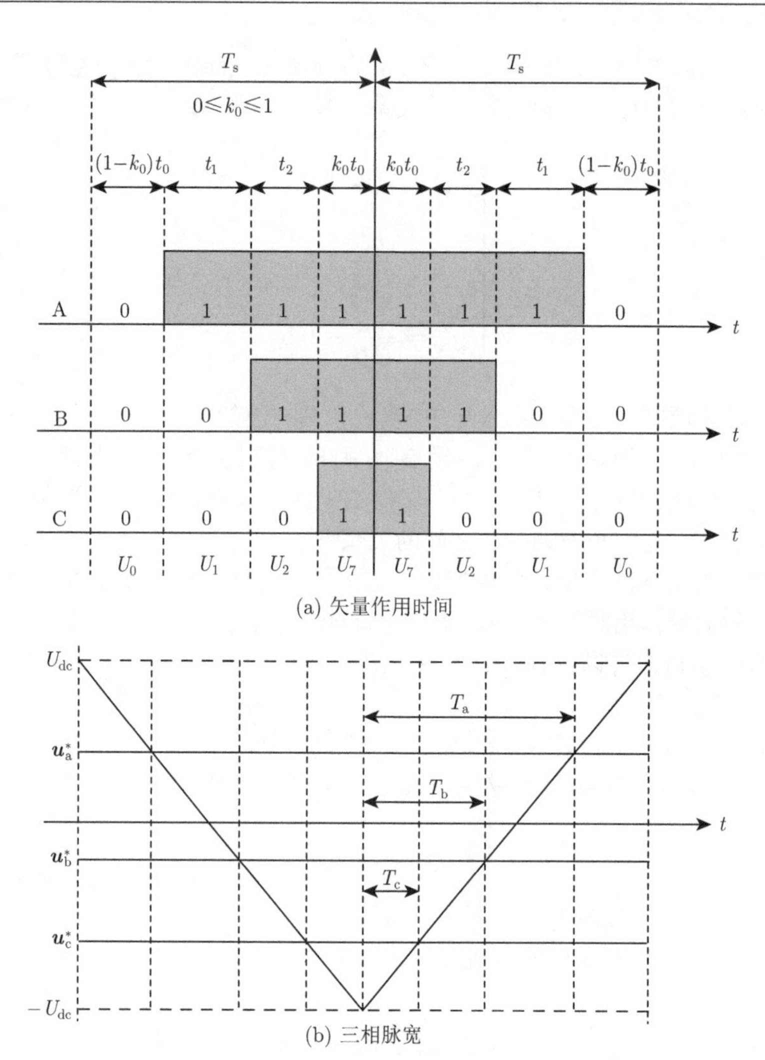

图 3-11　空间矢量脉冲宽度调制输出的三相脉宽与矢量作用时间之间的关系

在空间矢量脉冲宽度调制中，以扇区 1 为分析对象，将式 (3-26) 代入式 (3-18)，可得

$$
\begin{cases}
t_1 = \dfrac{T_s}{U_{dc}}(u_a^* - u_b^*) \\
t_2 = \dfrac{T_s}{U_{dc}}(u_b^* - u_c^*) \\
t_0 = T_s - t_1 - t_2
\end{cases}
\tag{3-27}
$$

设线电压参考值为

$$\begin{cases} u_{\mathrm{ab}}^* = u_{\mathrm{a}}^* - u_{\mathrm{b}}^* \\ u_{\mathrm{bc}}^* = u_{\mathrm{b}}^* - u_{\mathrm{c}}^* \\ u_{\mathrm{ca}}^* = u_{\mathrm{c}}^* - u_{\mathrm{a}}^* \end{cases} \tag{3-28}$$

则有

$$\begin{cases} U_{\mathrm{dc}} t_1 = T_{\mathrm{s}} u_{\mathrm{ab}}^* \\ U_{\mathrm{dc}} t_2 = T_{\mathrm{s}} u_{\mathrm{bc}}^* \\ t_0 = T_{\mathrm{s}} - t_1 - t_2 \end{cases} \tag{3-29}$$

将式 (3-23)、式 (3-29) 代入式 (3-25)，可得扇区 1 的占空比为

$$\begin{cases} d_{\mathrm{a}} = d_{\mathrm{a}}^* + d_{\mathrm{z}} \\ d_{\mathrm{b}} = d_{\mathrm{b}}^* + d_{\mathrm{z}} \\ d_{\mathrm{c}} = d_{\mathrm{c}}^* + d_{\mathrm{z}} \end{cases} \tag{3-30}$$

式中

$$d_{\mathrm{z}} = k_0 - k_0 d_{\mathrm{a}}^* - (1 - k_0) d_{\mathrm{c}}^* \tag{3-31}$$

将式 (3-30) 由扇区 1 扩展到整个扇区 1~ 扇区 6，则有

$$\begin{cases} d_{\mathrm{a}} = d_{\mathrm{a}}^* + d_{\mathrm{z}k_0} \\ d_{\mathrm{b}} = d_{\mathrm{b}}^* + d_{\mathrm{z}k_0} \\ d_{\mathrm{c}} = d_{\mathrm{c}}^* + d_{\mathrm{z}k_0} \end{cases} \tag{3-32}$$

式中

$$d_{\mathrm{z}k_0} = k_0 - k_0 \max(d_{\mathrm{a}}^*, d_{\mathrm{b}}^*, d_{\mathrm{c}}^*) - (1 - k_0) \min(d_{\mathrm{a}}^*, d_{\mathrm{b}}^*, d_{\mathrm{c}}^*) \tag{3-33}$$

当 $k_0 = 0.5$ 时，有

$$\begin{cases} d_{\mathrm{a}} = d_{\mathrm{a}}^* + d_{\mathrm{z}k_0'} \\ d_{\mathrm{b}} = d_{\mathrm{b}}^* + d_{\mathrm{z}k_0'} \\ d_{\mathrm{c}} = d_{\mathrm{c}}^* + d_{\mathrm{z}k_0'} \end{cases} \tag{3-34}$$

式中

$$d_{\mathrm{z}k_0'} = -\frac{\max(d_{\mathrm{a}}^*, d_{\mathrm{b}}^*, d_{\mathrm{c}}^*) + \min(d_{\mathrm{a}}^*, d_{\mathrm{b}}^*, d_{\mathrm{c}}^*)}{2} + \frac{1}{2} \tag{3-35}$$

将式 (3-34) 与式 (3-12) 对比可以看到，空间矢量脉冲宽度调制在占空比输出结果上与零序注入法保持一致。由此可见，空间矢量脉冲宽度调制法与零序注入法之间的内在联系，即空间矢量脉冲宽度调制法实质上是一种带谐波注入的三角波调制方法，但是其调制波不是正弦波。由于零序分量无法存在于无中性线的三相系统中，因此调制波的畸变并不会引起逆变器输出电压波形的畸变[44]。

3.3　两电平电压源型逆变器延迟特性分析

3.3.1　逆变器延迟特性

在控制算法的硬件实现中，通常采用定时器完成 PWM 信号的切换。在一个控制周期 T_s 内，定时器当前数值 Δt_k 随着时间增加逐渐递减，当定时器当前数值 $\Delta t_k = 0$ 时，PWM 信号立即进行切换。图 3-12 显示了控制周期起始点与 PWM 切换点的关系。控制周期起始点与 PWM 切换点之间的时间差即定时器设定值 Δt_k。可以看到，Δt_k、Δt_{k+1}、Δt_{k+2}、Δt_{k+3} 互不相等。这意味着，对于逆变器来说，控制周期起始点与 PWM 信号切换点之间存在一定的延迟，称为逆变器延迟。在一个 PWM 周期内，计算两次 PWM 逆变器延迟的平均值，并将其作

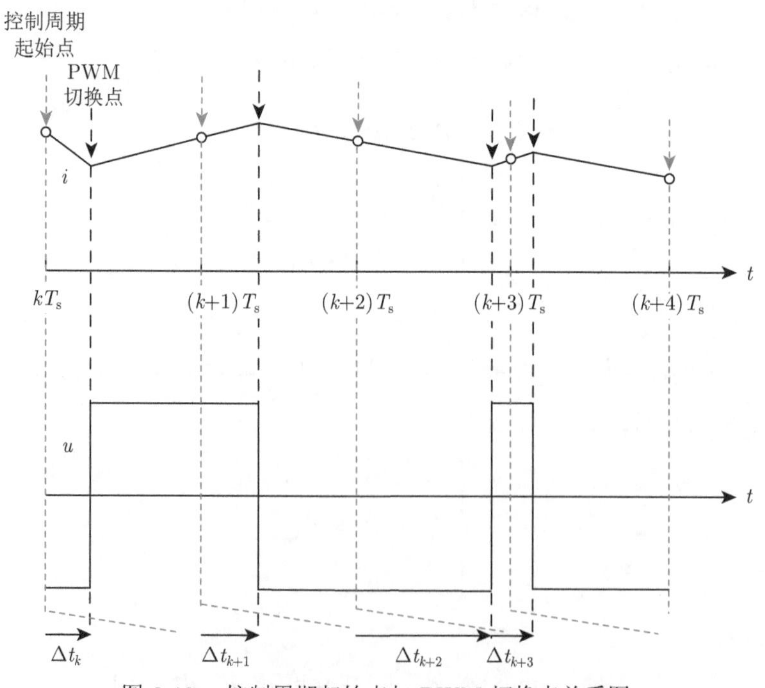

图 3-12　控制周期起始点与 PWM 切换点关系图

为逆变器延迟的具体数值[45]，即

$$\frac{\Delta t_k + \Delta t_{k+1}}{2} = \frac{T_\mathrm{s}}{2} \pm \frac{d_k - d_{k+1}}{4} T_\mathrm{s} \tag{3-36}$$

式中，d_k 与 d_{k+1} 分别为相应控制周期的 PWM 占空比。

考虑实际控制系统，为了满足系统的动态性能，控制周期通常非常短，即在三角波调制法的控制周期内，有 $d_k \approx d_{k+1}$。因此，式 (3-36) 可以简化为

$$\frac{\Delta t_k + \Delta t_{k+1}}{2} \approx \frac{T_\mathrm{s}}{2} \tag{3-37}$$

即逆变器延迟近似为控制周期的二分之一。

3.3.2 控制器延迟特性

在实际电机驱动系统的硬件实现中，控制器循环对电流、电压、转子位置进行采样、处理、计算，最终发出控制信号，这一过程称为控制周期，其时间为 T_s 。通常，采样过程发生在控制周期的起始部分，而控制信号的输出 (即 PWM 信号输出) 发生在控制周期的结束部分。这意味着，控制系统中存在时间为 T_s 的延迟。这一延迟称为控制器延迟。在控制器的设计中，必须考虑这一延迟特性的影响。

在控制周期中，控制周期内采样点与参考值更新点示意图如图 3-13 所示。在

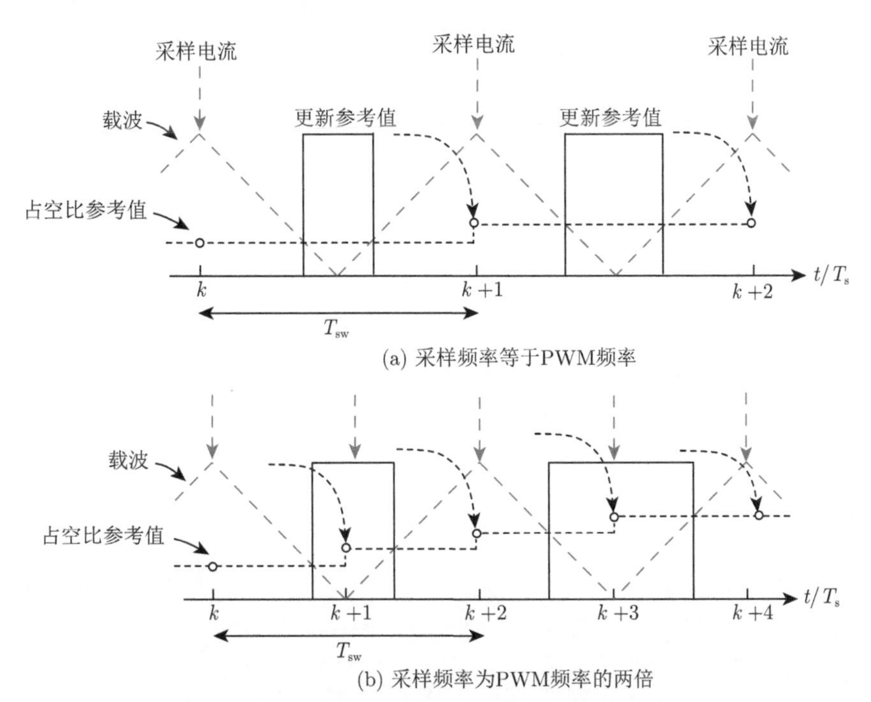

(a) 采样频率等于PWM频率

(b) 采样频率为PWM频率的两倍

图 3-13　控制周期内采样点与参考值更新点示意图

图 3-13 (a) 中，控制周期 T_s 与载波周期 T_{sw} 相等。可以看到，在每个控制周期的起始部分，控制器进行采样，可以获得电压、电流、转角等采集量。在控制周期的结尾，控制器将根据控制算法的计算结果，对 PWM 占空比参考值进行更新。这意味着，对于控制器来说，由于不可避免的计算过程，反馈量的输入与控制量的输出之间存在固定时间 T_s 的延迟。同理，在图 3-13 (b) 中，当控制周期 T_s 为载波周期 T_{sw} 的二分之一时，采样点与参考值更新点仍分别处于控制周期的首尾端，因此控制系统中仍存在时间为 T_s 的控制器延迟。

将逆变器延迟与控制周期延迟相加，可得总延迟为

$$T_d = T_s + 0.5T_s = 1.5T_s \tag{3-38}$$

第 4 章　永磁同步电机线性控制器设计

永磁同步电机通常采用转速-电流双闭环的控制结构。本章针对永磁同步电机电流环和转速环分别设计单自由度和两自由度的线性控制器，重点阐述各线性控制器的参数整定方法，并分析积分饱和与延迟补偿特性对电机控制的影响。最后，在分析永磁同步电机弱磁控制特性的基础上设计弱磁控制器，并给出参数整定方案。

4.1　永磁同步电机电流环线性控制器设计

4.1.1　电流环单自由度 PI 控制器设计

采用复空间矢量形式表示时，隐极式永磁同步电机定子电压方程可以写为

$$u_{dq} = R_{\mathrm{s}} i_{dq} + L_{\mathrm{s}} \frac{\mathrm{d} i_{dq}}{\mathrm{d}t} + \mathrm{j}\omega_{\mathrm{e}} L_{\mathrm{s}} i_{dq} + \mathrm{j}\omega_{\mathrm{e}} \Psi_{\mathrm{f}} \tag{4-1}$$

电流环控制器设计过程的第一步是消除 dq 轴间的交叉耦合，通常采用前馈补偿的方式实现解耦，经前馈补偿后的定子电压分量可以表示为

$$u'_{dq} = u_{dq} - \mathrm{j}\omega_{\mathrm{e}} L_{\mathrm{s}} i_{dq} - \mathrm{j}\omega_{\mathrm{e}} \Psi_{\mathrm{f}} \tag{4-2}$$

此时，式 (4-1) 可以改写为

$$L_{\mathrm{s}} \frac{\mathrm{d} i_{dq}}{\mathrm{d}t} = u'_{dq} - R_{\mathrm{s}} i_{dq} \tag{4-3}$$

式 (4-3) 中不含复系数，因此 dq 轴间的交叉耦合得以消除。u'_{dq} 到 i_{dq} 的传递函数可以表示为

$$G(s) = \frac{i_{dq}(s)}{u'_{dq}(s)} = \frac{1}{sL_{\mathrm{s}} + R_{\mathrm{s}}} \tag{4-4}$$

可见，该系统为一阶复系统 (d、q 轴分别为两个独立的一阶系统)。通常可采用电流环单自由度 PI 控制器来控制此类系统，其传递函数可以表示为

$$F(s) = k_{\mathrm{p}} + \frac{k_{\mathrm{i}}}{s} \tag{4-5}$$

式中，$k_{\rm p}$、$k_{\rm i}$ 分别表示比例系数、积分系数。

一般情况下，可通过试凑法确定 $k_{\rm p}$ 和 $k_{\rm i}$，但是试凑法需要一定的经验且较为不便。为解决此问题，部分学者提出更直观、更便捷的直接整定法，即通过电机参数及期望的闭环控制特性进行整定[46, 47]。

假设 $G_{\rm cc}(s)$ 代表电流环的闭环传递函数，即

$$G_{\rm cc}(s)=\frac{i_{dq}(s)}{i_{dq}^*(s)} \tag{4-6}$$

由于被控对象为一阶系统，期望得到的电流环闭环传递函数可设置为

$$G_{\rm cc}(s)=\frac{\alpha_{\rm c}}{s+\alpha_{\rm c}}=\frac{\alpha_{\rm c}/s}{1+\alpha_{\rm c}/s} \tag{4-7}$$

式中，$\alpha_{\rm c}$ 为电流环控制带宽。

定义电流上升时间 $t_{\rm rc}$ 为电流暂态响应从 10% 到 90% 所需的时间，则 $\alpha_{\rm c}$ 与 $t_{\rm rc}$ 的关系可以表示为

$$\alpha_{\rm c}t_{\rm rc}=\ln 9 \tag{4-8}$$

因此，通过给定期望得到的上升时间 $t_{\rm rc}$，可直接计算得出 $\alpha_{\rm c}$。电流环单自由度 PI 控制器的控制框图如图 4-1 所示。

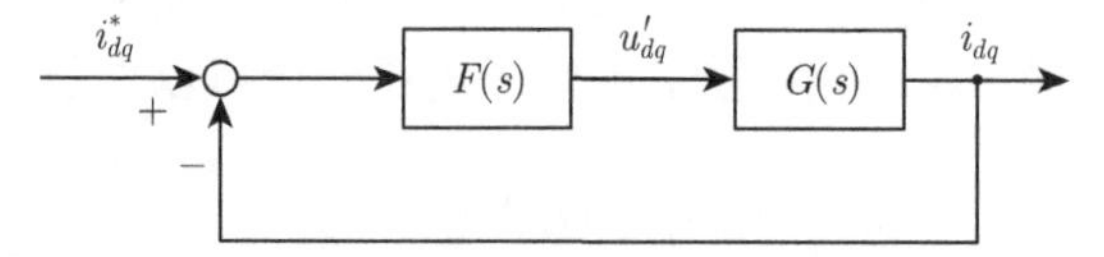

图 4-1　电流环单自由度 PI 控制器的控制框图

根据图 4-1，电流环闭环传递函数可以表示为

$$G_{\rm cc}(s)=\frac{F(s)G(s)}{1+F(s)G(s)} \tag{4-9}$$

令式 (4-9) 与期望得到的电流环闭环传递函数 (4-7) 相等，即

$$G_{\rm cc}(s)=\frac{F(s)G(s)}{1+F(s)G(s)}=\frac{\alpha_{\rm c}}{s+\alpha_{\rm c}} \tag{4-10}$$

根据式 (4-10)，可得

$$F(s)=\frac{\alpha_{\rm c}}{s}G^{-1}(s)=\frac{\alpha_{\rm c}}{s}(sL_{\rm s}+R_{\rm s})=\alpha_{\rm c}L_{\rm s}+\frac{\alpha_{\rm c}R_{\rm s}}{s} \tag{4-11}$$

因此，可以得到电流环单自由度 PI 控制器的比例及积分系数，即

$$k_{\mathrm{p}} = \alpha_{\mathrm{c}} L_{\mathrm{s}}, \quad k_{\mathrm{i}} = \alpha_{\mathrm{c}} R_{\mathrm{s}} \tag{4-12}$$

可以看出，电流环单自由度 PI 控制器的控制参数可以写为含有电机参数与期望控制带宽的表达式，规避试凑整定法的一系列问题[48]。此外，该方法是 IMC 的一个特例。为便于理解，电流环单自由度 PI 控制器的表达式可进一步写为

$$u_{dq}^{*} = \alpha_{\mathrm{c}} L_{\mathrm{s}} e + \alpha_{\mathrm{c}} R_{\mathrm{s}} \int e \mathrm{d}t + \mathrm{j}\omega_{\mathrm{e}} L_{\mathrm{s}} i_{dq} + \mathrm{j}\omega_{\mathrm{e}} \Psi_{\mathrm{f}} \tag{4-13}$$

式中，$e = i_{dq}^{*} - i_{dq}$。

4.1.2 电流环两自由度 PI 控制器设计

在根据式 (4-12) 对电流环单自由度 PI 控制器进行参数整定时，其抗负载扰动的能力较差。为解决此问题，人们提出电流环两自由度 PI 控制器，引入虚拟电阻 R_{a} 增大式 (4-12) 中的积分系数[49]。电流环两自由度 PI 控制器的控制框图如图 4-2 所示。

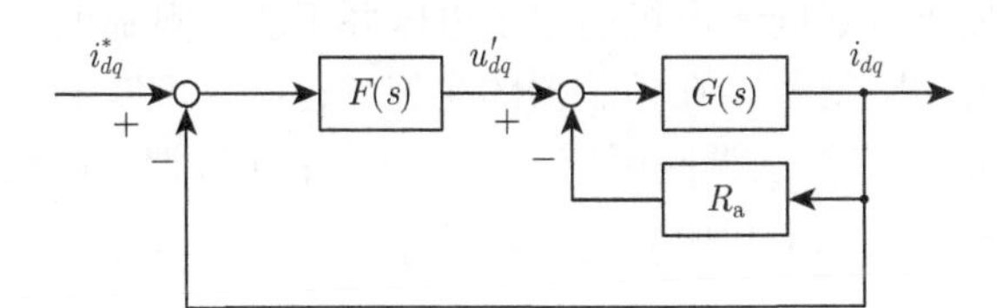

图 4-2 电流环两自由度 PI 控制器的控制框图

从 $u'_{dq}(s)$ 到 $i_{dq}(s)$ 的传递函数可以重新写为

$$G'(s) = \frac{G(s)}{1 + R_{\mathrm{a}} G(s)} = \frac{1}{sL_{\mathrm{s}} + R_{\mathrm{s}} + R_{\mathrm{a}}} \tag{4-14}$$

需要指出的是，图 4-2 和式 (4-14) 中的虚拟电阻 R_{a} 仅存在于控制网络，作用于控制信号，并非实际电路中的电阻，因此不会产生功率损耗。此时，控制器传递函数 $F(s)$ 可以设置为

$$F(s) = \frac{\alpha_{\mathrm{c}}}{s} G'(s)^{-1} = \frac{\alpha_{\mathrm{c}}}{s}(sL_{\mathrm{s}} + R_{\mathrm{s}} + R_{\mathrm{a}}) = k_{\mathrm{p}} + \frac{k_{\mathrm{i}}}{s} \tag{4-15}$$

因此，电流环两自由度 PI 控制器的比例及积分系数可以表示为

$$k_{\mathrm{p}} = \alpha_{\mathrm{c}} L_{\mathrm{s}}, \quad k_{\mathrm{i}} = \alpha_{\mathrm{c}}(R_{\mathrm{s}} + R_{\mathrm{a}}) \tag{4-16}$$

参数 R_a 的选择应满足

$$\frac{R_\mathrm{s}+R_\mathrm{a}}{L_\mathrm{s}}=\alpha_\mathrm{c} \tag{4-17}$$

可得

$$R_\mathrm{a}=\alpha_\mathrm{c}L_\mathrm{s}-R_\mathrm{s} \tag{4-18}$$

式 (4-16) 可以重写为

$$k_\mathrm{p}=\alpha_\mathrm{c}L_\mathrm{s},\quad k_\mathrm{i}=\alpha_\mathrm{c}^2L_\mathrm{s} \tag{4-19}$$

为便于理解，电流环两自由度 PI 控制器的表达式可进一步写为

$$u_{dq}^*=\alpha_\mathrm{c}L_\mathrm{s}e+\alpha_\mathrm{c}^2L_\mathrm{s}\int e\mathrm{d}t+(\mathrm{j}\omega_\mathrm{e}L_\mathrm{s}-R_\mathrm{a})i_{dq}+\mathrm{j}\omega_\mathrm{e}\varPsi_\mathrm{f} \tag{4-20}$$

可以看出，该控制器包含两个输入，即电流误差信号和电流经 R_a 的反馈信号，因此称为电流环两自由度 PI 控制器。

4.1.3 积分饱和特性与抗饱和设计

上述 PI 控制器的设计过程均假设被控对象为线性系统。然而，实际情况并非如此，原因是施加于永磁同步电机的定子电压并不能无限制地增大，其变化范围受逆变器输出能力的限制[50]。在控制器的实施过程中，可以根据 u_{dq}^* 计算逆变器的电压控制信号 $\overline{u}_{dq}^*$。在线性调制区域，$u_{dq}^*=\overline{u}_{dq}^*$；在过调制区域，$u_{dq}^*>\overline{u}_{dq}^*$。在本章的后续内容中，将该饱和函数表示为 $\overline{u}_{dq}^*=\mathrm{sat}(u_{dq}^*,U_\mathrm{limit})$。其特性如图 4-3 所示。

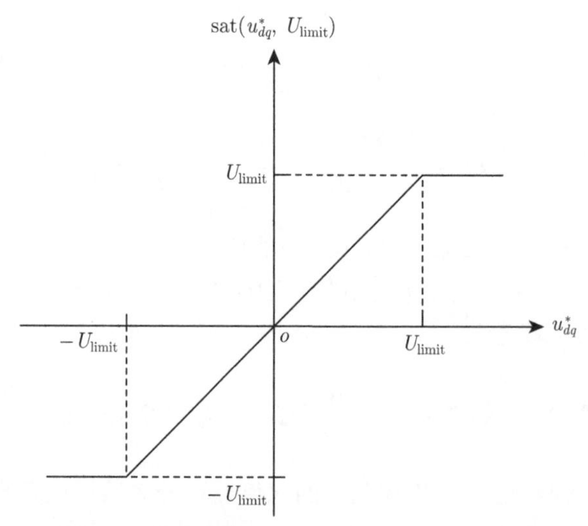

图 4-3　饱和函数 $\overline{u}_{dq}^*=\mathrm{sat}(u_{dq}^*,U_\mathrm{limit})$ 特性

由于该饱和现象的存在，电流控制环路存在非线性特征，且该饱和现象会影响暂态控制特性，延长调节时间。为解决此问题，人们提出反向计算法[51, 52]。其中，积分器的输入量从实际控制误差 e 变为修订控制误差 $\overline{e}$ 。采用反向计算法时，电流环线性控制器可以用如下控制律表示，即

$$u_{dq}^{*}=k_{\mathrm{p}}e+k_{\mathrm{i}}\int\overline{e}\mathrm{d}t+(\mathrm{j}\omega_{\mathrm{e}}L_{\mathrm{s}}-R_{\mathrm{a}})i_{dq}+\mathrm{j}\omega_{\mathrm{e}}\varPsi_{\mathrm{f}} \tag{4-21}$$

$$\overline{u}_{dq}^{*}=\mathrm{sat}(u_{dq}^{*},U_{\mathrm{limit}}) \tag{4-22}$$

可以看出，u_{dq}^{*} 的表达式中仍然含有实际控制误差 e。为了防止出现饱和，在式 (4-21) 中用修订控制误差 $\overline{e}$ 代替实际控制误差 e，$\overline{u}_{dq}^{*}$ 可以表示为

$$\overline{u}_{dq}^{*}=k_{\mathrm{p}}\overline{e}+k_{\mathrm{i}}\int\overline{e}\mathrm{d}t+(\mathrm{j}\omega_{\mathrm{e}}L_{\mathrm{s}}-R_{\mathrm{a}})i_{dq}+\mathrm{j}\omega_{\mathrm{e}}\varPsi_{\mathrm{f}} \tag{4-23}$$

可以看出，修订控制误差 $\overline{e}$ 不会发生饱和，即该方法可以消除积分饱和。基于式 (4-21) 和式 (4-23)，反向计算修订控制误差 $\overline{e}$，即

$$\overline{e}=e+\frac{1}{k_{\mathrm{p}}}(\overline{u}_{dq}^{*}-u_{dq}^{*}) \tag{4-24}$$

4.1.4 延迟补偿与带宽选择

将电流环线性控制器的输出信号 u_{dq}^{*} 转换到两相静止坐标系，即 $u_{\alpha\beta}^{*}=\mathrm{e}^{\mathrm{j}\theta_{\mathrm{e}}}u_{dq}^{*}$，可得调制算法的输入参考电压矢量。如第 3 章所述，在控制器的实施过程中，逆变器延迟与控制周期延迟叠加产生的总延迟为 $T_{\mathrm{d}}=1.5T_{\mathrm{s}}$ 。此外，该延迟 T_{d} 在 dq 平面中引入了旋转角 $-\omega_{\mathrm{e}}T_{\mathrm{d}}$ ，该旋转角可以在 $\alpha\beta$ 轴中进行补偿，即

$$u_{\alpha\beta}^{*}=\mathrm{e}^{\mathrm{j}(\theta_{\mathrm{e}}+\omega_{\mathrm{e}}T_{\mathrm{d}})}u_{dq}^{*},\quad T_{\mathrm{d}}=1.5T_{\mathrm{s}} \tag{4-25}$$

因此，考虑延迟补偿，式(4-21)和式(4-22) 可以改写为

$$u_{dq}^{*}=k_{\mathrm{p}}e+k_{\mathrm{i}}\int\overline{e}\mathrm{d}t+(\mathrm{j}\omega_{\mathrm{e}}L_{\mathrm{s}}-R_{\mathrm{a}})i_{dq}+\mathrm{j}\omega_{\mathrm{e}}\varPsi_{\mathrm{f}} \tag{4-26}$$

$$\overline{u}_{dq}^{*}=\mathrm{PWM}(u_{dq}^{*},\theta_{\mathrm{e}}+\omega_{\mathrm{e}}T_{\mathrm{d}}) \tag{4-27}$$

式中，PWM 表示包括坐标变换的调制算法。

相应的电流环线性控制器控制框图如图 4-4 所示。

对于电流环线性控制器带宽 α_{c} 的选择，其与采样频率相关，因此不能选择得太大，否则系统的稳定性会降低[53]。另外，在电流环中必须考虑控制器计算过程

和逆变器调制算法产生的总延时 T_{d}。在最恶劣的情况下，假设定子电阻很小，可以忽略不计，则 μ'_{dq} 到 i_{dq} 的传递函数可以表示为

$$G(s)\mathrm{e}^{-sT_{\mathrm{d}}} = \frac{\mathrm{e}^{-sT_{\mathrm{d}}}}{sL_{\mathrm{s}}} \tag{4-28}$$

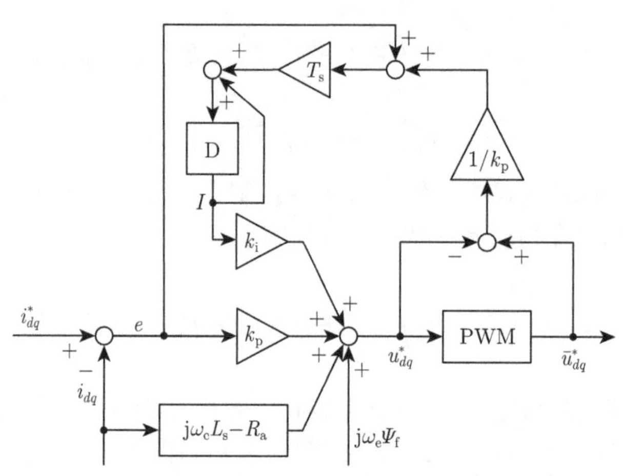

图 4-4　电流环线性控制器控制框图

应用奈奎斯特准则可以分析闭环系统的稳定性。若电流环单自由度 PI 控制器由式 (4-11) 给出，则开环传递函数可以表示为

$$G_k(s) = F(s)G(s)\mathrm{e}^{-sT_{\mathrm{d}}} = \frac{\alpha_{\mathrm{c}}\mathrm{e}^{-sT_{\mathrm{d}}}}{s} \tag{4-29}$$

从式 (4-29) 可以得到，$G_k(\mathrm{j}\alpha_{\mathrm{c}}) = 1$，也就是说 α_{c} 是开环系统的交叉频率。为了使奈奎斯特曲线不包含临界点 -1，交叉频率处的相角必须大于 $-\pi$，即 $\arg G_k(\mathrm{j}\alpha_{\mathrm{c}}) = -\pi/2 - \alpha_{\mathrm{c}}T_{\mathrm{d}} > -\pi$，进一步可得 $\alpha_{\mathrm{c}}T_{\mathrm{d}} < \pi/2$[54]。当 $T_{\mathrm{d}} = 1.5T_{\mathrm{s}} = 3\pi/\omega_{\mathrm{s}}$ 时，可以得到渐近稳定的判据，即 $\alpha_{\mathrm{c}} < \omega_{\mathrm{s}}/6$ 。因此，对于电流环单自由度 PI 控制器来说，带宽选择范围应为

$$\alpha_{\mathrm{c}} < 0.1\omega_{\mathrm{s}} \tag{4-30}$$

电流环两自由度 PI 控制器可由式 (4-15) 给出，其开环传递函数可以表示为

$$G_k(s) = (F(s)+R_{\mathrm{a}})G(s)\mathrm{e}^{-sT_{\mathrm{d}}} = \left(2\alpha_{\mathrm{c}}L_{\mathrm{s}} + \frac{\alpha_{\mathrm{c}}^2L_{\mathrm{s}}}{s}\right)\frac{\mathrm{e}^{-sT_{\mathrm{d}}}}{sL_{\mathrm{s}}} = \frac{\alpha_{\mathrm{c}}(2s+\alpha_{\mathrm{c}})\mathrm{e}^{-sT_{\mathrm{d}}}}{s^2} \tag{4-31}$$

当 $T_{\mathrm{d}} = 1.5T_{\mathrm{s}} = 3\pi/\omega_{\mathrm{s}}$ 时，交叉频率 $\alpha_k = \sqrt{2+\sqrt{5}}\alpha_{\mathrm{c}} \approx 2.06\alpha_{\mathrm{c}}$ 。渐进稳定的判据为 $\alpha_{\mathrm{c}} < 0.07\omega_{\mathrm{s}}$ 。因此，对于电流环两自由度 PI 控制器来说，带宽选择范围应为

$$\alpha_{\mathrm{c}} < 0.04\omega_{\mathrm{s}} \tag{4-32}$$

4.2 永磁同步电机转速环线性控制器设计

4.2.1 转速环单自由度 PI 控制器设计

永磁同步电机通常采用转速-电流双闭环的控制结构。与电流环线性控制器设计原理类似，转速环线性控制器也可以设计为单自由度或两自由度的 PI 控制器[55, 56]。下面介绍转速环单自由度 PI 控制器的设计方法。

如之前章节所述，永磁同步电机的机械运动方程为

$$J\frac{\mathrm{d}\omega_{\mathrm{m}}}{\mathrm{d}t}=\frac{3p}{2}\Psi_{\mathrm{f}}i_q-B\omega_{\mathrm{m}}-T_{\mathrm{L}} \tag{4-33}$$

将 $\omega_{\mathrm{e}}=p\omega_{\mathrm{m}}$ 代入式 (4-33)，可得

$$\frac{J}{p}\frac{\mathrm{d}\omega_{\mathrm{e}}}{\mathrm{d}t}=\frac{3p}{2}\Psi_{\mathrm{f}}i_q-B\frac{\omega_{\mathrm{e}}}{p}-T_{\mathrm{L}} \tag{4-34}$$

式中，负载转矩 T_{L} 可以视为系统的扰动分量。

从 $i_q(s)$ 到 $\omega_{\mathrm{e}}(s)$ 的传递函数可以表示为

$$G_{\mathrm{s}}(s)=\frac{\omega_{\mathrm{e}}(s)}{i_q(s)}=\frac{\dfrac{3p^2\Psi_{\mathrm{f}}}{2J}}{s+\dfrac{B}{J}} \tag{4-35}$$

式中，α_{s} 为转速环控制带宽。

通常情况下，在转速-电流双闭环控制结构中，转速环的控制带宽应小于电流环控制带宽的 1/10[57]，即

$$\alpha_{\mathrm{s}}\leqslant 0.1\alpha_{\mathrm{c}} \tag{4-36}$$

因此，转速环单自由度 PI 控制器可表示为

$$F_{\mathrm{s}}(s)=\frac{\alpha_{\mathrm{s}}}{s}G_{\mathrm{s}}^{-1}(s)=k_{\mathrm{ps}}+\frac{k_{\mathrm{is}}}{s} \tag{4-37}$$

式中，转速环单自由度 PI 控制器的比例及积分系数为

$$\begin{cases} k_{\mathrm{ps}}=\dfrac{\alpha_{\mathrm{s}}J}{\dfrac{3p^2\Psi_{\mathrm{f}}}{2}}=\dfrac{2\alpha_{\mathrm{s}}J}{3p^2\Psi_{\mathrm{f}}} \\ k_{\mathrm{is}}=\dfrac{\alpha_{\mathrm{s}}B}{\dfrac{3p^2\Psi_{\mathrm{f}}}{2}}=\dfrac{2\alpha_{\mathrm{s}}B}{3p^2\Psi_{\mathrm{f}}} \end{cases} \tag{4-38}$$

4.2.2 转速环两自由度 PI 控制器设计

与电流环类似，为提升转速控制环的抗扰性能，同样引入虚拟电阻，设计转速环两自由度 PI 控制器，则永磁同步电机的机械运动方程可改写为

$$\frac{\mathrm{d}\omega_{\mathrm{e}}}{\mathrm{d}t}=\frac{3p^2}{2J}\Psi_{\mathrm{f}}(i_q-B_{\mathrm{a}}\omega_{\mathrm{e}})-B\frac{\omega_{\mathrm{e}}}{J}-\frac{T_{\mathrm{L}}p}{J}=\frac{3p^2}{2J}\Psi_{\mathrm{f}}i_q-\frac{1}{J}\left(\frac{3p^2\Psi_{\mathrm{f}}}{2}B_{\mathrm{a}}+B\right)\omega_{\mathrm{e}}-\frac{T_{\mathrm{L}}p}{J} \tag{4-39}$$

由式 (4-39) 可得

$$G_{\mathrm{s}}(s)=\frac{\omega_{\mathrm{e}}(s)}{i_q(s)}=\frac{\dfrac{3p^2\Psi_{\mathrm{f}}}{2J}}{s+\dfrac{1}{J}\left(\dfrac{3p^2\Psi_{\mathrm{f}}}{2}B_{\mathrm{a}}+B\right)} \tag{4-40}$$

令

$$G_{\mathrm{s}}(s)=\frac{\dfrac{3p^2\Psi_{\mathrm{f}}}{2J}}{s+\alpha_{\mathrm{s}}} \tag{4-41}$$

由式 (4-40) 和式 (4-41) 可得

$$B_{\mathrm{a}}=\frac{\alpha_{\mathrm{s}}J-B}{\dfrac{3p^2\Psi_{\mathrm{f}}}{2}} \tag{4-42}$$

转速环两自由度 PI 控制器可表示为

$$F_{\mathrm{s}}(s)=\frac{\alpha_{\mathrm{s}}}{s}G_{\mathrm{s}}^{-1}(s)=k_{\mathrm{ps}}+\frac{k_{\mathrm{is}}}{s} \tag{4-43}$$

式中，转速环两自由度 PI 控制器的比例及积分系数为

$$\begin{cases}k_{\mathrm{ps}}=\dfrac{\alpha_{\mathrm{s}}J}{\dfrac{3p^2\Psi_{\mathrm{f}}}{2}}=\dfrac{2\alpha_{\mathrm{s}}J}{3p^2\Psi_{\mathrm{f}}}\\ k_{\mathrm{is}}=\dfrac{\alpha_{\mathrm{s}}^2J}{\dfrac{3p^2\Psi_{\mathrm{f}}}{2}}=\dfrac{2\alpha_{\mathrm{s}}^2J}{3p^2\Psi_{\mathrm{f}}}\end{cases} \tag{4-44}$$

转速控制环的输出量为 i_q^*，应满足电流约束。此外，还应考虑积分饱和因素。因此，转速环线性控制器可以用包含反向计算的控制律表示，即

$$\begin{aligned}&i_q^*=k_{\mathrm{ps}}(\omega_{\mathrm{e}}^*-\omega_{\mathrm{e}})+k_{\mathrm{is}}\int\left[\omega_{\mathrm{e}}^*-\omega_{\mathrm{e}}+\frac{1}{k_{\mathrm{ps}}}(\bar{i}_q^*-i_q^*)\right]\mathrm{d}t-B_{\mathrm{a}}\omega_{\mathrm{e}}\\&\bar{i}_q^*=\mathrm{sat}\left(i_q^*,\sqrt{I_{\max}^2-(i_d^*)^2}\right)\end{aligned} \tag{4-45}$$

相应的转速环线性控制器控制框图如图 4-5 所示。

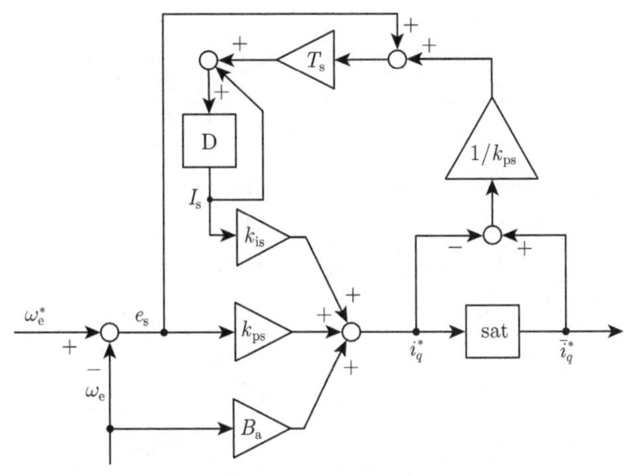

图 4-5 转速环线性控制器控制框图

4.3 永磁同步电机弱磁控制器设计

4.3.1 弱磁控制特性分析

2.5.4 节结合时空矢量图对永磁同步电机的弱磁特性进行了简要分析，并根据电机的转速，将其工作区域划分为最大转矩区域和弱磁区域。本节在上述基础上，结合永磁同步电机的电压和电流约束进一步分析不同工作区域特点和弱磁控制特性，为弱磁控制器的设计和参数整定奠定基础。

以隐极式永磁同步电机为例，将式 (2-110) 代入电压约束式 (2-108)，即

$$\left(i_d+\frac{\Psi_\mathrm{f}}{L_\mathrm{s}}\right)^2+i_q^2\leqslant\left(\frac{U_\mathrm{limit}}{L_\mathrm{s}\omega_\mathrm{e}}\right)^2 \tag{4-46}$$

式 (4-46) 对应一个圆心为 $(C,0)$、半径为 R 的圆，即

$$C=I_\mathrm{s,sc}=-\frac{\Psi_\mathrm{f}}{L_\mathrm{s}} \tag{4-47}$$

$$R=\frac{U_\mathrm{limit}}{L_\mathrm{s}\omega_\mathrm{e}} \tag{4-48}$$

式中，$I_\mathrm{s,sc}$ 为短路电流；C 对应于定子电压等于零的情况，因此与短路电流大小一致；半径 R 取决于转速，转速越大，半径越小[58]。

根据式 (4-46) 可以绘制不同速度下永磁同步电机的电压极限圆曲线。根据式 (2-107) 中的电流约束条件可以绘制电流极限圆曲线。永磁同步电机的恒定电压、电流限制和恒定转矩线如图 4-6 所示。

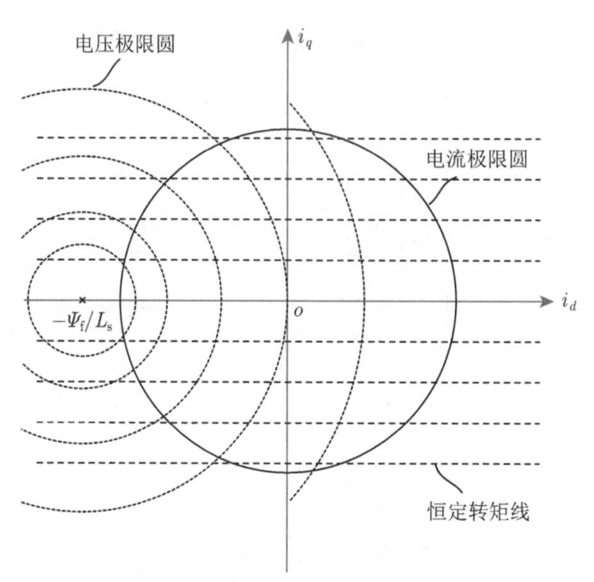

图 4-6　永磁同步电机的恒定电压、电流限制和恒定转矩线

由于转矩仅取决于 q 轴电流，因此恒定转矩线为水平线。当 $i_q = I_{\text{limit}}$ 时，可以获得最大转矩。

当电机转速低于额定转速时，逆变器提供的电压足以抵消转子旋转引起的反电动势。此时，额定转速可以表示为

$$\omega_{\text{N}} = \frac{U_{\text{limit}}}{\sqrt{\Psi_{\text{f}}^2 + (L_{\text{s}} I_{\text{limit}})^2}}$$

在这种情况下，只注入 q 轴电流，意味着所有定子电流用来产生电磁转矩。因此，永磁同步电机工作在最大转矩电流比控制模式[59]。

当电机转速高于额定转速时，反电动势将超过逆变器可以提供的最大电压。在这种情况下，需要注入 d 轴电流来降低定子磁链。与此同时，必须减小 q 轴电流来满足电流约束条件，而这一系列的变化将降低永磁同步电机产生的电磁转矩[60]。当 d 轴电流等于额定电流时，有 $i_d = -I_{\text{limit}}$ 且 $i_q = 0$。结合式 (4-46)，可得永磁同步电机可运行的最大转速为

$$\omega_{\max} = \frac{U_{\text{limit}}}{\Psi_{\text{f}} - L_{\text{s}} I_{\text{limit}}} \tag{4-49}$$

永磁同步电机在 dq 坐标系下的运行区域如图 4-7 所示。

当转速高于额定转速，即 $\omega_{\text{N}} < \omega_{\text{e}} < \omega_{\max}$ 时，电流极限圆和电压极限圆的重叠区域 (阴影区) 对应永磁同步电机的可行运行区域。

永磁同步电机的运行极限曲线如图 4-8 所示。

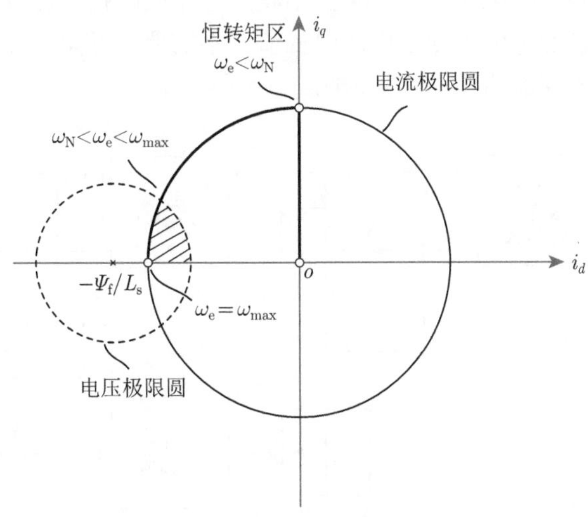

图 4-7 永磁同步电机在 dq 坐标系下的运行区域

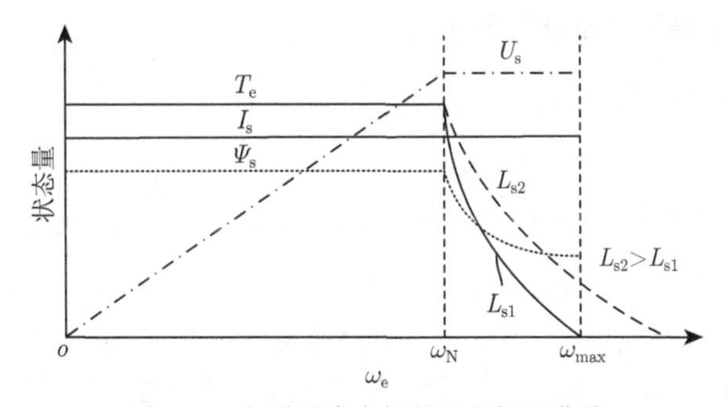

图 4-8 永磁同步电机的运行极限曲线

图中，低于额定转速 ω_N 时，永磁同步电机可以产生额定电磁转矩。一旦达到额定转速，将注入 d 轴电流来降低定子磁链，以匹配逆变器可以提供的最大电压。q 轴电流的减小会导致电磁转矩降低。当定子电流全部为 d 轴电流时，可达到最大转速 ω_{max} 。此时，永磁同步电机产生的电磁转矩为零。另外，由于电压极限圆的圆心 $(C,0)$ 与定子电感 L_s 相关。当 L_s 较大时，圆心更靠近电流约束区域，使电机在较高转速工况下仍能保持一定的重叠区域。因此，具有较大定子电感值的电机能够达到更高的转速[61]。

基于反馈的弱磁控制框图如图 4-9 所示。图中，基于电磁转矩参考值，可以得出 dq 轴电流参考值的初步计算结果。在此基础上，通过比较电压矢量参考值和定子电压限幅值，利用弱磁控制器对电流参考值进行进一步调整。当电压矢量参考值超过定子电压限幅值时，弱磁控制器输出一个负向 d 轴电流参考值，使转速进一步提高，并保持电压矢量参考值不超过电压限幅值。相反，在最大转矩区域，由于电压矢量参考值不低于电压限幅值，不需要降低定子磁链，因此弱磁控制器不会对电流参考值的计算产生影响。

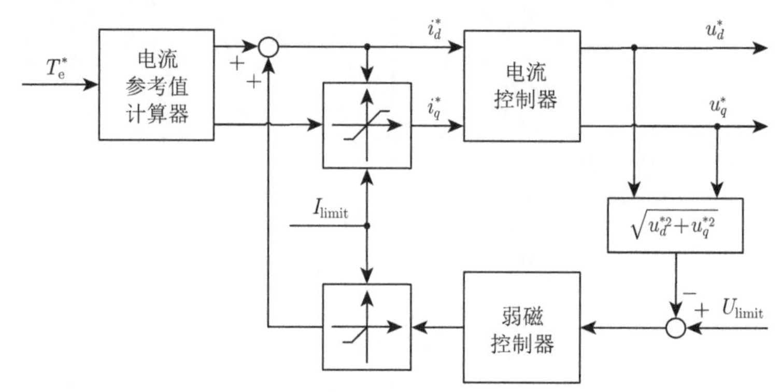

图 4-9 基于反馈的弱磁控制框图

4.3.2 弱磁控制器设计及参数整定

弱磁控制器可以表示为

$$i_d^* = k_{\text{fw}} \int \left(U_{\text{limit}}^2 - (u_d^*)^2 - (u_q^*)^2\right) \text{d}t \,\Big|_{I_{\min}}^{I_{\text{nom}}} \tag{4-50}$$

式中，u_d^* 和 u_q^* 为电流控制器输出的理想电压参考值，且 $u_{dq}^* = u_d^* + \text{j}u_q^*$；$k_{\text{fw}}$ 为弱磁控制器的增益系数；I_{nom} 为 d 轴电流额定值；$I_{\min}$ 为 d 轴电流最小值。

当 $|u_{dq}^*| > U_{\text{limit}}$，即电流控制器输出的电压矢量参考值超过电压限幅值时，i_d^* 从额定值 I_{nom} 减小，但不低于最小值 $I_{\min}$。当 $|u_{dq}^*| < U_{\text{limit}}$ 时，i_d^* 增加，但不高于额定值 I_{nom}。因此，在弱磁区域内，可以通过降低定子磁链来满足 $|u_{dq}| = U_{\text{limit}}$。对于隐极式永磁同步电机，$I_{\text{nom}} = 0$ (当转速低于额定转速时，通常将 i_d 设置为零)。在凸极式永磁同步电机中，有

$$I_{\text{nom}} = \frac{(L_d - L_q)I_{\text{limit}}}{\Psi_{\text{f}}} i_q^* \tag{4-51}$$

最小值 $I_{\min}$ 应选择为

$$-I_{\text{limit}} < I_{\min} < 0 \tag{4-52}$$

式中，如果 $I_{\min} = -I_{\text{limit}}$，则 $i_d = -I_{\text{limit}}$，i_q 需要设置为 0 来防止过电流，但此时永磁同步电产生的电磁转矩为零，这在实际应用中没有意义。

为避免弱磁范围内的过电流，$\bar{i}_q^*$ 应选择为

$$\bar{i}_q^* = \text{sat}\left[i_q^*, \sqrt{I_{\max}^2 - (i_d^*)^2}\right] \tag{4-53}$$

式中，在允许过电流的最长时间内，$I_{\max}$ 应减小为 I_{limit} 。

弱磁控制器框图如图 4-10 所示。

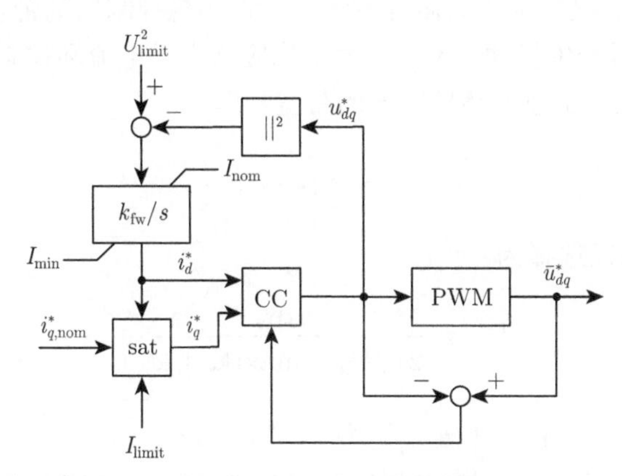

图 4-10 弱磁控制器框图

图中，模块 sat 对应式 (4-53)，模块 CC 表示具有反向计算的电流控制器。为了避免混乱，图中不显示静止/同步坐标变换。

在选择式 (4-50)中的增益 k_{fw} 时，需要分析关于 i_d 的微分方程。由于积分器输入信号中平方项 (即式 (4-50) 的被积函数) 的存在，关于 i_d 的微分方程是非线性的。式 (4-50)中的被积函数可以表示为

$$f(i_d) = U_{\text{limit}}^2 - (U_d)^2 - (U_q)^2 \tag{4-54}$$

基于式 (2-109)，式 (4-54) 可以重写为

$$f(i_d) = U_{\text{limit}}^2 - (\omega_e L_q i_q)^2 - [\omega_e(L_d i_d + \Psi_f)]^2 \tag{4-55}$$

将式 (4-55) 在工作点 i_d^{N} 附近线性化，即

$$f(i_d) \approx \underbrace{f(i_d^{\text{N}})}_{0} + \frac{\mathrm{d}f(i_d)}{\mathrm{d}i_d}(i_d - i_d^{\text{N}}) = -2\omega_e L_d \underbrace{(L_d i_d^{\text{N}} + \Psi_f)}_{v_q^*}(i_d - i_d^{\text{N}}) \tag{4-56}$$

i_d 在弱磁控制中恒为负值，因此必须降低 $|i_q|$ 来防止过电流。由于 U_d 较小，因此 $U_{\text{limit}}^2 = U_d^2 + U_q^2 \approx U_q^2$。此时，可推导出

$$\frac{\mathrm{d}f(i_d)}{\mathrm{d}i_d} \approx -2|\omega_e| L_d U_{\text{limit}} \tag{4-57}$$

根据式 (4-57)，式 (4-50) 可以线性化为

$$\frac{\mathrm{d}i_d^*}{\mathrm{d}t} = -\underbrace{2k_{\mathrm{fw}}|\omega_{\mathrm{e}}|L_d U_{\mathrm{limit}}}_{\alpha_{\mathrm{fw}}}(i_d - i_d^{\mathrm{N}}) \tag{4-58}$$

假设弱磁控制器的控制速度远低于电流环控制器的控制速度，则有 $i_d = i_d^*$。结合式 (4-58) 中弱磁控制器的微分方程，可得弱磁控制器的带宽为 α_{fw}。为了避免对电流环控制器产生扰动，α_{fw} 的设定值应远小于电流环控制器的带宽[62]。另外，α_{fw} 的设定应大于速度环控制器的带宽，即

$$\alpha_{\mathrm{s}} < \alpha_{\mathrm{fw}} \ll \alpha_{\mathrm{c}} \tag{4-59}$$

因此，k_{fw} 可以选择为

$$k_{\mathrm{fw}} = \frac{\alpha_{\mathrm{fw}}}{2\hat{L}_d U_{\mathrm{limit}} \max(|\omega_{\mathrm{e}}|, \omega_{\mathrm{N}})} \tag{4-60}$$

式中，$\hat{L}_d$ 为 d 轴电感的估计值。

可以看出，当转速低于额定转速时，k_{fw} 恒定；当转速高于额定转速时，k_{fw} 减小以保持控制带宽 α_{fw} 不变。为便于理解，弱磁控制器的表达式写为

$$\begin{aligned} i_d^* &= i_d^* + \frac{T_{\mathrm{s}}\alpha_{\mathrm{fw}}}{2\hat{L}_d V_{\mathrm{limit}} \max(|\omega_{\mathrm{e}}|, \omega_{\mathrm{N}})}[U_{\mathrm{limit}}^2 - (U_d^*)^2 - (U_q^*)^2] \\ i_d^* &= \min(\max(i_d^*, I_{\min}), I_{\mathrm{nom}}) \\ \bar{i}_q^* &= \mathrm{sat}\left[i_q^*, \sqrt{I_{\max}^2 - (i_d^*)^2}\right] \end{aligned} \tag{4-61}$$

第 5 章　永磁同步电机有限集预测控制器设计与实现

有限集预测控制是一种无须调制的算法，直接对逆变器有限种开关状态组合进行预测、评估、寻优的预测控制方法。与传统基于脉宽调制技术的线性控制方法相比，有限集预测控制具有算法结构简单、内部解耦、动态响应速度快，以及能够附加多种约束的特性。

与传统预测控制类似，有限集预测控制同样具有三个基本要素，即预测模型、价值函数、寻优策略。本章围绕有限集预测控制的三个基本要素进行详细阐述。首先，在分析永磁同步电机数学模型的基础上阐述预测模型推导方法。然后，对价值函数的基本结构及其所包含的附加约束进行分析。最后，对有限集预测控制的寻优过程进行详细阐述。在此基础上，本章对有限集预测控制中延迟因素的影响，以及补偿方法进行分析。

5.1　永磁同步电机预测模型

在传统永磁同步电机控制系统的内环中，需实现的控制目标主要可以分为两个。一个是对直轴电流与交轴电流进行控制。另一个是对电磁转矩与定子磁链进行控制。在有限集预测控制策略中，主要控制目标也有两个，一是定子电流，二是转矩与磁链模值。其中，对定子电流的预测控制可以间接实现对电磁转矩的调节，而对转矩与磁链模值的预测控制可以直接实现对电磁转矩的调节。

本节对定子电流预测模型、转矩与磁链预测模型进行阐述。

5.1.1　定子电流预测模型

1. 静止坐标系下的定子电流预测模型

定子电流预测模型以永磁同步电机的数学模型为基础。根据 2.2.1 节实空间矢量形式的定子电压方程 (2-46) ，可以得到静止坐标系中的电压平衡方程，即

$$\begin{cases} u_\alpha = R_\mathrm{s} i_\alpha + \dfrac{\mathrm{d}\Psi_\alpha}{\mathrm{d}t} \\ u_\beta = R_\mathrm{s} i_\beta + \dfrac{\mathrm{d}\Psi_\beta}{\mathrm{d}t} \end{cases} \tag{5-1}$$

式中，u_α 和 u_β 为定子电压的 α 轴和 β 轴分量；i_α 和 i_β 为定子电流的 α 轴和 β 轴分量；$\varPsi_\alpha$ 和 $\varPsi_\beta$ 为定子磁链的 α 轴和 β 轴分量；R_s 为定子电阻。

根据实空间矢量形式的定子磁链表达式 (2-47)，可得

$$\begin{cases}\varPsi_\alpha = L_\mathrm{s} i_\alpha + \varPsi_\mathrm{f}\cos\theta_\mathrm{e} \\ \varPsi_\beta = L_\mathrm{s} i_\beta + \varPsi_\mathrm{f}\sin\theta_\mathrm{e}\end{cases} \tag{5-2}$$

将式 (5-2) 代入式 (5-1)，可得

$$\begin{cases}u_\alpha = R_\mathrm{s} i_\alpha + L_\mathrm{s}\dfrac{\mathrm{d}i_\alpha}{\mathrm{d}t} - \omega_\mathrm{e}\varPsi_\mathrm{f}\sin\theta_\mathrm{e} \\ u_\beta = R_\mathrm{s} i_\beta + L_\mathrm{s}\dfrac{\mathrm{d}i_\beta}{\mathrm{d}t} + \omega_\mathrm{e}\varPsi_\mathrm{f}\cos\theta_\mathrm{e}\end{cases} \tag{5-3}$$

设转子反电动势为

$$\begin{cases}e_\alpha = \dfrac{\mathrm{d}(\varPsi_\mathrm{f}\cos\theta_\mathrm{e})}{\mathrm{d}t} = -\omega_\mathrm{e}\varPsi_\mathrm{f}\sin\theta_\mathrm{e} \\ e_\beta = \dfrac{\mathrm{d}(\varPsi_\mathrm{f}\sin\theta_\mathrm{e})}{\mathrm{d}t} = \omega_\mathrm{e}\varPsi_\mathrm{f}\cos\theta_\mathrm{e}\end{cases} \tag{5-4}$$

将式 (5-4) 代入式 (5-3)，可得电流状态方程，即

$$\begin{cases}\dfrac{\mathrm{d}i_\alpha}{\mathrm{d}t} = \dfrac{1}{L_\mathrm{s}}u_\alpha - \dfrac{1}{L_\mathrm{s}}e_\alpha - \dfrac{R_\mathrm{s}}{L_\mathrm{s}}i_\alpha \\ \dfrac{\mathrm{d}i_\beta}{\mathrm{d}t} = \dfrac{1}{L_\mathrm{s}}u_\beta - \dfrac{1}{L_\mathrm{s}}e_\beta - \dfrac{R_\mathrm{s}}{L_\mathrm{s}}i_\beta\end{cases} \tag{5-5}$$

为了建立预测模型,需要对电流状态方程进行离散化。首先,将式 (5-5) 简化为

$$\begin{cases}\dfrac{\mathrm{d}i_\alpha}{\mathrm{d}t} = -\dfrac{R_\mathrm{s}}{L_\mathrm{s}}i_\alpha + \dfrac{1}{L_\mathrm{s}}(u_\alpha - e_\alpha) \\ \dfrac{\mathrm{d}i_\beta}{\mathrm{d}t} = -\dfrac{R_\mathrm{s}}{L_\mathrm{s}}i_\beta + \dfrac{1}{L_\mathrm{s}}(u_\beta - e_\beta)\end{cases} \tag{5-6}$$

对式 (5-6) 进行离散化，可以得到电流状态方程的离散形式，即

$$\begin{cases}i_\alpha(k+1) = \mathrm{e}^{-\frac{R_\mathrm{s}}{L_\mathrm{s}}T_\mathrm{s}}i_\alpha(k) + \dfrac{1}{R_\mathrm{s}}(1-\mathrm{e}^{-\frac{R_\mathrm{s}}{L_\mathrm{s}}T_\mathrm{s}})(u_\alpha(k) - e_\alpha(k)) \\ i_\beta(k+1) = \mathrm{e}^{-\frac{R_\mathrm{s}}{L_\mathrm{s}}T_\mathrm{s}}i_\beta(k) + \dfrac{1}{R_\mathrm{s}}(1-\mathrm{e}^{-\frac{R_\mathrm{s}}{L_\mathrm{s}}T_\mathrm{s}})(u_\beta(k) - e_\beta(k))\end{cases} \tag{5-7}$$

式中,$i_\alpha(k+1)$、$i_\beta(k+1)$ 和 $i_\alpha(k)$、$i_\beta(k)$ 分别为定子电流在时间点 $t(k+1)$ 和 $t(k)$ 对应的数值。

由式 (5-7) 可知，未来 $k+1$ 时刻的定子电流可以根据 k 时刻的电流值进行预测。由此建立预测式，即

$$\begin{cases} i_\alpha^n(k+1) = \mathrm{e}^{-\frac{R_\mathrm{s}}{L_\mathrm{s}}T_\mathrm{s}} i_\alpha(k) + \dfrac{1}{R_\mathrm{s}}(1-\mathrm{e}^{-\frac{R_\mathrm{s}}{L_\mathrm{s}}T_\mathrm{s}})(u_\alpha^n(k) - e_\alpha(k)) \\ i_\beta^n(k+1) = \mathrm{e}^{-\frac{R_\mathrm{s}}{L_\mathrm{s}}T_\mathrm{s}} i_\beta(k) + \dfrac{1}{R_\mathrm{s}}(1-\mathrm{e}^{-\frac{R_\mathrm{s}}{L_\mathrm{s}}T_\mathrm{s}})(u_\beta^n(k) - e_\beta(k)) \end{cases}, \quad n=0,1,\cdots,7 \tag{5-8}$$

式中，n 为两电平电压源型逆变器不同开关状态对应的编号；$u_\alpha^n(k)$、$u_\beta^n(k)$ 为开关状态 n 对应的电压矢量分量；$i_\alpha^n(k+1)$、$i_\beta^n(k+1)$ 为开关状态 n 对应的 $k+1$ 时刻定子电流预测值[63]。

上述预测式即有限集预测控制算法中的定子电流预测模型。在预测模型中，定子电压 u_α、u_β 的数值取决于两电平电压源型逆变器中各桥臂的开关状态，根据表 3-2 中开关状态与电压矢量的对应关系，两电平电压源型逆变器开关状态 $S_0 \sim S_7$ 分别对应逆变器电压矢量 $\boldsymbol{U}_0 \sim \boldsymbol{U}_7$。因此，在 k 时刻，根据逆变器的输出电压，将 $\boldsymbol{U}_0 \sim \boldsymbol{U}_7$ 在静止坐标系的分量 u_α^n 和 u_β^n 代入预测模型中，可以得到 $k+1$ 时刻的定子电流预测值。

在有限集模型预测控制算法的实现过程中，为了便于分析，可对离散化方法进行简化。采用前向欧拉法，微分项 $\mathrm{d}i_x/\mathrm{d}t$ 可以表示为

$$\frac{\mathrm{d}i_x}{\mathrm{d}t} \approx \frac{i_x(k+1)-i_x(k)}{t(k+1)-t(k)} = \frac{i_x(k+1)-i_x(k)}{T_\mathrm{s}} \tag{5-9}$$

将式 (5-9) 代入式 (5-5) ，可得电流状态方程的离散形式，即

$$\begin{cases} i_\alpha(k+1) = \dfrac{T_\mathrm{s}}{L_\mathrm{s}}(u_\alpha(k) - e_\alpha(k) - R_\mathrm{s} i_\alpha(k)) + i_\alpha(k) \\ i_\beta(k+1) = \dfrac{T_\mathrm{s}}{L_\mathrm{s}}(u_\beta(k) - e_\beta(k) - R_\mathrm{s} i_\beta(k)) + i_\beta(k) \end{cases} \tag{5-10}$$

由此可以进一步得到定子电流预测模型为

$$\begin{cases} i_\alpha^n(k+1) = \dfrac{T_\mathrm{s}}{L_\mathrm{s}}(u_\alpha^n(k) - e_\alpha(k) - R_\mathrm{s} i_\alpha(k)) + i_\alpha(k) \\ i_\beta^n(k+1) = \dfrac{T_\mathrm{s}}{L_\mathrm{s}}(u_\beta^n(k) - e_\beta(k) - R_\mathrm{s} i_\beta(k)) + i_\beta(k) \end{cases} \tag{5-11}$$

在此基础上，可以得到实空间矢量下的定子电流预测模型，即

$$\boldsymbol{i}_{\alpha\beta}^n(k+1) = \frac{T_\mathrm{s}}{L_\mathrm{s}}(\boldsymbol{u}_{\alpha\beta}^n(k) - \boldsymbol{e}_{\alpha\beta}(k) - R_\mathrm{s}\boldsymbol{i}_{\alpha\beta}(k)) + \boldsymbol{i}_{\alpha\beta}(k), \quad n=0,1,\cdots,7 \tag{5-12}$$

式中，$\boldsymbol{i}_{\alpha\beta}^n=[i_\alpha^n,i_\beta^n]$；$\boldsymbol{u}_{\alpha\beta}^n=[u_\alpha^n,u_\beta^n]$；$\boldsymbol{e}_{\alpha\beta}=[e_\alpha,e_\beta]$；$\boldsymbol{i}_{\alpha\beta}=[i_\alpha,i_\beta]$。

同时，可以得到复空间矢量下的定子电流预测模型，即

$$i_{\alpha\beta}^n(k+1)=\frac{T_{\mathrm{s}}}{L_{\mathrm{s}}}(u_{\alpha\beta}^n(k)-e_{\alpha\beta}(k)-R_{\mathrm{s}}i_{\alpha\beta}(k))+i_{\alpha\beta}(k),\quad n=0,1,\cdots,7 \tag{5-13}$$

式中，$i_{\alpha\beta}^n=i_\alpha^n+\mathrm{j}i_\beta^n$；$u_{\alpha\beta}^n=u_\alpha^n+\mathrm{j}u_\beta^n$；$e_{\alpha\beta}=e_\alpha+\mathrm{j}e_\beta$；$i_{\alpha\beta}=i_\alpha+\mathrm{j}i_\beta$。

图 5-1 为定子电流预测过程图，其中各个变量以复空间矢量表示。

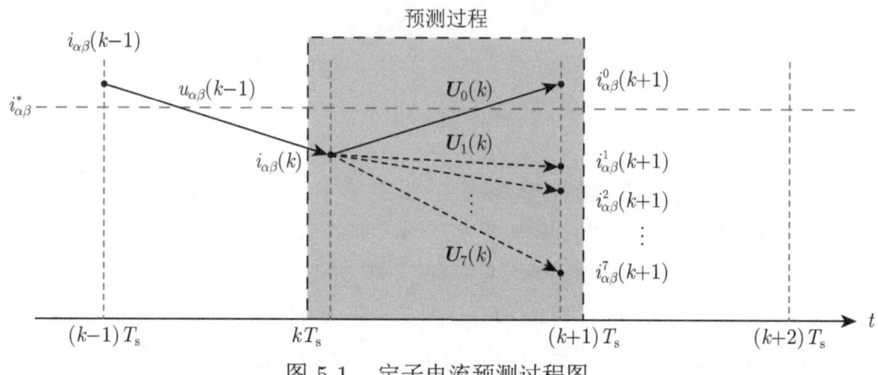

图 5-1　定子电流预测过程图

图中，不同的电压矢量可能对定子电流产生不同的影响。通过观察由预测模型计算得到的电流预测值集合，可以发现某些预测值距离电流参考值较近，而某些预测值距离电流参考值较远[64]。如何对各个预测值进行评估，是价值函数需要解决的问题，这一部分将在 5.2 节详细阐述。

2. 同步旋转坐标系下的定子电流预测模型

定子电流预测模型可以建立在同步旋转坐标系下，根据式 (2-54) 中同步旋转坐标系下的电压平衡方程，有

$$\begin{cases}u_d=R_{\mathrm{s}}i_d+L_d\dfrac{\mathrm{d}i_d}{\mathrm{d}t}-\omega_{\mathrm{e}}L_qi_q\\[2ex]u_q=R_{\mathrm{s}}i_q+L_q\dfrac{\mathrm{d}i_q}{\mathrm{d}t}+\omega_{\mathrm{e}}\varPsi_{\mathrm{f}}+\omega_{\mathrm{e}}L_di_d\end{cases} \tag{5-14}$$

将式 (5-14) 变换为电流状态方程，有

$$\begin{cases}\dfrac{\mathrm{d}i_d}{\mathrm{d}t}=\dfrac{1}{L_d}u_d-\dfrac{R_{\mathrm{s}}}{L_d}i_d+\omega_{\mathrm{e}}\dfrac{L_q}{L_d}i_q\\[2ex]\dfrac{\mathrm{d}i_q}{\mathrm{d}t}=\dfrac{1}{L_q}u_q-\dfrac{R_{\mathrm{s}}}{L_q}i_q-\dfrac{1}{L_q}\omega_{\mathrm{e}}\varPsi_{\mathrm{f}}-\omega_{\mathrm{e}}\dfrac{L_d}{L_q}i_d\end{cases} \tag{5-15}$$

与静止坐标系下定子电流预测模型推导方法相同，为了便于分析，采用前向欧拉法对电流状态方程进行离散化，可得

$$\begin{cases} i_d(k+1) = \dfrac{T_s}{L_d}u_d(k) - \dfrac{R_s T_s}{L_d}i_d(k) + \omega_e\dfrac{L_q T_s}{L_d}i_q(k) + i_d(k) \\ i_q(k+1) = \dfrac{T_s}{L_q}u_q(k) - \dfrac{R_s T_s}{L_q}i_q(k) - \dfrac{T_s}{L_q}\omega_e\Psi_f - \omega_e\dfrac{L_d T_s}{L_q}i_d(k) + i_q(k) \end{cases} \tag{5-16}$$

由此可得同步旋转坐标系下的定子电流预测模型，即

$$\begin{cases} i_d^n(k+1) = \dfrac{T_s}{L_d}u_d^n(k) - \dfrac{R_s T_s}{L_d}i_d(k) + \omega_e\dfrac{L_q T_s}{L_d}i_q(k) + i_d(k) \\ i_q^n(k+1) = \dfrac{T_s}{L_q}u_q^n(k) - \dfrac{R_s T_s}{L_q}i_q(k) \\ \qquad -\dfrac{T_s}{L_q}\omega_e\Psi_f - \omega_e\dfrac{L_d T_s}{L_q}i_d(k) + i_q(k) \end{cases}, \quad n = 0, 1, \cdots, 7 \tag{5-17}$$

对于表贴式永磁同步电机，由于 $L_d = L_q = L_s$，式 (5-17) 可以简化为

$$\begin{cases} i_d^n(k+1) = \dfrac{T_s}{L_s}u_d^n(k) - \dfrac{R_s T_s}{L_s}i_d(k) + \omega_e T_s i_q(k) + i_d(k) \\ i_q^n(k+1) = \dfrac{T_s}{L_s}u_q^n(k) - \dfrac{R_s T_s}{L_s}i_q(k) - \dfrac{T_s}{L_s}\omega_e\Psi_f - \omega_e T_s i_d(k) + i_q(k) \end{cases}, \quad n = 0, 1, \cdots, 7 \tag{5-18}$$

可以看到，相比静止坐标系下的定子电流预测模型，同步旋转坐标系下的定子电流预测模型结构更为复杂。同时，模型中的电流、电压量均需要经过 dq 变换才能得到。因此，考虑算法结构的简化，在有限集模型预测控制中，静止坐标系下的定子电流预测模型更为常用[65]。

同步旋转坐标系下定子电流预测模型所对应的复空间矢量形式为

$$i_{dq}^n(k+1) = \frac{T_s}{L_s}(u_{dq}^n(k) - R_s i_{dq}(k)) - \mathrm{j}\omega_e T_s i_{dq}(k) + i_{dq}(k), \quad n = 0, 1, \cdots, 7 \tag{5-19}$$

式中，$i_{dq}^n = i_d^n + \mathrm{j}i_q^n$；$u_{dq}^n = u_d^n + \mathrm{j}u_q^n$；$i_{dq} = i_d + \mathrm{j}i_q$。

5.1.2 转矩与磁链预测模型

在永磁同步电机的控制策略中，控制定子电流的最终目的是实现对电磁转矩的控制。因此，在有限集预测控制中，也可以通过建立转矩与磁链预测模型，实现对电磁转矩的直接控制[66]。

1. 静止坐标系下的转矩与磁链预测模型

为避免额外的坐标变换过程，转矩与磁链预测模型可以直接建立在静止坐标系下。在复空间中，根据定子电压平衡方程式 (2-48) 和定子磁链表达式 (2-49)，可以得到表贴式永磁同步电机在静止坐标系下的数学模型，即

$$\begin{cases}\dfrac{\mathrm{d}\Psi_{\alpha\beta}}{\mathrm{d}t}=u_{\alpha\beta}-R_{\mathrm{s}}i_{\alpha\beta}\\ \Psi_{\alpha\beta}=L_{\mathrm{s}}i_{\alpha\beta}+\Psi_{\mathrm{f}\alpha\beta}\end{cases} \tag{5-20}$$

式中，$u_{\alpha\beta}$ 和 $i_{\alpha\beta}$ 分别为定子电压和定子电流；$\Psi_{\alpha\beta}$ 和 $\Psi_{\mathrm{f}\alpha\beta}$ 分别为定子磁链和转子永磁体磁链；R_{s} 和 L_{s} 分别为定子电阻和定子电感。

在静止坐标系中，这些复空间形式的变量可以表示为 $u_{\alpha\beta}=u_\alpha+\mathrm{j}u_\beta$、$i_{\alpha\beta}=i_\alpha+\mathrm{j}i_\beta$、$\Psi_{\alpha\beta}=\Psi_\alpha+\mathrm{j}\Psi_\beta$、$\Psi_{\mathrm{f}\alpha\beta}=\Psi_{\mathrm{f}\alpha}+\mathrm{j}\Psi_{\mathrm{f}\beta}$。

将式 (2-65) 中实空间矢量形式的电磁转矩表达式变换到复空间中，可得电磁转矩的复空间矢量形式，即

$$T_{\mathrm{e}}=\frac{3}{2}p\mathrm{Im}(\bar{\Psi}_{\alpha\beta}i_{\alpha\beta}) \tag{5-21}$$

式中，p 为极对数；$\bar{\Psi}_{\alpha\beta}$ 为 $\Psi_{\alpha\beta}$ 的共轭复数；Im() 表示求复数的虚部。

复空间形式定子磁链 $\Psi_{\alpha\beta}$ 和转子永磁体磁链 $\Psi_{\mathrm{f}\alpha\beta}$ 可以表示为 $|\Psi_{\alpha\beta}|\mathrm{e}^{\mathrm{j}\theta_{\mathrm{s}}}$、$|\Psi_{\mathrm{f}\alpha\beta}|\mathrm{e}^{\mathrm{j}\theta_{\mathrm{e}}}$，其中 θ_{s} 和 θ_{e} 为定子磁链和转子磁链的相角。根据式(5-20)，定子磁链模值的微分形式可以表示为

$$\frac{\mathrm{d}|\Psi_{\alpha\beta}|}{\mathrm{d}t}=\frac{1}{|\Psi_{\alpha\beta}|}\mathrm{Re}\left(\bar{\Psi}_{\alpha\beta}(u_{\alpha\beta}-R_{\mathrm{s}}i_{\alpha\beta})\right) \tag{5-22}$$

式中，函数 Re() 表示求复数的实部。

同理，根据式(5-20)和式(5-21)，可以推导出电磁转矩的微分形式，即

$$\frac{\mathrm{d}T_{\mathrm{e}}}{\mathrm{d}t}=-\frac{3p}{2L_{\mathrm{s}}}\left(\frac{R_{\mathrm{s}}}{L_{\mathrm{s}}}\mathrm{Im}(\Psi_{\alpha\beta}\Psi_{\mathrm{f}\alpha\beta})+\omega_{\mathrm{e}}\mathrm{Re}(\Psi_{\alpha\beta}\Psi_{\mathrm{f}\alpha\beta})-\mathrm{Im}(u_{\alpha\beta}\Psi_{\mathrm{f}\alpha\beta})\right) \tag{5-23}$$

忽略转子电阻影响，式(5-22)可以变换为

$$\tau_{\Psi}=\frac{\mathrm{d}|\Psi_{\alpha\beta}|}{\mathrm{d}t}=|u_{\alpha\beta}|\cos(\theta_{\mathrm{v}}-\theta_{\mathrm{s}}) \tag{5-24}$$

式中，θ_{v} 为定子电压 $u_{\alpha\beta}$ 在静止坐标系中的相位角。

复空间矢量形式定子电压 $u_{\alpha\beta}$ 可以表示为 $|u_{\alpha\beta}|e^{j\theta_v}$ 的形式，结合式(5-23)，电磁转矩的微分形式可以进一步变为

$$\frac{dT_e}{dt}=\tau_0+\tau_T \tag{5-25}$$

式中

$$\begin{cases}\tau_0=\dfrac{R_sT_e}{L_s}-\dfrac{3p\omega_e|\Psi_{\alpha\beta}||\Psi_{f\alpha\beta}|\cos(\theta_s-\theta_e)}{2L_s}\\ \tau_T=\dfrac{3p|u_{\alpha\beta}||\Psi_{f\alpha\beta}|\sin(\theta_v-\theta_e)}{2L_s}\end{cases} \tag{5-26}$$

定义

$$k_e=\frac{3p|\Psi_{f\alpha\beta}|}{2L_s} \tag{5-27}$$

转矩和磁链模值的微分形式可以写为

$$\begin{cases}\dfrac{dT_e}{dt}=\tau_0+k_e|u_{\alpha\beta}|\sin(\theta_v-\theta_e)\\ \dfrac{d|\Psi_{\alpha\beta}|}{dt}=|u_{\alpha\beta}|\cos(\theta_v-\theta_s)\end{cases} \tag{5-28}$$

采用前向欧拉法进行离散化，可以得到 $k+1$ 时刻电磁转矩与磁链的表达式，即

$$\begin{cases}T_e(k+1)=T_e(k)+\tau_0T_s+k_e|u_{\alpha\beta}|\sin(\theta_v-\theta_e)T_s\\ |\Psi_{\alpha\beta}(k+1)|=|\Psi_{\alpha\beta}(k)|+|u_{\alpha\beta}|\cos(\theta_v-\theta_e)T_s\end{cases} \tag{5-29}$$

根据表 3-2 中开关状态与电压矢量的对应关系，可以得到两电平电压源型逆变器能输出的电压矢量 $\boldsymbol{U}_0\sim\boldsymbol{U}_7$ 在复平面下的幅值与相位角。两电平电压源型逆变器中电压矢量 $\boldsymbol{U}_0\sim\boldsymbol{U}_7$ 对应的幅值与相位角如表 5-1所示。

表 5-1 两电平电压源型逆变器中电压矢量 $\boldsymbol{U}_0\sim\boldsymbol{U}_7$ 对应的幅值与相位角

电压矢量	幅值	相位角/(°)
$\boldsymbol{U}_0$	0	0
$\boldsymbol{U}_1$	$2U_{dc}/3$	0
$\boldsymbol{U}_2$	$2U_{dc}/3$	$\pi/3$
$\boldsymbol{U}_3$	$2U_{dc}/3$	$2\pi/3$
$\boldsymbol{U}_4$	$2U_{dc}/3$	π
$\boldsymbol{U}_5$	$2U_{dc}/3$	$4\pi/3$
$\boldsymbol{U}_6$	$2U_{dc}/3$	$5\pi/3$
$\boldsymbol{U}_7$	0	0

将 $\boldsymbol{U}_0 \sim \boldsymbol{U}_7$ 对应的幅值与相位角代入式 (5-29)，可以得到转矩与磁链预测式，即

$$\begin{cases} T_{\mathrm{e}}^n(k+1) = T_{\mathrm{e}}(k) + \tau_0 T_{\mathrm{s}} + k_{\mathrm{e}}|u_{\alpha\beta}^n|\sin(\theta_{\mathrm{v}}^n - \theta_{\mathrm{e}})T_{\mathrm{s}} \\ |\Psi_{\alpha\beta}^n(k+1)| = |\Psi_{\alpha\beta}(k)| + |u_{\alpha\beta}^n|\cos(\theta_{\mathrm{v}}^n - \theta_{\mathrm{e}})T_{\mathrm{s}} \end{cases}, \quad n=0,1,\cdots,7 \tag{5-30}$$

式中，$T_{\mathrm{e}}^n(k+1)$ 和 $|\Psi_{\alpha\beta}^n(k+1)|$ 为电压矢量 $\boldsymbol{U}_n$ 作用下 $k+1$ 时刻电磁转矩与磁链的预测值；$|u_{\alpha\beta}^n|$ 为电压矢量 $\boldsymbol{U}_n$ 在静止坐标系中的模值；θ_{v}^n 为电压矢量 $\boldsymbol{U}_n$ 在静止坐标系中的角度。

上述预测式即转矩与磁链预测模型。与定子电流预测模型相似，定子电压 $u_{\alpha\beta}$ 的幅值与角度取决于两电平电压源型逆变器中各个桥臂的开关状态。因此，在 k 时刻，根据逆变器所有可能的开关状态，将电压矢量 $\boldsymbol{U}_0 \sim \boldsymbol{U}_7$ 对应的幅值和角度代入预测模型中，可以得到电磁转矩与定子磁链模值在 $k+1$ 时刻的预测值[67]。

与定子电流预测模型相比，转矩与磁链预测模型可以实现电磁转矩与定子磁链模值的直接预测[68]。但是，转矩与磁链预测模型的结构较为复杂，计算量也相对较大。同时，由于 k 时刻电磁转矩与定子磁链的数值无法直接测量得到，在预测过程中，需要增加对电磁转矩与磁链的估计过程，相应的计算式可参考式 (5-20) 与式 (5-21)。

2. 同步旋转坐标系下的转矩与磁链预测模型

转矩与磁链预测模型同样可以建立在同步旋转坐标系下，根据定子电流预测模型的计算式 (5-17)，有

$$\begin{cases} i_d(k+1) = \left(1 - \dfrac{R_{\mathrm{s}}}{L_{\mathrm{s}}}T_{\mathrm{s}}\right) i_d(k) + T_{\mathrm{s}}\omega_{\mathrm{e}} i_q(k) + \dfrac{T_{\mathrm{s}}}{L_{\mathrm{s}}}u_d(k) \\ i_q(k+1) = \left(1 - \dfrac{R_{\mathrm{s}}}{L_{\mathrm{s}}}T_{\mathrm{s}}\right) i_q(k) - T_{\mathrm{s}}\omega_{\mathrm{e}} i_d(k) + \dfrac{T_{\mathrm{s}}}{L_{\mathrm{s}}}u_q(k) - \dfrac{\Psi_{\mathrm{f}}}{L_{\mathrm{s}}}\omega_{\mathrm{e}} \end{cases} \tag{5-31}$$

对于表贴式永磁同步电机，有

$$\begin{cases} i_d^n(k+1) = \left(1 - \dfrac{R_{\mathrm{s}}}{L_{\mathrm{s}}}T_{\mathrm{s}}\right) i_d(k) + T_{\mathrm{s}}\omega_{\mathrm{e}} i_q(k) + \dfrac{T_{\mathrm{s}}}{L_{\mathrm{s}}}u_d^n(k) \\ i_q^n(k+1) = \left(1 - \dfrac{R_{\mathrm{s}}}{L_{\mathrm{s}}}T_{\mathrm{s}}\right) i_q(k) - T_{\mathrm{s}}\omega_{\mathrm{e}} i_d(k) + \dfrac{T_{\mathrm{s}}}{L_{\mathrm{s}}}u_q^n(k) - \dfrac{\Psi_{\mathrm{f}}}{L_{\mathrm{s}}}\omega_{\mathrm{e}} \end{cases}, \quad n=0,1,\cdots,7 \tag{5-32}$$

将式 (5-31) 与式 (5-32) 所得的电流预测值代入式 (2-53) 对应的定子磁链表达式，可得

$$\begin{cases} \Psi_d^n(k+1) = L_{\mathrm{s}} i_d^n(k+1) + \Psi_{\mathrm{f}} \\ \Psi_q^n(k+1) = L_{\mathrm{s}} i_q^n(k+1) \end{cases}, \quad n=0,1,\cdots,7 \tag{5-33}$$

将定子磁链表示为复空间矢量形式，有 $\Psi_{dq}=\Psi_d+\mathrm{j}\Psi_q$，则 $k+1$ 时刻定子磁链模值的预测式可以表示为

$$|\Psi_{dq}^n(k+1)|=\sqrt{(\Psi_d^n(k+1))^2+(\Psi_q^n(k+1))^2},\quad n=0,1,\cdots,7 \tag{5-34}$$

同时，结合式 (2-66) 所示的电磁转矩计算式，可以得到 $k+1$ 时刻电磁转矩的预测式，即

$$T_\mathrm{e}^n(k+1)=\frac{3}{2}p\left(\Psi_d^n(k+1)i_q^n(k+1)-\Psi_q^n(k+1)i_d^n(k+1)\right),\quad n=0,1,\cdots,7 \tag{5-35}$$

可以看到，相比于静止坐标系下的转矩与磁链预测模型，同步旋转坐标系下的转矩与磁链预测模型建立在 dq 轴电流预测式的基础上，并没有建立电压矢量与转矩、磁链的直接联系。因此，静止坐标系下的转矩与磁链预测模型更适用于有限集预测控制算法的相关研究[69]。

5.2 价 值 函 数

在有限集预测控制策略中，价值函数用于实现对预测结果的评估，并为后续的寻优过程提供数值依据。根据控制目标的不同，价值函数具有灵活多样的结构形式。除了实现主要控制目标，价值函数中还可以加入多种附加约束，以实现控制系统性能的综合优化。价值函数的多样性和灵活性赋予了有限集预测控制多变量同时优化的特性[70]。

在基于有限集预测控制的永磁同步电机控制系统中，定子电流、电磁转矩、定子磁链均可以作为主要控制目标。因此，相应的价值函数主要分为基于定子电流预测的价值函数、基于转矩与磁链预测的价值函数[71]。

5.2.1 基于定子电流预测的价值函数

在定子电流预测模型的基础上，建立相应的价值函数，对电压矢量 $\boldsymbol{U}_0\sim\boldsymbol{U}_7$ 对应的 8 种电流预测结果进行评估。针对静止坐标系下的定子电流预测模型，定义如下价值函数，即

$$g^n(k+1)=(i_\alpha^*(k+1)-i_\alpha^n(k+1))^2+(i_\beta^*(k+1)-i_\beta^n(k+1))^2,\quad n=0,1,\cdots,7 \tag{5-36}$$

式中，$i_\alpha^*(k+1)$ 和 $i_\beta^*(k+1)$ 为 $k+1$ 时刻的电流参考值。

在式 (5-36) 中，采用电流误差的平方和形式的价值函数实现 8 种预测结果的评估。在静止坐标系下，其几何意义表示电流预测点 $[i_\alpha^n(k+1),i_\beta^n(k+1)]$ 与参考电流点 $[i_\alpha^*(k+1),i_\beta^*(k+1)]$ 之间直线距离的平方。

在复空间中，式 (5-36) 可以表示为

$$g^n(k+1)=\left|i_{\alpha\beta}^*(k+1)-i_{\alpha\beta}^n(k+1)\right|^2,\quad n=0,1,\cdots,7 \tag{5-37}$$

价值函数具有多种形式，除了上述提及的平方和形式的价值函数，也可采用绝对值形式的价值函数，即

$$g^n(k+1)=|i_\alpha^*(k+1)-i_\alpha^n(k+1)|+|i_\beta^*(k+1)-i_\beta^n(k+1)|,\quad n=0,1,\cdots,7 \tag{5-38}$$

对于绝对值形式的价值函数，其几何意义表示电流预测点 $[i_\alpha^n(k+1),i_\beta^n(k+1)]$ 与参考点 $[i_\alpha^*(k+1),i_\beta^*(k+1)]$ 在 α 轴与 β 轴上轴线距离之和。此外，积分形式的价值函数为

$$g^n(k+1)=\frac{1}{T_\mathrm{s}}\int^{T_\mathrm{s}}\left[\left(i_\alpha^*(t)-i_\alpha^n(t)\right)^2+\left(i_\beta^*(t)-i_\beta^n(t)\right)^2\right]\mathrm{d}t,\quad n=0,1,\cdots,7 \tag{5-39}$$

积分形式的价值函数考虑整个控制周期 T_s 内电流的细节变化情况，因此更能反映实际的逆变工作情况。理论上，采用积分形式的价值函数可以达到最优的控制效果。但是，与传统线性控制算法相比，有限集模型预测控制算法的控制周期相对较短，在控制周期 T_s 内，状态变量可近似呈线性变化，外部扰动可近似为恒定量。因此，在实际应用中，积分形式的价值函数在控制效果上的优势并不明显。考虑该方法会明显增加预测过程和价值函数计算过程的复杂性，积分形式的价值函数并不常用。

同步旋转坐标系下的价值函数具有类似形式，平方和形式的价值函数为

$$g^n(k+1)=(i_d^*(k+1)-i_d^n(k+1))^2+(i_q^*(k+1)-i_q^n(k+1))^2,\quad n=0,1,\cdots,7 \tag{5-40}$$

绝对值形式的价值函数为

$$g^n(k+1)=|i_d^*(k+1)-i_d^n(k+1)|+|i_q^*(k+1)-i_q^n(k+1)|,\quad n=0,1,\cdots,7 \tag{5-41}$$

积分形式的价值函数为

$$g^n(k+1)=\frac{1}{T_\mathrm{s}}\int^{T_\mathrm{s}}\left[\left(i_d^*(t)-i_d^n(t)\right)^2+\left(i_q^*(t)-i_q^n(t)\right)^2\right]\mathrm{d}t,\quad n=0,1,\cdots,7 \tag{5-42}$$

5.2.2 基于转矩与磁链预测的价值函数

与基于定子电流预测的价值函数不同，基于转矩与磁链预测的价值函数包括两个控制目标，即电磁转矩与定子磁链模值。它们具有不同的量纲。为了平衡各

个分量在价值函数中所占的比重，需要加入相应的权值。定义静止坐标系下平方和形式的价值函数为

$$g^n(k+1) = \lambda_T(T_e^* - T_e^n(k+1))^2 + \lambda_\Psi(|\Psi_{\alpha\beta}^*| - |\Psi_{\alpha\beta}^n(k+1)|)^2, \quad n = 0,1,\cdots,7 \tag{5-43}$$

式中，λ_T 和 λ_Ψ 为价值函数的权值；T_e^* 和 $|\Psi_{\alpha\beta}^*|$ 为转矩和定子磁链模值的参考值。

价值函数中的权值不仅用于平衡各个分量的所占比重，在某些应用中，也可以通过调节权值强化某一控制目标的控制效果，提高控制系统某一特定方面的控制性能。

类似地，可以得到静止坐标系下绝对值形式的价值函数，即

$$g^n(k+1) = \lambda_T\left|T_e^* - T_e^n(k+1)\right| + \lambda_\Psi\left||\Psi_{\alpha\beta}^*| - |\Psi_{\alpha\beta}^n(k+1)|\right|, \quad n = 0,1,\cdots,7 \tag{5-44}$$

静止坐标系下积分形式的价值函数为

$$\begin{aligned} g^n(k+1) =& \frac{1}{T_s}\int^{T_s} [\lambda_T(T_e^* - T_e^n(k+1))^2 \\ &+ \lambda_\Psi(|\Psi_{\alpha\beta}^*| - |\Psi_{\alpha\beta}^n(k+1)|)^2]\mathrm{d}t, \quad n = 0,1,\cdots,7 \end{aligned} \tag{5-45}$$

基于转矩与磁链预测的价值函数同样可以建立在同步旋转坐标系下，其中平方和形式的价值函数为

$$g^n(k+1) = \lambda_T(T_e^* - T_e^n(k+1))^2 + \lambda_\Psi(|\Psi_{dq}^*| - |\Psi_{dq}^n(k+1)|)^2, \quad n = 0,1,\cdots,7 \tag{5-46}$$

式中，$|\Psi_{dq}^*|$ 为同步旋转坐标系下的定子磁链模值的参考值。

同步旋转坐标系下绝对值形式的价值函数为

$$g^n(k+1) = \lambda_T\left|T_e^* - T_e^n(k+1)\right| + \lambda_\Psi\left||\Psi_{dq}^*| - |\Psi_{dq}^n(k+1)|\right|, \quad n = 0,1,\cdots,7 \tag{5-47}$$

同步旋转坐标系下积分形式的价值函数为

$$\begin{aligned} g^n(k+1) =& \frac{1}{T_s}\int^{T_s} [\lambda_T(T_e^* - T_e^n(k+1))^2 \\ &+ \lambda_\Psi(|\Psi_{dq}^*| - |\Psi_{dq}^n(k+1)|)^2]\mathrm{d}t, \quad n = 0,1,\cdots,7 \end{aligned} \tag{5-48}$$

5.2.3 价值函数中的附加约束

在一些电气控制系统的应用领域，除了对主要控制目标进行控制以保证系统的控制性能与精度，还需要兼顾效率、电能质量、可靠性、安全性等次要优化目标。为解决这一问题，需要在价值函数中附加约束项，以满足额外的控制目标。价值函数由主要控制对象和次要控制对象两个部分组成。其中，次要控制对象可以在很大范围内选取，具有很强的灵活性。另外，价值函数能够同时附加多个次要控制对象，具体数量取决于电气控制系统的实际应用和特定需求。

1. 开关频率约束

传统的永磁同步电机控制系统基于脉宽调制技术，其功率开关元件的开关频率取决于调制算法的控制周期。在高性能电机驱动系统中，通过缩短控制周期，可以有效提高逆变器输出电压的基波含量，减少定子电流的谐波畸变，进而降低转矩脉动。然而，控制周期的缩短意味着功率器件开关频率增加，由于开关损耗与开关频率直接相关，因此将进一步影响逆变器的效率和温升。为了在保证电机驱动系统稳定运行的基础上改善控制性能，在逆变器的控制中，需要对主要控制目标和功率器件开关频率进行权衡[72]。

基于定子电流预测的价值函数，以式 (5-37) 为例，加入开关频率约束项后，价值函数变为

$$g^n(k+1) = \lambda_{\mathrm{i}}|i^*_{\alpha\beta}(k+1) - i^n_{\alpha\beta}(k+1)|^2 + \lambda_{\mathrm{s}}C^n_{\mathrm{s}}(k) \tag{5-49}$$

式中，$\lambda_{\mathrm{s}}C^n_{\mathrm{s}}(k)$ 即附加的开关频率约束项；$C^n_{\mathrm{s}}(k)$ 表示当 $kT_{\mathrm{s}} \sim (k+1)T_{\mathrm{s}}$ 时间段内选择的电压矢量为 $\boldsymbol{u}^n$ 时，$\boldsymbol{u}(k-1)$ 与 $\boldsymbol{u}^n$ 之间所有 IGBT 开关状态切换次数的总和；λ_{s} 为开关频率约束项的权值；λ_{i} 为电流约束项的权值。

例如，当 $(k-1)T_{\mathrm{s}} \sim kT_{\mathrm{s}}$ 时间段内开关状态为 $(1,0,1)$，而 $kT_{\mathrm{s}} \sim (k+1)T_{\mathrm{s}}$ 时间段内开关状态为 $(0,1,1)$ 时，表示 a 相桥臂与 b 相桥臂对应的开关状态各切换了一次，$C^n_{\mathrm{s}}(k)=2$；当 $(k-1)T_{\mathrm{s}} \sim kT_{\mathrm{s}}$ 时间段内开关状态为 $(1,0,0)$，而 $kT_{\mathrm{s}} \sim (k+1)T_{\mathrm{s}}$ 时间段内开关状态为 $(0,0,0)$ 时，表示 a 相桥臂的开关状态切换了一次，$C^n_{\mathrm{s}}(k)=1$。

由于预测控制下的逆变器中功率器件的开关频率不是恒定的，通过调节开关频率约束对应的权值，可以控制逆变器的温升和开关损耗。

2. 开关损耗约束

相比开关频率约束，另一种提高功率转换效率并降低电机驱动系统温升的方法是将开关损耗直接纳入价值函数中，相应的附加约束项可以表示为

$$g^n_{\mathrm{swl}}(k) = \lambda_{\mathrm{swl}}\sum_{j=1}^{N_{\mathrm{s}}}|\Delta i^n_{\mathrm{c},j}(k)\cdot\Delta u^n_{\mathrm{ce},j}(k)| \tag{5-50}$$

式中，$\Delta i^n_{\mathrm{c},j}(k)$ 表示当 $kT_{\mathrm{s}} \sim (k+1)T_{\mathrm{s}}$ 时间段内所选择的电压矢量为 $\boldsymbol{u}^n$ 时，第 j 个开关器件的集电极电流变化量；$\Delta u^n_{\mathrm{ce},j}(k)$ 表示当 $kT_{\mathrm{s}} \sim (k+1)T_{\mathrm{s}}$ 时间段内所选择的电压矢量为 $\boldsymbol{u}^n$ 时，第 j 个开关器件的集电极-发射极间电压变化量；λ_{sw1} 表示开关损耗约束项所对应的权值；N_{s} 为逆变器所包含的开关器件数量。

基于定子电流预测的价值函数，以式 (5-37) 为例，加入开关损耗约束项后，价值函数变为

$$g^n(k+1)=\lambda_{\mathrm{i}}|i^*_{\alpha\beta}(k+1)-i^n_{\alpha\beta}(k+1)|^2+\lambda_{\mathrm{swl}}\sum_{j=1}^{N_{\mathrm{s}}}|\Delta i^n_{\mathrm{c},j}(k)\cdot\Delta u^n_{\mathrm{cc},j}(k)| \tag{5-51}$$

相对于开关频率约束，开关损耗约束可以更为直接地控制逆变器的功率损耗，从而提高电机驱动系统的效率并降低温升[73]。

3. 共模电压约束

在永磁同步电机控制系统中，共模电压来源于电机侧变流器输出电压的三相不对称，特别是采用脉宽调制技术的逆变器，高频率和高 $\mathrm{d}u/\mathrm{d}t$ 值的共模电压将对电机的轴电压、轴承电流、漏电流、电磁兼容性等多项指标产生影响，而且随着动力线的延长，这些影响更加明显。因此，在电机驱动系统的一些应用场合中，共模电压是一个需要考虑的因素。在两电平电压源型逆变器中，共模电压 u_{cm} 的计算式为

$$u_{\mathrm{cm}}(k)=\frac{u_{\mathrm{dc}}(k)}{3}(s_{\mathrm{a}}(k)+s_{\mathrm{b}}(k)+s_{\mathrm{c}}(k)) \tag{5-52}$$

基于定子电流预测的价值函数，以式 (5-37) 为例，加入共模电压约束项后，有限集模型预测控制算法的价值函数为

$$g^n(k+1)=\lambda_{\mathrm{i}}|i^*_{\alpha\beta}(k+1)-i^n_{\alpha\beta}(k+1)|^2+\lambda_{\mathrm{cm}}\left|u^n_{\mathrm{cm}}(k)-\frac{u_{\mathrm{dc}}(k)}{2}\right| \tag{5-53}$$

4. 峰值电流限制约束

有限集预测控制策略的价值函数忽略了反馈电流的瞬态特性。在瞬态条件下，反馈电流可能超过最大阈值 ($I_{\max}$)，导致功率元件故障。在传统的矢量控制、直接转矩控制、无差拍控制中，通常采用抗饱和模块来缓解这一问题。在有限集预测控制策略中，可以附加峰值电流限制约束来限制瞬态电流峰值，其在静止坐标系下的表达式定义为

$$g^n(k+1)=\begin{cases}\infty, & \lambda_{\mathrm{limit}}|i^n_{\alpha\beta}(k+1)|>I_{\max}\\ 0, & \lambda_{\mathrm{limit}}|i^n_{\alpha\beta}(k+1)|\leqslant I_{\max}\end{cases} \tag{5-54}$$

在同步旋转坐标系中，相应的表达式为

$$g^n(k+1)=\begin{cases}\infty, & \lambda_{\mathrm{limit}}|i^n_{dq}(k+1)|>I_{\max}\\ 0, & \lambda_{\mathrm{limit}}|i^n_{dq}(k+1)|\leqslant I_{\max}\end{cases} \tag{5-55}$$

可以看到，当 $k+1$ 时刻的电流预测值高于 $I_{\max}$ 时，附加约束输出结果为无穷大；当 $k+1$ 时刻的电流预测值低于 $I_{\max}$ 时，附加约束输出结果为 0。在上述

情况下，峰值电流限制约束将影响价值函数的最终计算结果，当某一候选电压矢量使电流预测值超过最大阈值 $I_{\max}$ 时，将使价值函数计算结果变为无穷大，使其被排除出寻优范围，从而起到限制峰值电流的作用。

5. 中点电位约束

在永磁同步电机的中压传动系统中，中点钳位型三电平逆变器逐渐得到国内外学者的广泛关注。对于中点钳位型三电平逆变器，中点电位受开关切换的换流过程影响，其中点电压会产生波动，进一步影响输出电压波形质量和逆变器的可靠性。因此，在中点钳位型三电平逆变器中，中点电压控制与定子电流控制同等重要。

在传统的线性控制方法中，中点电压的平衡通常是由调制算法实现，如最近三矢量法，虚拟三矢量法中的中点电压平衡算法等。但是，由于 FCS-MPC 属于直接控制法，算法中的控制量不经过调制算法直接输出，因此中点电压平衡控制需要附加额外的约束项实现。

基于定子电流预测的价值函数，以式 (5-37) 为例，在价值函数中，增加中点电压附加约束项，实现电流与中点电压的综合优化控制，有

$$g^n(k+1)=\lambda_{\mathrm{i}}|i_{\alpha\beta}^*(k+1)-i_{\alpha\beta}^n(k+1)|^2+\lambda_{\mathrm{c}}|\Delta u_{\mathrm{nc}}^n(k+1)| \tag{5-56}$$

式中，$\lambda_{\mathrm{c}}|\Delta u_{\mathrm{nc}}^n(k+1)|$ 即附加的中点电压约束项；$\Delta u_{\mathrm{nc}}^n(k+1)$ 表示在电压矢量 $\boldsymbol{u}^n$ 作用下，$(k+1)T_{\mathrm{s}}$ 时刻的中点电压偏离量的预测值；λ_{i} 和 λ_{c} 分别为电流约束项和中点电压约束项的权值。

6. 特定谐波消除约束

特定谐波消除法是大功率变频器中常用的一种消除低阶谐波、降低开关损耗的调制技术。在预测控制中，通过电压预测值 $\boldsymbol{u}^n$ 与电压参考值 $\boldsymbol{u}^*$ 进行比较，构建基于滑动离散傅里叶变换 (discrete Fourier transform，DFT) 的价值函数，有

$$g_{\mathrm{SHE}}^n(k)=\mathrm{SDFT}_{\mathrm{f1}}(z)|\boldsymbol{u}^*(k)-\boldsymbol{u}^n(k)|+\lambda_{\mathrm{f}}\sum_{i=2}^{K}(\mathrm{SDFT}_{\mathrm{f}i}(z)|\boldsymbol{u}^*(k)-\boldsymbol{u}^n(k)|) \tag{5-57}$$

式中，$\mathrm{SDTF}_{\mathrm{f1}}$ 为针对基频分量的约束项；$\mathrm{SDTF}_{\mathrm{f}i}$ 为针对第 i 阶谐波分量的约束项；λ_{f} 为特定谐波约束项的权值。

通过调节价值函数中的权值，可以实现特定低阶谐波的消除。

5.3 寻优策略

作为有限集预测控制策略三个基本要素中的最后一步，寻优策略建立在预测模型与价值函数的基础上，可以实现最优开关状态的搜寻与评估。根据预测视野

的范围，寻优策略可分为单步预测法与多步预测法。其中，单步预测法最为常用，它是多步预测法的一个特例，具有较为简单的算法结构；多步预测法能够实现 2 步及以上的预测、评估、寻优过程，但是存在算法结构复杂、计算量大的缺点，实现难度较大。因此，本书以单步预测法为例，分别介绍基于定子电流预测、基于转矩与磁链预测的有限集预测控制算法寻优过程[74]。

在预测模型与价值函数的基础上，通过对价值函数的计算结果进行比较，筛选最小值，将其对应的开关状态作为逆变器下一个控制周期的输出，即

$$\boldsymbol{U}_{\mathrm{o}} = \arg\min_{\boldsymbol{U}_n} g^n, \quad n = 0, 1, \cdots, 7 \tag{5-58}$$

式中，$\arg\min\limits_{\boldsymbol{U}_n} g^n$ 表示代价函数 g^n 达到最小值时对应的电压矢量编号。

以静止坐标系下基于有限集预测控制算法的定子电流控制为例，其算法流程如图 5-2 所示。该算法包含 6 个基本关键步骤。

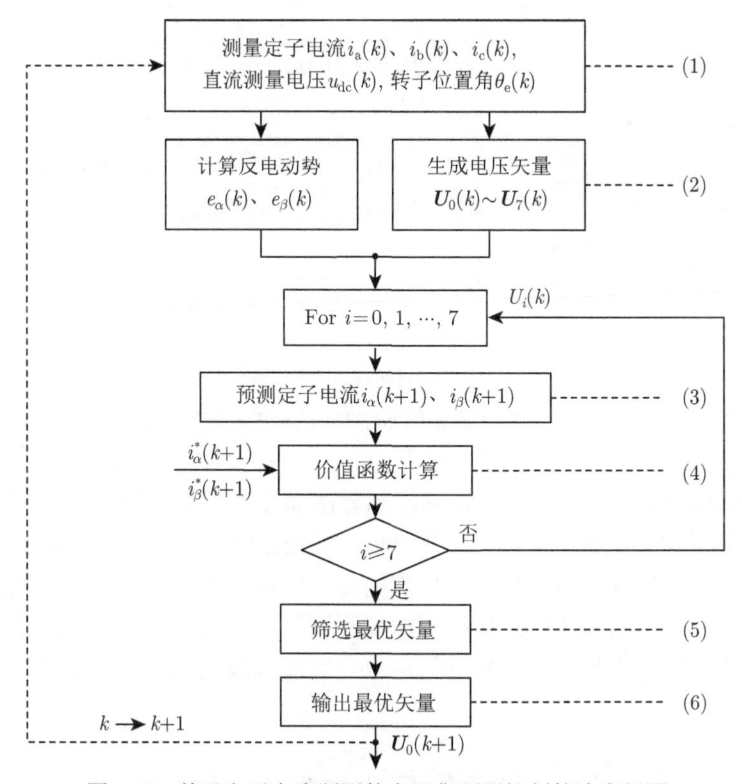

图 5-2 基于定子电流预测的有限集预测控制算法流程图

(1) 测量定子电流等变量。

(2) 根据逆变器所有可能的开关状态，生成电压矢量。

(3) 根据生成的所有电压矢量，预测下一控制周期的定子电流。

(4) 根据价值函数对各个电流预测结果进行评估。

(5) 选择使价值函数最小的开关状态作为最优开关状态。

(6) 将最优开关状态输出至变流器。

分析有限集预测控制的算法流程图可知，预测、评估、寻优过程仅针对 $k+1$ 时刻的变量，整个算法流程仅针对 $k\sim k+1$ 时间段，因此该预测寻优方式称为单步预测。图 5-3 所示为单步预测中预测视野的范围与移动过程。

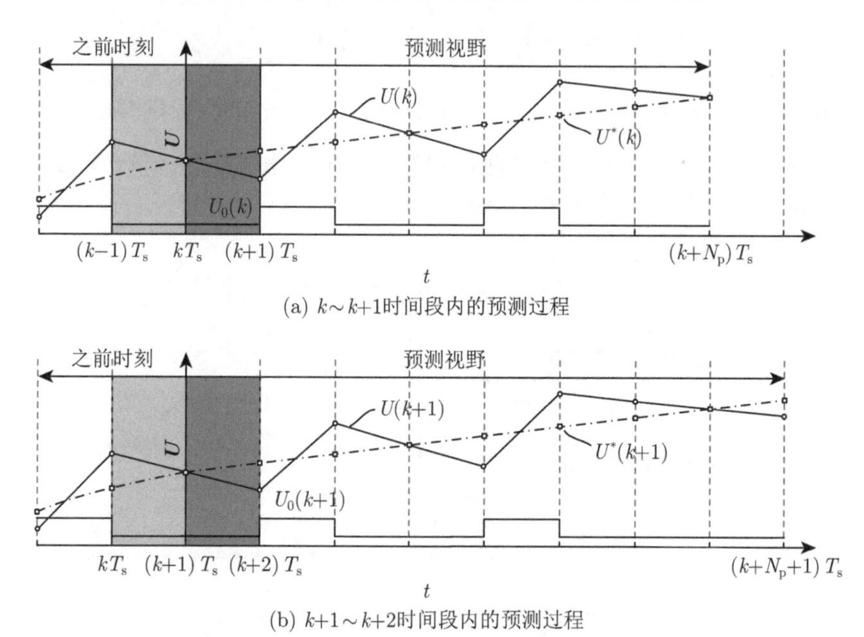

(a) $k\sim k+1$时间段内的预测过程

(b) $k+1\sim k+2$时间段内的预测过程

图 5-3　单步预测中预测视野的范围与移动过程

在一个控制周期内，有限集预测控制算法需要进行 n 次预测，并通过遍历寻优 n 次得到最优开关状态。当下一个控制周期来临时，重复进行预测和遍历寻优。可以看出，有限集预测控制与最优控制的显著区别在于有限集预测控制采用滚动优化方式，每个控制周期的最优控制律都不同。这使每个控制周期求出的最优量都是局部最优量而不是全局最优量，这也是当前有限集预测控制稳定性分析的关键难点。

5.4　有限集预测控制延迟补偿

在有限集预测控制策略的设计与实施过程中，控制系统延迟及信号滤波延迟会对控制性能产生不利影响。因此，需要在对延迟特性及其不利影响进行深入分析的基础上，设计相应的延迟补偿方法，进而降低上述延迟对电机控制性能造成的负面影响[75]。

5.4.1 延迟特性与影响分析

1. 控制算法延迟

在有限集预测控制策略中，控制算法会不可避免地消耗一定的程序执行时间。在每个控制周期中，当反馈信号进入控制器后，由于程序执行时间的存在，控制信号必然延迟一段时间后输出，这便在控制系统中加入了一个延迟因素。通常，延迟时间的数值范围为 $0\sim T_{\mathrm{s}}$ 。对于有限集预测控制算法，由于其计算量大且控制周期较短，因此算法延迟对控制效果的影响较大[76]。

以电流预测控制为例，图 5-4 为理想情况 (即忽略程序执行时间) 下的电流预测过程。

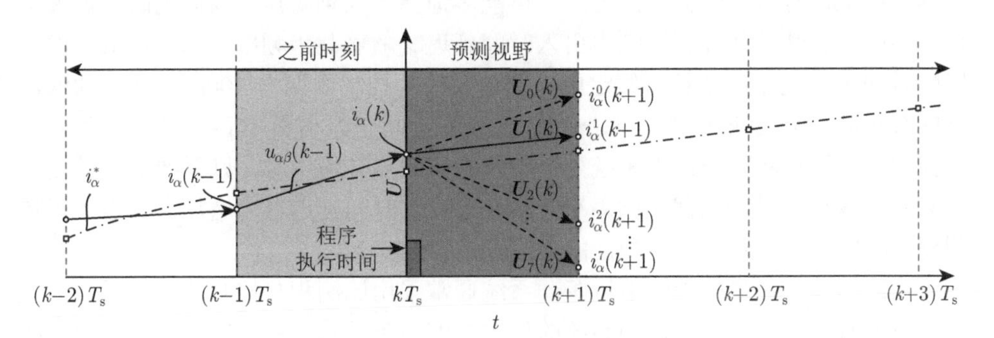

图 5-4 理想情况下的电流预测过程

在预测视野内，假设控制算法中的预测、评估及寻优过程可以瞬间完成，则程序执行时间近乎于零。在上述理想情况下，控制算法能够在 kT_{s} 时刻输出最优的电压矢量，如 $\boldsymbol{U}_1(k)$ 所示。忽略数学模型误差，则 $(k+1)T_{\mathrm{s}}$ 时刻的实际电流与预测结果 $i_\alpha^1(k+1)$ 相等。

然而，对于任何处理器，控制算法的计算过程均不可忽略。因此，在实际应用中，最优电压矢量 $\boldsymbol{U}_1(k)$ 将无法在 kT_{s} 时刻输出，需要经过预测、评估及寻优等必要过程才能实现开关状态的输出，由此造成的延迟称为控制算法延迟。控制算法延迟造成的电流预测误差如图 5-5 所示。

由于程序执行时间的影响，控制算法在计算得到最优矢量之前，持续采用前一周期的最优矢量，而本周期的最优电压矢量 $\boldsymbol{U}_1(k)$ 将延迟一段时间才能完成输出。上述过程将造成 $(k+1)T_{\mathrm{s}}$ 时刻的实际电流 $i_\alpha(k+1)$ 严重偏离其预测值 (图中虚线)，进而造成预测误差，影响电流控制效果。

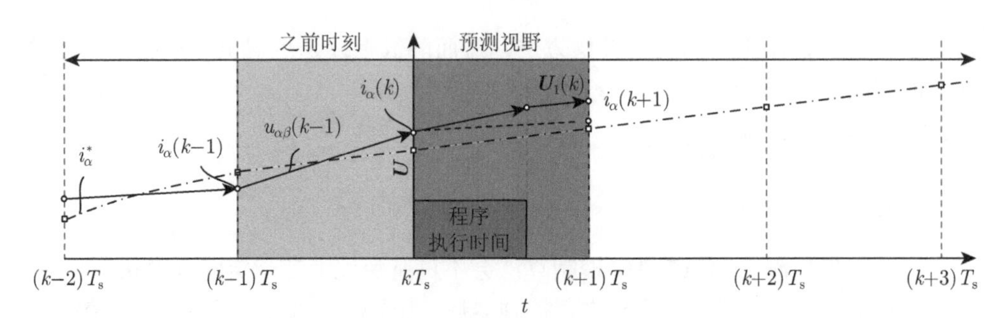

图 5-5　由控制算法延迟造成的电流预测误差

2. 信号滤波延迟

在电机控制系统的信号采集电路中，电流、电压等信号易受到工作环境中电磁辐射的干扰。因此，在信号调理和信号采集电路的设计中，通常会加入低通滤波器，在保留有效信号的基础上，尽可能多地滤除高频噪声。与此同时，滤波器自身的固有特性会在控制系统中引入时间延迟。随着截止频率的降低，低通滤波器的时间延迟也相应增长。假定电机驱动系统的控制周期为 100μs，当低通滤波器的截止频率为 20kHz 时，滤波过程造成的时间延迟小于 10μs，此时时间延迟对控制性能的影响较小；当系统处于较强电磁噪声环境中时，则需要降低截止频率来滤除干扰信号，当截止频率小于 5kHz 时，时间延迟显著增加，甚至大于控制周期时间，进而对系统控制性能造成严重影响。

传统的基于矢量控制的电机驱动系统通常采用比例积分控制器，信号滤波过程造成的时间延迟会降低控制系统的稳定裕度，延长系统的稳定时间，但对系统的稳态误差影响较小。当时间延迟较大时，可能超过系统的稳定裕度，进而造成系统失稳。对于有限集预测控制策略，时间延迟将对预测过程产生一定的影响。其影响机制与控制算法延迟类似，从而造成预测误差，降低系统的稳态控制效果。

在基于有限集预测控制的电机驱动系统中，信号滤波延迟与电磁噪声抑制是两个相互制约的因素。根据截止频率与时间延迟的对应关系，在定子电流的采集过程中，当采用截止频率为 20kHz 的低通滤波器时，尽管此时的滤波延迟很低，电流信号中的高频谐波干扰将难以滤除，如果此时电机驱动系统工作在恶劣环境中，其电流预测过程将不可避免地受到电磁噪声的影响，进而造成预测误差，降低系统的稳态控制效果。当采用截止频率为 1kHz 低通滤波器时，虽然可以有效滤除电流信号中的高频谐波干扰，但是滤波器较大的时间延迟同样会造成预测误差，降低稳态控制效果，此时定子电流波形将出现明显畸变，主要由预测误差造成的低频谐波引起。上述分析结果意味着，抑制电磁噪声与降低滤波延迟是难以兼得的，当电机驱动系统受到严重电磁干扰时，仅通过低通滤波器抑制系统高频干扰，并不能明显改善有限集预测控制策略的稳态控制效果，必须设计相应的补偿方法，以避免滤波时间延迟对预测过程造成的影响。

5.4.2 控制算法延迟补偿

1. 单周期延迟补偿

结合 5.1.1 节中定子电流预测模型，对图 5-5 中控制算法延迟进行分析。当预测寻优过程在 $kT_s \sim (k+1)T_s$ 时间段内执行时，由于程序的运行需要占用一定时间，在控制算法经过计算得到最优结果时，最优控制时机 (kT_s 时刻) 已经错过。考虑算法的执行时间不可避免，造成电流预测结果产生偏差的主要原因是预测过程与控制信号输出过程处于同一控制周期内。根据以上思路，构建延迟补偿算法，将原本由 kT_s 时刻开始执行的控制算法提前一个周期执行，采用控制算法延迟补偿后的电流预测过程如图 5-6 所示。

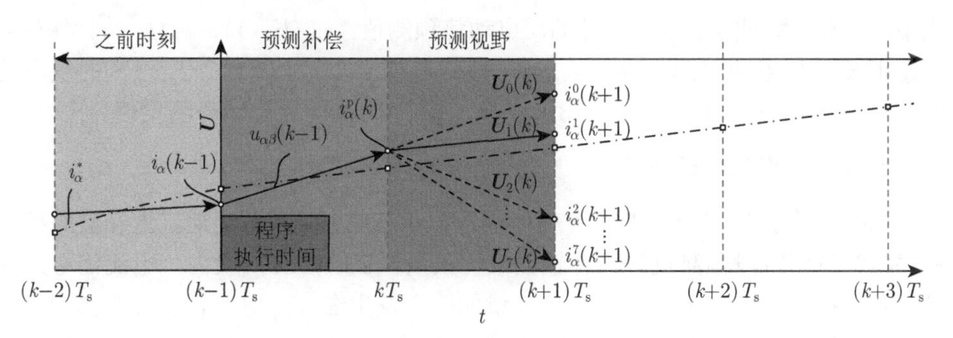

图 5-6 采用控制算法延迟补偿后的电流预测过程

针对 $(k+1)T_s$ 时刻的电流预测过程并非在 $kT_s \sim (k+1)T_s$ 时间段内执行，而是提前到 $(k-1)T_s \sim kT_s$ 时间段执行，相应的最优电压矢量在 kT_s 时刻输出。相比之前的方法，预测视野增大了一倍，而预测过程也分为两个阶段。第一阶段为预测补偿过程，利用 $kT_s \sim (k+1)T_s$ 时间段的电压矢量实现 kT_s 时刻的电流预测。第二阶段为传统模型预测算法的预测、评估、寻优过程。这两个阶段均在程序执行过程中完成。采用补偿算法后，$(k+1)T_s$ 时刻的实际电流值 $i_\alpha(k+1)$ 将与预测结果一致，从而实现算法延迟的补偿。在 $kT_s \sim (k+1)T_s$ 时间段内，用于预测过程的电流 $i_\alpha^{\mathrm{p}}(k)$ 并非实际的电流测量值 $i_\alpha(k)$，而是 $(k-1)T_s \sim kT_s$ 时间段内由预测补偿过程计算得到的电流预测值，因此电机数学模型的精确度将对电流 $i_\alpha^{\mathrm{p}}(k)$ 造成一定的影响。

由此可知，延迟补偿方法的实现基于两点。首先，将控制算法提前一个控制周期执行。其次，利用电流预测模型对 kT_s 时刻的电流进行预测，而非直接测量获得。在静止坐标系下，对定子电流预测模型进行分析，根据式 (5-10) 中电流状态方程的离散形式，可得 kT_s 时刻的电流预测值，即

$$\begin{cases} i_{\alpha}^{\mathrm{p}}(k) = \dfrac{T_{\mathrm{s}}}{L_{\mathrm{s}}}(u_{\alpha}(k-1) - e_{\alpha}(k-1) - R_{\mathrm{s}}i_{\alpha}(k-1)) + i_{\alpha}(k-1) \\ i_{\beta}^{\mathrm{p}}(k) = \dfrac{T_{\mathrm{s}}}{L_{\mathrm{s}}}(u_{\beta}(k-1) - e_{\beta}(k-1) - R_{\mathrm{s}}i_{\beta}(k-1)) + i_{\beta}(k-1) \end{cases} \tag{5-59}$$

式中，$i_{\alpha}^{\mathrm{p}}(k)$ 与 $i_{\beta}^{\mathrm{p}}(k)$ 为补偿后的电流值，将进一步用于预测控制算法的预测寻优过程。

在定子电流预测模型中，除了电流，时间延迟也会影响反电动势精确度。为此，采用二次插值估计法，可得

$$\begin{cases} e_{\alpha}^{\mathrm{p}}(k) = 3e_{\alpha}(k-1) - 3e_{\alpha}(k-2) + e_{\alpha}(k-3) \\ e_{\beta}^{\mathrm{p}}(k) = 3e_{\beta}(k-1) - 3e_{\beta}(k-2) + e_{\beta}(k-3) \end{cases} \tag{5-60}$$

式中，$e_{\alpha}^{\mathrm{p}}(k)$ 和 $e_{\beta}^{\mathrm{p}}(k)$ 为 kT_{s} 时刻反电动势预测值；$e_{\alpha}(k-1)$、$e_{\beta}(k-1)$ 为 $(k-1)T_{\mathrm{s}}$ 时刻的反电动势测量值；$e_{\alpha}(k-2)$、$e_{\beta}(k-2)$ 为 $(k-2)T_{\mathrm{s}}$ 时刻的反电动势测量值；$e_{\alpha}(k-3)$、$e_{\beta}(k-3)$ 为 $(k-3)T_{\mathrm{s}}$ 时刻的反电动势测量值。

2. 非整数周期延迟补偿

当控制算法在 $(k-1)T_{\mathrm{s}} \sim kT_{\mathrm{s}}$ 时间段内执行时，采用单周期延迟补偿的控制程序将经过两阶段预测过程，并输出最优矢量。在这一时间段内，电流信号采集过程发生在 $(k-1)T_{\mathrm{s}}$ 时刻，而最优矢量的输出发生在 kT_{s} 时刻，因此式 (5-59) 中的步长为单个控制周期 T_{s} 。但是，在实际电机控制系统中，信号采集过程需要消耗一定的时间，特别是使用过采样方法提高采样精度时，成倍增加信号采集的时间。在这种情况下，实际的信号采集过程将滞后于 $(k-1)T_{\mathrm{s}}$ 时刻，使预测补偿过程中的延迟时间不等于 T_{s} ，即延迟时间为 T_{s} 的非整数倍，相应范围为 $0 \sim kT_{\mathrm{s}}$ 。若控制算法仍采用单周期延迟补偿，将产生预测误差。

非整数周期算法延迟主要来源于以下两个方面。

(1) 控制器的性能较低，或使用过采样方法以提高采样精度，导致信号采样时间在整个算法执行时间中所占比例较大，造成较明显的非整数周期延迟。

(2) 在控制算法中，采样程序之前插入其他程序，从而延迟信号采集过程的执行，导致信号采集结果的时刻距离控制周期起始点较远，造成非整数周期延迟。

非整数周期延迟的范围为 $0 \sim kT_{\mathrm{s}}$ ，对式 (5-59) 进行相应的修改，可得非整数周期延迟下的电流预测补偿式为

$$\begin{cases} i_{\alpha}^{\mathrm{p}}(k) = \dfrac{m_{\mathrm{T}}T_{\mathrm{s}}}{L_{\mathrm{s}}}(u_{\alpha}(k-1) - e_{\alpha}(k-1) - R_{\mathrm{s}}i_{\alpha}(k-1)) + i_{\alpha}(k-1) \\ i_{\beta}^{\mathrm{p}}(k) = \dfrac{m_{\mathrm{T}}T_{\mathrm{s}}}{L_{\mathrm{s}}}(u_{\beta}(k-1) - e_{\beta}(k-1) - R_{\mathrm{s}}i_{\beta}(k-1)) + i_{\beta}(k-1) \end{cases} \tag{5-61}$$

式中，m_{T} 为 $0\sim1$ 的小数； $m_{\mathrm{T}}T_{\mathrm{s}}$ 为非整数周期延迟时间。

对于反电动势采样信号的非整数周期延迟,可以采用式 (5-60) 推导得出 $m_{\mathrm{T}}T_{\mathrm{s}}$ 延迟下的反电动势预测值。但是,由于有限集模型预测控制是一种控制周期相对较短的算法，当电机转速相对较低时，可以忽略非整数周期延迟对反电动势的影响。

对于 m_{T} 的具体设定值，有多种确定方法，可以通过测量算法中各步骤执行时间得出，也可以通过实验分析计算而得。由于在大多数控制器的采样过程中，对各路信号的采集是按照一定顺序进行的，例如在定子电流测量中，需依次对 i_{a}、i_{b}、i_{c} 进行采样，因此较难确定 m_{T} 的值。同时，在控制算法中，若需要在采样程序之前插入其他程序模块，就必须通过重新分析程序代码估计 m_{T} 值，并且 m_{T} 值需要随着算法的不断修改而进行相应的修正，这将使程序的编写变得更复杂。考虑非整数周期延迟时间 $m_{\mathrm{T}}T_{\mathrm{s}}$ 将造成预测过程的偏差，仿照价值函数的形式，可以建立评估函数 g_{T}，即

$$g_{\mathrm{T}}=(i_{\alpha}(k)-i_{\alpha}^{*}(k))^{2}+(i_{\beta}(k)-i_{\beta}^{*}(k))^{2} \tag{5-62}$$

m_{T} 数值设定过程为以下步骤。

(1) 采用式 (5-61) 对有限集模型预测控制算法进行时间延迟补偿。

(2) 将 m_{T} 的数值从 0 开始缓慢增加到 1。在此过程中，根据式 (5-62) 对应的评估函数，计算 m_{T} 在 $0\sim1$ 范围内各个值对应的 g_{T} 值。

(3) 对于 m_{T} 在 $0\sim1$ 范围内所有 g_{T} 计算结果，将相邻若干个点 (如相邻每 50 个点) 构成一个集合，求各个集合对应的 g_{T} 的平均值。

(4) 采用寻优算法，求出使评估函数 g_{T} 取最小值时对应的 m_{T} 值，并将其代入式 (5-61) 中，算法结束。

上述计算简便易行，通用性强，可以避免对各个计算模块的分析。

5.4.3 采样与反馈延迟补偿

在有限集预测控制算法中，除了计算时间延迟，信号滤波器引起的时间延迟也会对电机驱动系统的控制性能造成一定影响，所以也必须对信号滤波延迟进行补偿。与传统的线性控制算法相比,有限集预测控制算法具有更短的控制周期,因此信号滤波延迟会对系统的控制性能造成更大的负面影响。对于传统的线性算法,可以通过调整 PI 控制器参数来补偿信号滤波延迟的影响。与之不同的是，对于有限集预测控制算法，由于它是基于预测寻优理论进行控制的，因此在内环控制中没有 PI 控制器。因此，在有限集预测控制中，需要通过额外的算法来补偿信号滤波延迟。

1. 滤波延迟观测器设计

由于滤波环节的截止频率和时间延迟两者之间是相互制约的，即降低滤波延迟与抑制电磁噪声难以兼得，当电机驱动系统受到严重电磁干扰时，需设计相应

的算法，以校正和补偿信号滤波引起的时间延迟。本部分设计一种滤波时间延迟观测器来降低信号滤波延迟对有限集预测控制算法的不利影响。

首先，将一阶低通滤波器的传递函数表示为

$$F(s)=\frac{I_{\mathrm{f}}(s)}{I(s)}=\frac{1}{1+as} \tag{5-63}$$

式中，所有的变量均为复频域中的表达式；$I(s)$ 和 $I_{\mathrm{f}}(s)$ 分别为滤波前后的电流信号；$a=1/(2\pi f_{\mathrm{c}})$，$f_{\mathrm{c}}$ 为低通滤波器的截止频率。

式 (5-63) 可以表示为状态方程的形式，即

$$\frac{\mathrm{d}i_{\mathrm{f}}}{\mathrm{d}t}=\frac{1}{a}i-\frac{1}{a}i_{\mathrm{f}} \tag{5-64}$$

在自然坐标系下，对定子电流的采样信号进行滤波，可得

$$\begin{cases}\dfrac{\mathrm{d}i_{\mathrm{af}}}{\mathrm{d}t}=\dfrac{1}{a}i_{\mathrm{a}}-\dfrac{1}{a}i_{\mathrm{af}}\\ \dfrac{\mathrm{d}i_{\mathrm{bf}}}{\mathrm{d}t}=\dfrac{1}{a}i_{\mathrm{b}}-\dfrac{1}{a}i_{\mathrm{bf}}\\ \dfrac{\mathrm{d}i_{\mathrm{cf}}}{\mathrm{d}t}=\dfrac{1}{a}i_{\mathrm{c}}-\dfrac{1}{a}i_{\mathrm{cf}}\end{cases} \tag{5-65}$$

式中，i_{a}、i_{b}、i_{c} 为滤波前的定子电流；i_{af}、i_{bf}、i_{cf} 为滤波后的定子电流。

对式 (5-65) 进行 Clarke 变换，可转化为静止坐标系下的关系式，即

$$\begin{cases}\dfrac{\mathrm{d}i_{\alpha\mathrm{f}}}{\mathrm{d}t}=\dfrac{1}{a}i_{\alpha}-\dfrac{1}{a}i_{\alpha\mathrm{f}}\\ \dfrac{\mathrm{d}i_{\beta\mathrm{f}}}{\mathrm{d}t}=\dfrac{1}{a}i_{\beta}-\dfrac{1}{a}i_{\beta\mathrm{f}}\end{cases} \tag{5-66}$$

式中，i_{α} 和 i_{β} 为滤波前的电流信号；$i_{\alpha\mathrm{f}}$ 和 $i_{\beta\mathrm{f}}$ 为滤波后的电流信号。

同时，考虑式 (5-66) 和式 (5-5)，建立滤波延迟观测器，即

$$\begin{cases}\dfrac{\mathrm{d}\hat{i}_{\alpha}}{\mathrm{d}t}=\dfrac{1}{L_{\mathrm{s}}}e_{\alpha}-\dfrac{1}{L_{\mathrm{s}}}u_{\alpha}-\dfrac{R_{\mathrm{s}}}{L_{\mathrm{s}}}\hat{i}_{\alpha}+l(i_{\alpha\mathrm{f}}-\hat{i}_{\alpha\mathrm{f}})\\ \dfrac{\mathrm{d}\hat{i}_{\beta}}{\mathrm{d}t}=\dfrac{1}{L_{\mathrm{s}}}e_{\beta}-\dfrac{1}{L_{\mathrm{s}}}u_{\beta}-\dfrac{R_{\mathrm{s}}}{L_{\mathrm{s}}}\hat{i}_{\beta}+l(i_{\beta\mathrm{f}}-\hat{i}_{\beta\mathrm{f}})\\ \dfrac{\mathrm{d}\hat{i}_{\alpha\mathrm{f}}}{\mathrm{d}t}=\dfrac{1}{a}\hat{i}_{\alpha}-\dfrac{1}{a}\hat{i}_{\alpha\mathrm{f}}\\ \dfrac{\mathrm{d}\hat{i}_{\beta\mathrm{f}}}{\mathrm{d}t}=\dfrac{1}{a}\hat{i}_{\beta}-\dfrac{1}{a}\hat{i}_{\beta\mathrm{f}}\end{cases} \tag{5-67}$$

式中，$\hat{i}_\alpha$ 和 $\hat{i}_\beta$ 为静止坐标系下滤波前电流的估计值；$\hat{i}_{\alpha\mathrm{f}}$ 和 $\hat{i}_{\beta\mathrm{f}}$ 为滤波后电流的估计值；l 为观测器的比例系数。

2. 观测器参数误差补偿

滤波时延观测器虽然可以补偿信号滤波引起的时间延迟，降低对电机驱动系统控制性能的负面影响，但实现的前提是控制算法中构建的数学模型与实际物理系统的偏差较小。如果数学模型不能准确地描述实际的物理系统，滤波器延迟观测器对时间延迟的校正和补偿效果将受到严重影响。定子电感 L_s 是滤波器延迟观测器中一个必不可少的参数。该数值的误差会导致实际物理系统与数学模型之间产生偏差，从而影响滤波延迟观测器的稳定性和准确度。在原有观测器的基础上，设计了一个辅助观测器来观测实际的电感参数值，并利用电感估计值对滤波延迟观测器的电感参数偏差进行校正。

采用前向欧拉法对静止坐标系下电机的电流状态方程式 (5-5) 离散化处理，选取 α 轴方程，可得

$$i_\alpha(k)=\frac{T_\mathrm{s}}{L_\mathrm{s}}(u_\alpha(k-1)-e_\alpha(k-1)-R_\mathrm{s}i_\alpha(k-1))+i_\alpha(k-1) \tag{5-68}$$

对于式 (5-68)，设电感的估计值为 $\hat{L}_\mathrm{s}$，可得

$$\hat{i}_\alpha(k)=\frac{T_\mathrm{s}}{\hat{L}_\mathrm{s}(k-1)}(u_\alpha(k-1)-e_\alpha(k-1)-R_\mathrm{s}i_\alpha(k-1))+i_\alpha(k-1) \tag{5-69}$$

式中，$\hat{i}_\alpha(k)$ 为 $(k-1)T_\mathrm{s}$ 时刻的电感估计值 $\hat{L}_\mathrm{s}(k-1)$ 对应的 α 轴电流估计值。

将式 (5-68) 与式 (5-69) 相减，可以得到实际电感值倒数 $1/L_\mathrm{s}$ 的表达式，即

$$\frac{1}{L_\mathrm{s}}=\frac{1}{\hat{L}_\mathrm{s}(k-1)}+\frac{i_\alpha(k)-\hat{i}_\alpha(k)}{T_\mathrm{s}(u_\alpha(k-1)-e_\alpha(k-1)-R_\mathrm{s}i_\alpha(k-1))} \tag{5-70}$$

采用参数 r_L 作为步长，当 $u_\alpha(k-1)-e_\alpha(k-1)-R_\mathrm{s}i_\alpha(k-1)\neq 0$ 时，电感的估算方法可表示为

$$\frac{1}{\hat{L}_\mathrm{s}(k)}=\frac{1}{\hat{L}_\mathrm{s}(k-1)}+r_\mathrm{L}\frac{i_\alpha(k)-\hat{i}_\alpha(k)}{T_\mathrm{s}(u_\alpha(k-1)-e_\alpha(k-1)-R_\mathrm{s}i_\alpha(k-1))} \tag{5-71}$$

当 $u_\alpha(k-1)-e_\alpha(k-1)-R_\mathrm{s}i_\alpha(k-1)=0$ 时，电感的估算方法可表示为

$$\frac{1}{\hat{L}_\mathrm{s}(k)}=\frac{1}{\hat{L}_\mathrm{s}(k-1)} \tag{5-72}$$

将式 (5-69) 代入式 (5-71)，最终得到电感观测器算法。当 $u_\alpha(k-1)-e_\alpha(k-1)-R_\mathrm{s}i_\alpha(k-1)\neq 0$ 时，可得

$$\frac{1}{\hat{L}_\mathrm{s}(k)}=\frac{1-r_\mathrm{L}}{\hat{L}_\mathrm{s}(k-1)}+r_\mathrm{L}\frac{i_\alpha(k)-i_\alpha(k-1)}{T_\mathrm{s}(u_\alpha(k-1)-e_\alpha(k-1)-R_\mathrm{s}i_\alpha(k-1))} \tag{5-73}$$

当 $u_\alpha(k-1)-e_\alpha(k-1)-R_\mathrm{s}i_\alpha(k-1)=0$ 时，可得

$$\frac{1}{\hat{L}_\mathrm{s}(k)}=\frac{1}{\hat{L}_\mathrm{s}(k-1)} \tag{5-74}$$

电感估计值的倒数 $1/\hat{L}_\mathrm{s}(k)$ 能够直接应用于滤波延迟观测器。另外，$1/\hat{L}_\mathrm{s}(k)$ 也可以直接应用于有限集预测控制算法的定子电流预测模型中。因此，不必直接计算电感观测值，直接应用其倒数 $1/\hat{L}_\mathrm{s}(k)$ ，避免除法运算对高频噪声的放大效应。此外，电感观测器的动态响应速度可以通过改变参数 r_L 来调整。

第 6 章　永磁同步电机预测控制器权值设定与算法简化

在有限集预测控制策略中，价值函数的主要目标是实现被控量对参考值的跟踪。在不同的应用需求下，针对特定优化目标，可以灵活设计不同类型的价值函数，以实现多目标最优控制，这是有限集预测控制的一个主要优点。在价值函数中，权值是对各个控制分量所占比重进行调节的一个必要参数，通过改变权值的设定值，不但可以均衡价值函数中的各个控制分量，而且可以调节不同控制分量的优先级，实现多个控制目标的主次控制。因此，权值设定是价值函数设计过程的关键步骤，为有限集预测控制策略提供了灵活多变的控制模式和控制特性。另外，与传统线性控制算法相比，有限集预测控制算法需要更大的计算量。本章基于电流预测模型、转矩与磁链预测模型对有限集预测控制算法的简化进行阐述。

6.1　权值的基本概念与设定规律

6.1.1　权值的基本概念

在价值函数中，允许添加任何必要的控制目标，以实现系统状态变量、系统约束或系统需求的预测与评估。考虑不同变量可能具有不同物理性质 (如电流、电压、无功功率、开关损耗、转矩、磁通量等)，相应的单位和数量级也存在较大差异，因此在有限集模型控制策略中，需要通过权值将几个主要和次要控制目标结合起来，对各个控制目标在价值函数中所占的比重进行调节。概括而言，权值是价值函数中用来连接多个控制目标，并对各控制目标所占比重进行调节与均衡的参数集合[77]。

加入权值的价值函数可以写为

$$
\begin{aligned}
g(k) = &\underbrace{\lambda_{\mathrm{m}1}g_{\mathrm{m}1}(k) + \lambda_{\mathrm{m}2}g_{\mathrm{m}2}(k) + \cdots + \lambda_{\mathrm{m}i}g_{\mathrm{m}i}(k)}_{\text{主要控制目标}} \\
&+ \underbrace{\lambda_{\mathrm{s}1}g_{\mathrm{s}1}(k) + \lambda_{\mathrm{s}2}g_{\mathrm{s}2}(k) + \cdots + \lambda_{\mathrm{s}j}g_{\mathrm{s}j}(k)}_{\text{次要控制目标}}
\end{aligned} \tag{6-1}
$$

式中，$\lambda_{\mathrm{m}1}$、$\lambda_{\mathrm{m}2}$、$\cdots$、$\lambda_{\mathrm{m}i}$ 分别为主要控制目标 $g_{\mathrm{m}1}(k)$、$g_{\mathrm{m}2}(k)$、$\cdots$、$g_{\mathrm{m}i}(k)$ 的权值；$\lambda_{\mathrm{s}1}$、$\lambda_{\mathrm{s}2}$、$\cdots$、$\lambda_{\mathrm{s}j}$ 分别为次要控制目标 $g_{\mathrm{s}1}(k)$、$g_{\mathrm{s}2}(k)$、$\cdots$、$g_{\mathrm{s}j}(k)$ 的权值。

在含有多个约束项的价值函数中，权值设定有利于实现多个变量的协调控制。例如，当 $\lambda_{\mathrm{m}1}$、$\lambda_{\mathrm{m}2}$、$\cdots$、$\lambda_{\mathrm{m}i}$ 的设定值较高，而 $\lambda_{\mathrm{s}1}$、$\lambda_{\mathrm{s}2}$、$\cdots$、$\lambda_{\mathrm{s}j}$ 的设定值较低时，主要控制目标 $g_{\mathrm{m}1}(k)$、$g_{\mathrm{m}2}(k)$、$\cdots$、$g_{\mathrm{m}i}(k)$ 在价值函数计算结果中所占的比例较大，从而导致主要控制目标 $g_{\mathrm{m}1}(k)$、$g_{\mathrm{m}2}(k)$、$\cdots$、$g_{\mathrm{m}i}(k)$ 的控制效果较好，而次要控制目标的控制效果较差；反之，当 $\lambda_{\mathrm{m}1}$、$\lambda_{\mathrm{m}2}$、$\cdots$、$\lambda_{\mathrm{m}i}$ 的设定值较低，而 $\lambda_{\mathrm{s}1}$、$\lambda_{\mathrm{s}2}$、$\cdots$、$\lambda_{\mathrm{s}j}$ 的设定值较高时，次要控制目标的控制效果较好。引入权值，相当于在多变量控制中引入优先级。对于主要控制目标，一般选取较大的权值；对于次要目标，一般选取较小的权值。在工程应用中，可以根据系统所需达到的各个控制目标，通过合理分配权值，实现多目标优化控制[78, 79]。

6.1.2 权值的设定规律

价值函数根据其涉及变量的自身性质，可以划分为不同的类型。根据每种类型价值函数的特点，设计适用于该类型价值函数的权值整定方法。

1. 无须设定权值的价值函数

考虑式 (6-1) 中的价值函数通式，当价值函数中仅含一种主要控制目标且无次要控制目标时，其结构形式最为简单。由于该类价值函数仅针对单一类型变量进行控制，因此不需要附加权值[80]。

基于定子电流预测的价值函数为

$$g^n(k+1)=(i_\alpha^*(k+1)-i_\alpha^n(k+1))^2+(i_\beta^*(k+1)-i_\beta^n(k+1))^2 \tag{6-2}$$

可以看到，价值函数的控制对象为静止坐标系下的定子电流 i_α、i_β，由于它们的单位与数量级均相同，因此在组成价值函数的过程中不需要设置权值[81]。在电力电子与电机控制领域，其他无须设置权值的价值函数如表 6-1 所示。表中，价值函数的基本形式采用绝对值形式，其他形式的价值函数可依此类推。

表 6-1 无须设置权值的价值函数

函数	基本形式
基于定子电流控制的价值函数	$g^n(k+1)=\lvert i_\alpha^*(k+1)-i_\alpha^n(k+1)\rvert+\lvert i_\beta^*(k+1)-i_\beta^n(k+1)\rvert$ $g^n(k+1)=\lvert i_d^*(k+1)-i_d^n(k+1)\rvert+\lvert i_q^*(k+1)-i_q^n(k+1)\rvert$
基于功率控制的价值函数	$g^n(k+1)=\lvert P^*(k+1)-P^n(k+1)\rvert+\lvert Q^*(k+1)-Q^n(k+1)\rvert$
基于交流电压控制的价值函数	$g^n(k+1)=\lvert u_\alpha^*(k+1)-u_\alpha^n(k+1)\rvert+\lvert u_\beta^*(k+1)-u_\beta^n(k+1)\rvert$ $g^n(k+1)=\lvert u_d^*(k+1)-u_d^n(k+1)\rvert+\lvert u_q^*(k+1)-u_q^n(k+1)\rvert$
多相逆变器电流控制	$g^n(k+1)=\lvert i_\alpha^*(k+1)-i_\alpha^n(k+1)\rvert+\lvert i_\beta^*(k+1)-i_\beta^n(k+1)\rvert$ $+\lvert i_x^*(k+1)-i_x^n(k+1)\rvert+\lvert i_y^*(k+1)-i_y^n(k+1)\rvert$

在表 6-1 涉及的电气控制领域中，除电机控制领域，还包括电压源型逆变器中的电流控制、有源前端 (active front-end, AFE) 整流器中的功率控制、不间断电源 (uninterruptible power supply, UPS) 中的电压控制、电压源型逆变器中考虑开关频率因素的电流控制、多相逆变器中的电流控制等。其中，当控制目标仅为电流时，由于各个分量均具有相同的单位与数量级，因此无须设置权值。同理，当控制目标仅为电压时，其各分量由于具有相同的单位和数量级，也无须设置权值；当控制目标为有功功率与无功功率时，虽然变量单位不同，但是具有相同的数量级，并且它们均为视在功率的两个分量，具有相同的地位，因此也不需要设置权值[82]。

当多个控制目标的单位不相同时，需要对各个变量的计算式进行分析和溯源，当相应计算式的结构形式、计算式的变量单位完全相同时，可以在价值函数中忽略权值；否则，必须在价值函数中设置权值以平衡各个控制目标所占的比重。

2. 具有同等重要控制目标的价值函数权值设定

在永磁同步电机的某些应用场合中，需要同时控制多个同等重要的变量以保证系统可靠运行。在这种情况下，价值函数可以包含多个具有同等重要性的控制目标，并通过整定权值补偿不同变量在单位与数量级上的差异[83]。

5.2.2 节给出了基于转矩与磁链预测的价值函数，即

$$
\begin{aligned}
g^n(k+1) = \lambda_{\mathrm{T}}\left(T_{\mathrm{e}}^* - T_{\mathrm{e}}^n(k+1)\right)^2 + \lambda_{\Psi}\left(|\Psi_{\alpha\beta}^*| - |\Psi_{\alpha\beta}^n(k+1)|\right)^2, \\
n = 0, 1, \cdots, 7
\end{aligned}
\tag{6-3}
$$

可以看到，价值函数中的转矩部分与磁链部分具有同等重要的地位。考虑两部分的被控量具有不同的单位与数量级，因此需要加入相应的权值来平衡价值函数中各部分的比例。

在权值的设定方法中，一个常用的方法是通过标幺化来计算得到权值。以式 (6-3) 中的价值函数为例，通过选择合适的权值，实现对转矩与磁链两部分的标幺化，则有

$$
\begin{cases}
\lambda_{\mathrm{T}} = \dfrac{1}{T_{\mathrm{N}}^2} \\
\lambda_{\Psi} = \dfrac{\lambda}{\Psi_{\mathrm{N}}^2}
\end{cases}
\tag{6-4}
$$

将式 (6-4) 代入式 (6-3)，得到的价值函数为

$$
g^n(k+1) = \frac{1}{T_{\mathrm{N}}^2}\left(T_{\mathrm{e}}^* - T_{\mathrm{e}}^n(k+1)\right)^2 + \frac{\lambda}{\Psi_{\mathrm{N}}^2}\left(|\Psi_{\alpha\beta}^*| - |\Psi_{\alpha\beta}^n(k+1)|\right)^2,
$$

$$n = 0, 1, \cdots, 7 \tag{6-5}$$

式中，λ 为权值，其数值以 1 为中间值，通过对 λ 数值增减可以实现转矩与磁链两部分所占比重的调节。

需要注意的是，标幺化可以为权值设定提供一个简单且易于实施的方法，但目前该类方法并无完善的理论基础。同时，在某些应用场合中，生产商并未给出电机的额定定子磁链与额定转矩，这将对权值设定造成一定的困难。

3. 具有次要控制目标的价值函数权值设定

结合式 (6-1) 中的价值函数，当价值函数中附加次要控制目标时，权值的设定将变得较为复杂。以 5.2.3 节所述的中点电压控制为例，在价值函数中增加中点电压附加约束项，可以实现电流与中点电压的综合优化控制，即

$$g^n(k+1) = \lambda_{\rm i}|i_{\alpha\beta}^*(k+1) - i_{\alpha\beta}^n(k+1)|^2 + \lambda_{\rm c}|\Delta u_{\rm nc}^n(k+1)| \tag{6-6}$$

可以看到，主要控制目标与次要控制目标分别是定子电流与直流侧电压，它们均有对应的单位与量纲。因此，通过对电流与电压进行标幺化，可以实现权值的设定，即

$$\begin{cases} \lambda_{\rm i} = \dfrac{1}{I_{\rm N}^2} \\ \lambda_{\rm c} = \dfrac{\lambda}{U_{\rm N}} \end{cases} \tag{6-7}$$

式 (6-6) 可以重新写为

$$g^n(k+1) = \frac{1}{I_{\rm N}^2}|i_{\alpha\beta}^*(k+1) - i_{\alpha\beta}^n(k+1)|^2 + \frac{\lambda}{U_{\rm N}}\left|\Delta u_{\rm nc}^n(k+1)\right| \tag{6-8}$$

式中，通过调节权值 λ，可以实现电流与中点电压两部分所占比重的调节。

与式 (6-5) 中基于转矩与磁链预测的价值函数不同，中点电压约束为附加约束，因此相应的权值 λ 取值范围为 $0 \sim 1$，可以保证次要控制目标所占比重不会影响价值函数中的主要控制目标。类似地，对于 5.2.3 节涉及的共模电压约束，标幺化后的价值函数可以表示为

$$g^n(k+1) = \frac{1}{I_{\rm N}^2}|i_{\alpha\beta}^*(k+1) - i_{\alpha\beta}^n(k+1)|^2 + \frac{\lambda}{U_{\rm N}}\left|u_{\rm cm}^n(k) - \frac{u_{\rm dc}(k)}{2}\right| \tag{6-9}$$

对于 5.2.3 节涉及的开关频率附加约束，由于该附加约束没有单位，因此只需对主要控制目标进行标幺化，即

$$g^n(k+1)=\frac{1}{I_{\mathrm{N}}^2}|i_{\alpha\beta}^*(k+1)-i_{\alpha\beta}^n(k+1)|^2+\lambda C_{\mathrm{s}}^n(k) \tag{6-10}$$

在上述两种价值函数中，权值 λ 的范围为 $0\sim1$。与具有同等重要控制目标的价值函数相比，在含有附加约束的价值函数中，标幺化方法仅能粗略地对权值取值范围进行设定，而无法有效定位权值的中间值。

6.2 基于价值函数的权值设定方法

6.1 节给出了权值设定的基本规律和方法。当价值函数中包含同等重要控制目标，或者价值函数中包含次要控制目标时，可以采用标幺化方法实现权值的设定。但是，标幺化方法仅能确定权值的大致范围，无法得到最优权值的精确数值[84]。因此，本节针对价值函数的结构特点，给出最优权值的设定方法。

6.2.1 经验法

在实际应用中，经验法仍然是选择权值的主要方法。该方法操作简单，但是需要基于大量的实验数据对比才能确定最佳的权值。为了分析这种方法，以 NPC 三电平逆变器的电流预测控制为例，其价值函数设计为

$$\begin{aligned}g^n(k+1)&=\lambda_{\mathrm{i}}g_{\mathrm{i}}^n(k+1)+\lambda_{\mathrm{c}}g_{\mathrm{nc}}^n(k+1)\\&=\lambda_{\mathrm{i}}|i_{\alpha\beta}^*(k+1)-i_{\alpha\beta}^n(k+1)|^2+\lambda_{\mathrm{c}}|\Delta u_{\mathrm{nc}}^n(k+1)|\\&=\lambda_{\mathrm{i}}|i_{\alpha\beta}^*(k+1)-i_{\alpha\beta}^n(k+1)|^2+\lambda_{\mathrm{c}}|u_{\mathrm{nc}}^*(k+1)-u_{\mathrm{nc}}^n(k+1)|\end{aligned} \tag{6-11}$$

式中，λ_{i} 和 λ_{c} 分别为电流和中点电压的权值。

选择不同权值，计算相应的价值函数，结果如表 6-2 所示。

表 6-2 不同权值的价值函数计算结果

项目	g_{i}	g_{nc}	$g(\lambda_{\mathrm{c}}=0)$	$g(\lambda_{\mathrm{c}}=1)$	$g(\lambda_{\mathrm{c}}=0.1)$
$\boldsymbol{U}_0$	3.792	17.036	3.792	20.828	5.496
$\boldsymbol{U}_1$	3.427	4.828	3.427	8.255	3.909
$\boldsymbol{U}_2$	3.031	16.956	3.031	19.987	4.727
$\boldsymbol{U}_3$	6.459	0.788	6.459	7.247	6.538
$\boldsymbol{U}_4$	9.125	29.204	9.125	38.329	12.045
$\boldsymbol{U}_5$	7.635	6.329	7.635	13.964	8.268
$\boldsymbol{U}_6$	6.093	29.164	6.093	35.257	9.009
$\boldsymbol{U}_7$	3.792	17.036	3.792	20.828	5.496

在式 (6-11) 所示的价值函数中，主要控制目标是使电流跟随其参考值。因此，分析某一时刻中，各个开关状态对价值函数计算结果的影响，如表 6-2 所示。首先，设置电流权值 $\lambda_{\mathrm{i}}=1$，中点电压权值 $\lambda_{\mathrm{c}}=0$。此时，直流环节电容的中点电压不受控制，电流可以显示出良好的跟踪性能。可以看到，相应的最优开关状态为 S_2。当赋予次要控制目标更大的比重时，即设置 $\lambda_{\mathrm{c}}=1$，可得相应的最优开关状态为 S_3。可以看到，价值函数 g_{nc} 对主要控制目标 g_{i} 产生负面影响，从而导致当前电流跟踪参考值的性能下降。通过逐渐减小 λ_{c}，可以得到其最佳设定值 $\lambda_{\mathrm{c}}=0.1$。此时，最优开关状态为 S_1，而 g_{i} 和 g_{nc} 的数值非常接近，说明价值函数中的主要控制目标与次要控制目标的重要性非常接近[85]。

根据上述分析过程，可以总结出基于经验法的价值函数权值设定方法。为了获得最优的 λ_{c} 值，可以从初始值 $\lambda_{\mathrm{c}}=1$ 开始逐步减小，直到电容电压的漂移达到标称直流环路电压的百分之二。类似的方法可用于选择其他控制变量的权值因子。

使用该方法时需要考虑一个关键的问题，即权值的整定值应当由最大数值还是由最小数值开始选取。针对这一问题，需要根据 6.1.2 节所述内容分析价值函数所属的类型。对于具有同等重要控制对象的价值函数，由于价值函数中的所有项都需要精确控制，权值的整定值应由高向低进行调节；对于具有次要控制对象的价值函数，附加的次要控制目标旨在改善控制系统的综合性能，而无须完全实现此类控制目标，因此权值的整定值应由低到高进行调节[86]。通过对所有可能的权值进行枚举，可以得到最优结果。

通常，为了降低经验法的计算负担，可以通过分支定界法减少最优权值搜索过程所需的重复次数。在该方法中，首先需要为权值选择几个具有不同数量级的初始值，以保证搜索区域能够覆盖足够宽的范围，例如，针对 NPC 三电平逆变器电流与中点电位控制，设置初始值 λ_{c} 为 0、0.1、1、10。分支定界法确定权值示意图如图 6-1 所示。

该方法需要依次对不同数量级的权值进行仿真分析，分别得到主要控制对象 (由 M_1 表示) 与次要控制对象 (由 M_2 表示) 在价值函数中对应的控制误差，判断各权值对应的误差是否在控制算法所允许的最大误差范围内，可初步筛选出最优权值所在的区域，即两个初始权值之间的区间 $(0.1\sim1)$。将新区间的中值 (0.5) 作为新的权值，通过仿真分析，计算其对应的 M_1 和 M_2 在价值函数中的控制误差，用于权值的进一步筛选，使最优权值所在的区域得到进一步缩小。重复进行上述过程，直到获得合适的权值。由以上整定过程可知，通过分支定界法确定最优的权值可以简化传统经验法整定权值的过程，减少大量不必要的计算。

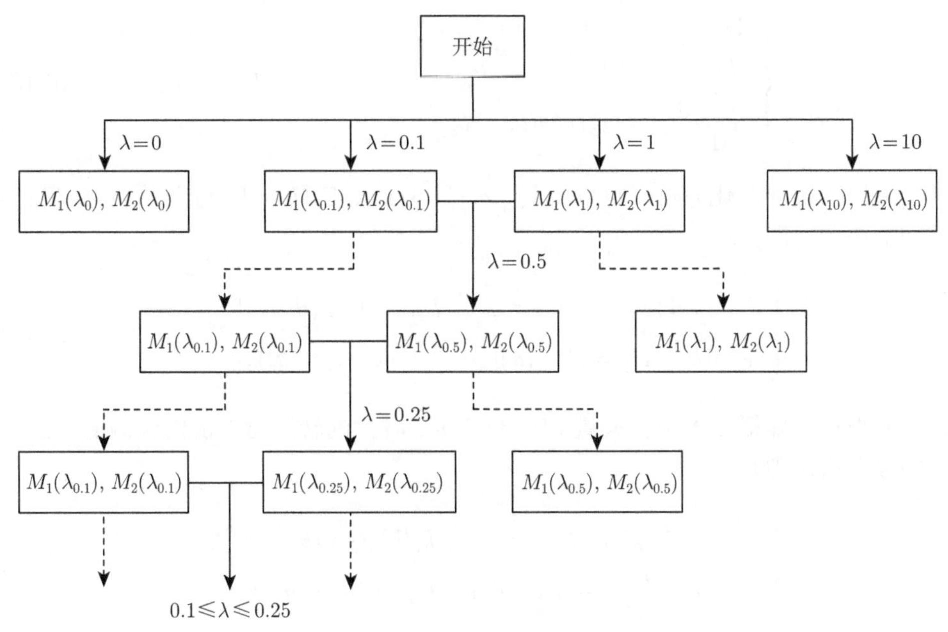

图 6-1 分支定界法确定权值示意图

6.2.2 基于预测算法等效变换的权值设定

6.1.2 节考虑具有同等重要控制目标的价值函数中权值设定方法，在对转矩与磁链预测的价值函数中，通过标幺化方法可以得到权值的中间值。但是，价值函数的标幺化过程并非等效变换，因此无法确定中间值是否为最优权值。同时，标幺化过程所需的额定转矩、额定磁链并非电机本体参数，受生产商和所在应用领域的影响较大。同一种电机，在不同场合的额定参数可能互不相同，这将影响该方法所得权值设定值对转矩控制与磁链控制所占比重的均衡能力[87]。

为了解决上述问题，本节采用一种新的权值设定方法，以确保最优权值是由价值函数的等效变换得到的。

对 5.1.2 节中基于静止坐标系的转矩与磁链预测模型进行讨论，分析式 (5-24) 与式 (5-26) 中 τ_0、τ_Ψ、τ_T 的表达式，可以看到 τ_Ψ、τ_T 的计算结果与电压矢量的选择有关，而 τ_0 的计算结果与电压矢量的选择无关。

根据以上分析，令

$$k_\mathrm{e}=\frac{1.5p|\Psi_{\mathrm{f}\alpha\beta}|}{L} \tag{6-12}$$

将式 (6-12) 代入式 (5-25)，可以得到转矩与定子磁链幅值的变化率，即

$$\begin{cases}\dfrac{\mathrm{d}T_{\mathrm{e}}}{\mathrm{d}t}=\tau_0+k_{\mathrm{e}}|u_{\alpha\beta}|\sin(\theta_{\mathrm{v}}-\theta_{\mathrm{e}})\\\dfrac{\mathrm{d}|\varPsi_{\alpha\beta}|}{\mathrm{d}t}=|u_{\alpha\beta}|\cos(\theta_{\mathrm{v}}-\theta_{\mathrm{s}})\end{cases},\quad n=0,1,\cdots,7 \tag{6-13}$$

采用欧拉离散化方法，可以得到 $|\varPsi_{\alpha\beta}(k+1)|$、$T_{\mathrm{e}}(k+1)$ 与 $|\varPsi_{\alpha\beta}(k)|$、$T_{\mathrm{e}}(k)$ 之间的关系，即

$$\begin{cases}T_{\mathrm{e}}(k+1)=T_{\mathrm{e}}(k)+\tau_0T_{\mathrm{s}}+k_{\mathrm{e}}|u_{\alpha\beta}|\sin(\theta_{\mathrm{v}}-\theta_{\mathrm{e}})T_{\mathrm{s}}\\|\varPsi_{\alpha\beta}(k+1)|=|\varPsi_{\alpha\beta}(k)|+|u_{\alpha\beta}|\cos(\theta_{\mathrm{v}}-\theta_{\mathrm{s}})T_{\mathrm{s}}\end{cases} \tag{6-14}$$

假设存在虚拟参考电压矢量 $\boldsymbol{U}_{\mathrm{p}}$，使 $k+1$ 时刻的转矩与磁链的预测值等于对应的参考值，则有

$$\begin{cases}T_{\mathrm{e}}^*(k+1)=T_{\mathrm{e}}(k)+\tau_0T_{\mathrm{s}}+k_{\mathrm{e}}|\boldsymbol{U}_{\mathrm{p}}|\sin(\theta_{\mathrm{p}}-\theta_{\mathrm{e}})T_{\mathrm{s}}\\|\varPsi_{\alpha\beta}^*(k+1)|=|\varPsi_{\alpha\beta}(k)|+|\boldsymbol{U}_{\mathrm{p}}|\cos(\theta_{\mathrm{p}}-\theta_{\mathrm{s}})T_{\mathrm{s}}\end{cases} \tag{6-15}$$

式中，θ_{p} 为 $\boldsymbol{U}_{\mathrm{p}}$ 在静止坐标系下的角度。

建立基于电压矢量的价值函数，即

$$J_U=|\boldsymbol{U}_{\mathrm{p}}-u_{\alpha\beta}|^2 \tag{6-16}$$

对于电机逆变器所能输出的 8 种电压矢量 $\boldsymbol{U}_0\sim\boldsymbol{U}_7$，距离 $\boldsymbol{U}_{\mathrm{p}}$ 最近的电压矢量将作为最优矢量进行输出，即

$$\boldsymbol{U}_{\mathrm{o}}=\arg\min_{\boldsymbol{U}_i}J_U,\quad i=0,1,\cdots,7 \tag{6-17}$$

在式 (6-16) 中，价值函数的评估是基于电压矢量终端之间的直线距离。此价值函数与式 (5-37) 对应的基于定子电流预测的价值函数完全等效。在 6.1.2 节，基于定子电流预测的价值函数中的各电流分量具有相同的单位和数量级，同时各分量在电机数学模型中的地位相同，因此不需要设定权值。根据上述结论，如果能够建立基于电压矢量的价值函数 (式 (6-16)) 和基于转矩与磁链预测的价值函数 (式 (5-43)) 之间的等效变换，则可以省去价值函数的寻优过程[88]。

对式 (6-16) 中基于电压矢量的价值函数进行变换，可得

$$\begin{aligned}J_U&=(|\boldsymbol{U}_{\mathrm{p}}|\cos(\theta_{\mathrm{p}})-|u_{\alpha\beta}|\cos(\theta_{\mathrm{v}}))^2+(|\boldsymbol{U}_{\mathrm{p}}|\sin(\theta_{\mathrm{p}})-|u_{\alpha\beta}|\sin(\theta_{\mathrm{v}}))^2\\&=(|\boldsymbol{U}_{\mathrm{p}}|\cos(\theta_{\mathrm{p}}-\theta_{\mathrm{e}})-|u_{\alpha\beta}|\cos(\theta_{\mathrm{v}}-\theta_{\mathrm{e}}))^2\\&\quad+(|\boldsymbol{U}_{\mathrm{p}}|\sin(\theta_{\mathrm{p}}-\theta_{\mathrm{e}})-|u_{\alpha\beta}|\sin(\theta_{\mathrm{v}}-\theta_{\mathrm{e}}))^2\end{aligned} \tag{6-18}$$

将式 (6-15) 对应的预测式与式 (6-14) 相减，可得

$$\begin{cases} T_{\rm e}^*(k+1) - T_{\rm e}(k+1) = k_{\rm e}T_{\rm s}(|\boldsymbol{U}_{\rm p}|\sin(\theta_{\rm p}-\theta_{\rm e}) - |u_{\alpha\beta}|\sin(\theta_{\rm v}-\theta_{\rm e})) \\ |\varPsi_{\alpha\beta}^*(k+1)| - |\varPsi_{\alpha\beta}(k+1)| = T_{\rm s}(|\boldsymbol{U}_{\rm p}|\cos(\theta_{\rm p}-\theta_{\rm s}) \\ \qquad\qquad\qquad\qquad\qquad\qquad -|u_{\alpha\beta}|\cos(\theta_{\rm v}-\theta_{\rm s})) \end{cases} \tag{6-19}$$

定义

$$\begin{cases} l = |\boldsymbol{U}_{\rm p}|\sin(\theta_{\rm p}-\theta_{\rm e}) - |u_{\alpha\beta}|\sin(\theta_{\rm v}-\theta_{\rm e}) \\ m = |\boldsymbol{U}_{\rm p}|\cos(\theta_{\rm p}-\theta_{\rm s}) - |u_{\alpha\beta}|\cos(\theta_{\rm v}-\theta_{\rm s}) \end{cases} \tag{6-20}$$

$$\theta_q = \theta_{\rm e} - \theta_{\rm s} \tag{6-21}$$

则式 (6-20) 可以变换为

$$\begin{aligned} m &= |\boldsymbol{U}_{\rm p}|\cos[(\theta_{\rm p}-\theta_{\rm e})+\theta_q] - |u_{\alpha\beta}|\cos[(\theta_{\rm v}-\theta_{\rm e})+\theta_q] \\ &= [|\boldsymbol{U}_{\rm p}|\cos(\theta_{\rm p}-\theta_{\rm e}) - |u_{\alpha\beta}|\cos(\theta_{\rm v}-\theta_{\rm e})]\cos\theta_q - l\sin\theta_q \end{aligned} \tag{6-22}$$

整理可得

$$|\boldsymbol{U}_{\rm p}|\cos(\theta_{\rm p}-\theta_{\rm e}) - |u_{\alpha\beta}|\cos(\theta_{\rm v}-\theta_{\rm e}) = \frac{m + l\sin\theta_q}{\cos\theta_q} \tag{6-23}$$

将式 (6-20) 与式 (6-23) 代入价值函数式 (6-18)，可得

$$J_U = \left(\frac{m + l\sin\theta_q}{\cos\theta_q}\right)^2 + l^2 \tag{6-24}$$

其中，m 与 l 的计算式可由式 (6-19) 与式 (6-20) 联立得到，即

$$\begin{cases} l = \dfrac{T_{\rm e}^*(k+1) - T_{\rm e}(k+1)}{k_{\rm e}T_{\rm s}} \\ m = \dfrac{|\varPsi_{\alpha\beta}^*(k+1)| - |\varPsi_{\alpha\beta}^n(k+1)|}{T_{\rm s}} \end{cases}, \quad n = 0, 1, \cdots, 7 \tag{6-25}$$

通过观察式 (6-24) 与式 (6-25)，可以看到控制周期 $T_{\rm s}$ 对价值函数的寻优结果没有影响，因此忽略 $T_{\rm s}$，式 (6-25) 可变为

$$\begin{cases} l = \dfrac{T_{\rm e}^*(k+1) - T_{\rm e}(k+1)}{k_{\rm e}} \\ m = |\varPsi_{\alpha\beta}^*(k+1)| - |\varPsi_{\alpha\beta}^n(k+1)| \end{cases}, \quad n = 0, 1, \cdots, 7 \tag{6-26}$$

可以看到，与前述的权值设定方法相比，基于等效变换的权值设定方法对价值函数的表达式做了小幅度改动，新的价值函数与基于定子电流预测的价值函数完全等效，由于后者实现了转矩电流与励磁电流的均衡控制，因此新的价值函数可以实现最优权值的精确定位。

在新价值函数的结构中，k_e 不受电机运行状态影响，仅与电机本体参数有关，而 θ_q 的数值与定、转子磁链之间的夹角有关，因此可以认为最优权值的数值随电机运行状态而变动。采用新价值函数后，有限集预测控制策略可以通过调节 k_e，改变转矩与磁链控制在价值函数中所占的比重。基于等效变换最优权值设定法对应的控制策略流程与权值调节方法如图 6-2 所示。

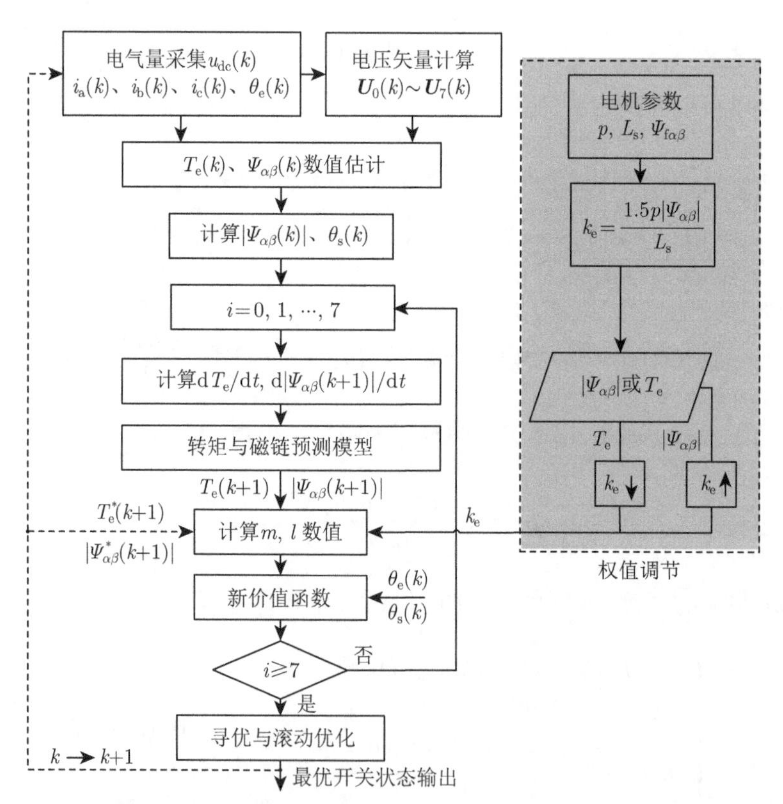

图 6-2　基于等效变换最优权值设定法对应的控制策略流程与权值调节方法

6.3　基于多目标排序的权值设定方法

在上一节，权值设定方法均围绕价值函数本体结构进行讨论。但是，价值函数并非有限集预测控制算法评估与寻优的唯一途径。在一些针对多目标的有限集预测控制中采用不同于价值函数的评估方法。在这类方法中，权值的设定不依赖价值函数，而是包含于特定的寻优策略之中[89]。

权值的整定是一项复杂的工作，特别是在有多个控制目标的情况。因此，有必要采取一种新的方法避免繁琐的权值整定工作。本节引入一种多目标排序法，通过简化基于转矩与磁链预测的控制算法中电压矢量的选取过程，在价值函数中省去权值的设定过程。

在基于转矩与磁链预测的有限集预测控制策略中，每个控制周期要解决的多目标优化问题可以表述为价值函数中两个不同分量的最小化，即

$$\begin{cases} g_{\mathrm{T}} = |T_{\mathrm{e}}^{*} - T_{\mathrm{e}}^{n}| \\ g_{\varPsi} = |\varPsi_{dq}^{*} - \varPsi_{dq}^{n}| \end{cases} \tag{6-27}$$

式中，g_{T} 和 $g_{\varPsi}$ 作为价值函数的两个分量，分别表示转矩和定子磁链的误差。

多目标排序策略针对每个可能的电压矢量，对价值函数中的不同分量进行评估，进而得到最优电压矢量，具体实施流程如下。

首先，针对电压矢量 $\boldsymbol{U}_0 \sim \boldsymbol{U}_7$，计算价值函数中分量 g_{T} 和 $g_{\varPsi}$ 的数值，在此基础上，对每个目标函数 g_{T} 和 $g_{\varPsi}$ 的计算结果由小到大进行排序，并为每个计算结果分配一个等级。数值较小的计算结果对应的电压矢量被赋予较低的等级，而对于数值较大的计算结果，其对应的电压矢量被赋予较高的等级，即

$$\begin{cases} g_{\mathrm{T}}[\boldsymbol{U}_n(k)] \longrightarrow r_{\mathrm{T}}[\boldsymbol{U}_n(k)] \\ g_{\varPsi}[\boldsymbol{U}_n(k)] \longrightarrow r_{\varPsi}[\boldsymbol{U}_n(k)] \end{cases} \tag{6-28}$$

式中，$\boldsymbol{U}_n(k)$ 为候选的电压矢量；$r_{\mathrm{T}}[\boldsymbol{U}_n(k)]$ 和 $r_{\varPsi}[\boldsymbol{U}_n(k)]$ 分别对应 g_{T} 和 $g_{\varPsi}$ 的排序等级。

排序等级是一个无量纲变量。对于任一候选电压矢量，其在价值函数各个分量中可能具有不同的排序等级。为了在候选电压矢量中选取全局最优的电压矢量，使用平均准则法计算每个候选电压矢量的总排序等级，从而实现转矩和磁链的折中计算。基于平均准则法的优化方案可以表示为

$$\boldsymbol{U}_{\mathrm{o}} = \arg\min_{\boldsymbol{U}_n} \frac{r_{\mathrm{T}}[\boldsymbol{U}_n(k)] + r_{\varPsi}[\boldsymbol{U}_n(k)]}{2} \tag{6-29}$$

除了平均准则，为了区分各分量在价值函数中的重要性，定义优化方案为

$$\boldsymbol{U}_{\mathrm{o}} = \arg\min_{\boldsymbol{U}_n} \{m_1 r_{\mathrm{T}}[\boldsymbol{U}_n(k)] + m_2 r_{\varPsi}[\boldsymbol{U}_n(k)]\} \tag{6-30}$$

式中，参数 m_1、m_2 在寻优方案中起权值的作用，并有 $0<m_1$、$m_2<1$，并且 $m_1+m_2=1$。

以两电平电压源型逆变器为例，针对基于转矩与磁链预测的有限集预测控制策略，以表 6-3 中所示的价值函数计算结果为例说明采用多目标排序法的电压矢量筛选过程。

表 6-3　多目标排序法中电压矢量筛选过程示例 (具有同等重要控制对象的价值函数)

项目	g_T	g_Ψ	r_T	r_Ψ	$0.5(r_T+r_\Psi)$
$\boldsymbol{U}_0$	0.03	0.13	0	3	1.5
$\boldsymbol{U}_1$	0.60	0.12	5	2	3.5
$\boldsymbol{U}_2$	0.33	0.02	3	1	2.0
$\boldsymbol{U}_3$	0.31	0.01	2	0	1.0
$\boldsymbol{U}_4$	0.36	0.27	4	6	5.0
$\boldsymbol{U}_5$	0.27	0.25	1	5	3.0
$\boldsymbol{U}_6$	0.66	0.15	6	4	5.0

两电平电压源型逆变器涉及的电压矢量 $\boldsymbol{U}_n=\boldsymbol{U}_0\sim\boldsymbol{U}_7$。在基于转矩与磁链的预测控制算法中，零矢量 $\boldsymbol{U}_0$ 与 $\boldsymbol{U}_7$ 的价值函数计算结果完全相同。因此，在表 6-3 所示的计算示例中，仅使用一种零矢量。在某一时刻，与不同电压矢量相关的转矩和磁链误差分别为 g_T 和 g_Ψ。然后，需要对每个价值函数分量进行排序。例如，对于电压矢量 $\boldsymbol{U}_0$，其转矩分量的计算结果 $g_T=0.03$，是所有电压矢量相关结果中的最小值，因此分配其对应的排序等级 $r_T=0$。依此类推，对所有候选电压矢量的转矩分量和磁链分量进行计算与评级。最后，计算每个电压矢量的平均排序等级，由此确定最优电压矢量为 $\boldsymbol{U}_3$。

多目标排序法同样可以应用于具有次要控制对象的价值函数中。以 NPC 三电平逆变器为例，利用多目标排序法对电流分量与中点电压分量进行综合评估，从而取代传统价值函数设计规则和电压矢量筛选方法，最终消除权值的整定过程。为了说明该算法的工作原理，对表 6-3 中的价值函数计算结果进行重新整理。多目标排序法中电压矢量筛选过程示例 (具有次要控制对象的价值函数) 如表 6-4 所示。

表 6-4　多目标排序法中电压矢量筛选过程示例 (具有次要控制对象的价值函数)

项目	g_i	g_{nc}	r_i	r_{nc}	$0.5(r_i+r_{nc})$	$g(\lambda_{nc}=0.1)$
$\boldsymbol{U}_0$	3.792	17.036	3	5	4.0	5.496
$\boldsymbol{U}_1$	3.427	4.828	2	2	2.0	3.909
$\boldsymbol{U}_2$	3.031	16.956	1	4	2.5	4.727
$\boldsymbol{U}_3$	6.459	0.788	5	1	3.0	6.538
$\boldsymbol{U}_4$	9.125	29.204	7	7	7.0	12.045
$\boldsymbol{U}_5$	7.635	6.329	6	3	4.5	8.268
$\boldsymbol{U}_6$	6.093	29.164	4	6	5.0	9.009
$\boldsymbol{U}_7$	3.792	17.036	3	5	4.0	5.496

在多目标排序方法中，首先计算价值函数中的 $g_{\rm i}$ 和 $g_{\rm nc}$，并对计算结果由小到大依次进行排序，以此得到 $g_{\rm i}$ 和 $g_{\rm nc}$ 的排序等级 $r_{\rm i}$ 和 $r_{\rm nc}$。在此基础上，计算平均排序等级，选择与最小平均排序等级相对应的电压矢量作为 NPC 三电平逆变器的输出。对比 6.2.1 节经验法的相关表可以看出，多目标排序法确定的最优电压矢量，与经验法选取最优权值 $\lambda_{\rm c}=0.1$ 时确定的最优电压矢量一致，可以证明多目标排序法的有效性。

6.4 预测控制器算法简化方法

在控制算法的实际应用过程中，与传统线性控制算法相比，有限集预测控制需要更大的计算量。其原因在于，有限集预测控制算法的实现依赖被控对象数学模型的精确描述，计算过程较为复杂；有限集预测控制算法需要对变流器所能输出的电压矢量的作用效果进行分别预测，相应的迭代计算过程将大幅增加计算量；有限集预测控制算法的寻优过程中，价值函数计算和结果之间的比较过程需要也耗费较大计算量。

与此同时，与传统线性控制算法相比，有限集预测控制算法不采用脉宽调制方法，其开关频率不恒定。因此，为了达到相近的稳态控制效果，有限集预测控制算法的控制周期必须小于传统线性控制算法。在基于两电平逆变器的永磁同步电机驱动系统中，有限集预测控制算法的控制周期接近传统线性控制算法的六分之一。这造成有限集预测控制算法中较长程序执行时间与较短控制周期之间的矛盾。目前，在绝大多数针对有限集预测控制算法的研究成果中，系统控制周期大于 10μs，平均开关频率一般不高于 10kHz。相比之下，基于脉宽调制技术的线性控制算法在采用绝缘栅双极型晶体管的电压源型逆变器中开关频率可达 15kHz。随着微处理器和半导体技术的发展，特别是宽禁带半导体 (氮化镓和碳化硅) 的应用，高性能电机驱动系统的开关频率可达 20kHz，甚至更高。这意味着，有限集预测控制算法的程序执行时间已成为限制其性能提升的瓶颈。算法执行时间过长将不利于控制频率的提高，造成定子电流误差无法得到及时修正，从而降低电机的稳态控制精度。

本节基于电流预测模型、转矩与磁链预测模型，对有限集预测控制算法的简化方法进行详细阐述。

6.4.1 基于电流预测的算法简化方法

在静止坐标系下，对式 (5-13)、式 (5-37)，以及式 (5-58) 进行联立，将基于定子电流的预测控制算法表示为

$$
\begin{cases}
i_{\alpha\beta}^{n}(k+1) = \dfrac{T_{\mathrm{s}}}{L_{\mathrm{s}}}(u_{\alpha\beta}^{n}(k) - e_{\alpha\beta}(k) - R_{\mathrm{s}} i_{\alpha\beta}(k)) + i_{\alpha\beta}(k) \\
g^{n}(k+1) = \left| i_{\alpha\beta}^{*}(k+1) - i_{\alpha\beta}^{n}(k+1) \right|^{2} \\
\boldsymbol{U}_{\mathrm{o}} = \arg\min\limits_{\boldsymbol{U}_n} g^{n}(k+1)
\end{cases}, \quad n = 0, 1, \cdots, 7 \tag{6-31}
$$

可以看到，有限集预测控制算法通过对电压矢量 $\boldsymbol{U}_0 \sim \boldsymbol{U}_7$ 进行评估与比较，最终得到最优电压矢量 $\boldsymbol{U}_{\mathrm{o}}$。该矢量能够使电流预测值尽可能地接近电流参考值。对上述过程进行反向思考，根据定子电流预测模型，如果存在虚拟参考电压矢量 $U_{\alpha\beta}^{*}(k)$，使电流值预测 $i_{\alpha\beta}^{n}(k+1)$ 等于参考值 $i_{\alpha\beta}^{*}(k+1)$，则有

$$
U_{\alpha\beta}^{*}(k) = e_{\alpha\beta}(k) + R_{\mathrm{s}} i_{\alpha\beta}(k) + L_{\mathrm{s}} \frac{i_{\alpha\beta}^{*}(k+1) - i_{\alpha\beta}(k)}{T_{\mathrm{s}}} \tag{6-32}
$$

8 个开关状态对应空间电压矢量分布，虚拟参考电压矢量 $U_{\alpha\beta}^{*}(k)$ 与电压矢量 $\boldsymbol{U}_0 \sim \boldsymbol{U}_7$ 并不重合，在空间上存在相角与幅值的区别。由于有限集预测控制算法在每个控制周期内只能输出一种电压矢量，因此直观上可以预测，距离 $U_{\alpha\beta}^{*}(k)$ 最近的电压矢量更有可能为最优矢量。

定义电压矢量的距离为

$$
l_n = \left| U_{\alpha\beta}^{*}(k) - u_{\alpha\beta}^{n}(k) \right|^{2}, \quad n = 0, 1, \cdots, 7 \tag{6-33}
$$

将电压矢量之间的距离定义为价值函数，修改后的算法为

$$
\begin{cases}
U_{\alpha\beta}^{*}(k) = e_{\alpha\beta}(k) + R_{\mathrm{s}} i_{\alpha\beta}(k) + L_{\mathrm{s}} \dfrac{i_{\alpha\beta}^{*}(k+1) - i_{\alpha\beta}(k)}{T_{\mathrm{s}}} \\
g^{n}(k+1) = \left| U_{\alpha\beta}^{*}(k) - u_{\alpha\beta}^{n}(k) \right|^{2} \\
\boldsymbol{U}_{\mathrm{o}} = \arg\min\limits_{\boldsymbol{U}_n} g^{n}(k+1)
\end{cases}, \quad n = 0, 1, \cdots, 7 \tag{6-34}
$$

在修改后的算法中，定子电流预测模型转变为虚拟参考电压矢量的预测模型，同时价值函数转变为 8 种电压矢量与虚拟参考电压矢量之间的距离计算。在此基础上，对上述算法与原算法的等效性进行推导。

在式 (6-34) 中，将虚拟参考电压矢量的预测式代入价值函数中，可得

$$
g^{n}(k+1) = \left| e_{\alpha\beta}(k) + R_{\mathrm{s}} i_{\alpha\beta}(k) + L_{\mathrm{s}} \frac{i_{\alpha\beta}^{*}(k+1) - i_{\alpha\beta}(k)}{T_{\mathrm{s}}} - u_{\alpha\beta}^{n}(k) \right|^{2}, \quad n = 0, 1, \cdots, 7 \tag{6-35}
$$

进一步整理可得

$$g^n(k+1)=\left(\frac{L_\text{s}}{T_\text{s}}\right)^2\left|i_{\alpha\beta}^*(k+1)-\frac{T_\text{s}}{L_\text{s}}(u_{\alpha\beta}^n(k)-e_{\alpha\beta}(k)-R_\text{s}i_{\alpha\beta}(k))-i_{\alpha\beta}(k)\right|^2,$$

$$n=0,1,\cdots,7 \tag{6-36}$$

结合式 (6-31)，式 (6-36) 最终可变换为

$$g^n(k+1)=\left(\frac{L_\text{s}}{T_\text{s}}\right)^2|i^*(k+1)-i^n(k+1)|^2,\quad n=0,1,\cdots,7 \tag{6-37}$$

修改后的算法与原算法唯一的区别在于，价值函数的系数 $(L_\text{s}/T_\text{s})^2$。这一系数并不会影响寻优结果，因此修改后的算法与原算法在寻优结果上是等效的。相比原算法，修改后的算法将 8 次电流预测过程简化为单次虚拟参考电压矢量的预测，从而大大减少算法的计算量。简化过程与变流器的拓扑结构无关，因此也可以应用在其他的电路结构中。

6.4.2 基于转矩与磁链预测的算法简化方法

以静止坐标系中永磁同步电机数学模型为基础，建立式 (5-29) 所示的转矩与磁链模值的预测式。在此基础上，假设 $t(k+1)$ 时刻，若存在复空间形式的最优电压 $U_{\alpha\beta}^*$，使 $|\varPsi_{\alpha\beta}(k+1)|$、$T_\text{e}(k+1)$ 与参考值 $|\varPsi_{\alpha\beta}^*(k+1)|$、$T_\text{e}^*(k+1)$ 分别相等，则有

$$\begin{cases}T_\text{e}^*(k+1)=T_\text{e}(k)+\tau_0T_\text{s}+k_\text{e}|U_{\alpha\beta}^*|\sin(\theta^*-\theta_\text{e})T_\text{s}\\|\varPsi_{\alpha\beta}^*(k+1)|=|\varPsi_{\alpha\beta}(k)|+|U_{\alpha\beta}^*|\cos(\theta^*-\theta_\text{s})T_\text{s}\end{cases} \tag{6-38}$$

式中，θ^* 为最优电压矢量 $U_{\alpha\beta}^*$ 的相位角。

式 (6-38) 可以表示为

$$\begin{cases}\dfrac{T_\text{e}^*(k+1)-T_\text{e}(k)-\tau_0T_\text{s}}{k_\text{e}T_\text{s}}=-u_\alpha^*\sin\theta_\text{e}+u_\beta^*\cos\theta_\text{e}\\\dfrac{|\varPsi_{\alpha\beta}^*(k+1)|-|\varPsi_{\alpha\beta}(k)|}{T_\text{s}}=u_\alpha^*\cos\theta_\text{s}+u_\beta^*\sin\theta_\text{s}\end{cases} \tag{6-39}$$

式中，$u_\alpha^*=|U_{\alpha\beta}^*|\cos\theta^*$；$u_\beta^*=|U_{\alpha\beta}^*|\sin\theta^*$。

式 (6-39) 可以变换为矩阵方程形式，即

$$\boldsymbol{AX}=\boldsymbol{B} \tag{6-40}$$

式中

$$\boldsymbol{A}=\begin{bmatrix}-\sin\theta_{\mathrm{e}} & \cos\theta_{\mathrm{e}}\\ \cos\theta_{\mathrm{s}} & \sin\theta_{\mathrm{s}}\end{bmatrix}$$

$$\boldsymbol{X}=\begin{bmatrix}u_{\alpha}^{*}\\ u_{\beta}^{*}\end{bmatrix}$$

$$\boldsymbol{B}=\begin{bmatrix}B_1\\ B_2\end{bmatrix}=\begin{bmatrix}\dfrac{T_{\mathrm{e}}^{*}(k+1)-T_{\mathrm{e}}(k)-\tau_0 T_{\mathrm{s}}}{k_{\mathrm{e}}T_{\mathrm{s}}}\\ \dfrac{|\varPsi_{\alpha\beta}^{*}(k+1)|-|\varPsi_{\alpha\beta}(k)|}{T_{\mathrm{s}}}\end{bmatrix}$$

电压参考值 u_{α}^{*}、u_{β}^{*} 的表达式可以由式 (6-40) 推导得到，即

$$\begin{cases}u_{\alpha}^{*}=\dfrac{B_2\cos\theta_{\mathrm{e}}-B_1\sin\theta_{\mathrm{s}}}{\cos(\theta_{\mathrm{e}}-\theta_{\mathrm{s}})}\\ u_{\beta}^{*}=\dfrac{B_1\cos\theta_{\mathrm{s}}+B_2\sin\theta_{\mathrm{e}}}{\cos(\theta_{\mathrm{e}}-\theta_{\mathrm{s}})}\end{cases}\tag{6-41}$$

另外，预测 8 个电压矢量对磁链、转矩微分的作用效果，将 $\boldsymbol{U}_0\sim\boldsymbol{U}_7$ 代入式 (5-28)，可得

$$\begin{cases}\dfrac{\mathrm{d}T_{\mathrm{e}}^{n}}{\mathrm{d}t}=\tau_0+k_{\mathrm{e}}|U_n|\sin(\theta_{\mathrm{v}}^{n}-\theta_{\mathrm{e}})\\ \dfrac{\mathrm{d}|\varPsi_{\alpha\beta}^{n}|}{\mathrm{d}t}=|U_n|\cos(\theta_{\mathrm{v}}^{n}-\theta_{\mathrm{s}})\end{cases},\quad n=0,1,\cdots,7\tag{6-42}$$

通过欧拉离散化方法，式 (6-42) 可以转换为

$$\begin{cases}\dfrac{T_{\mathrm{e}}^{n}(k+1)-T_{\mathrm{e}}(k)-\tau_0 T_{\mathrm{s}}}{k_{\mathrm{e}}T_{\mathrm{s}}}=-u_{\alpha}^{n}\sin\theta_{\mathrm{e}}+u_{\beta}^{n}\cos\theta_{\mathrm{e}}\\ \dfrac{|\varPsi_{\alpha\beta}^{n}(k+1)|-|\varPsi_{\alpha\beta}(k)|}{T_{\mathrm{s}}}=u_{\alpha}^{n}\cos\theta_{\mathrm{s}}+u_{\beta}^{n}\sin\theta_{\mathrm{s}}\end{cases},\quad n=0,1,\cdots,7\tag{6-43}$$

将式 (6-43) 代入式 (6-40)，可得

$$\begin{cases}\dfrac{T_{\mathrm{e}}^{*}(k+1)-T_{\mathrm{e}}^{n}(k+1)}{k_{\mathrm{e}}T_{\mathrm{s}}}=(u_{\alpha}^{n}-u_{\alpha}^{*})\sin\theta_{\mathrm{e}}\\ \qquad\qquad+(u_{\beta}^{*}-u_{\beta}^{n})\cos\theta_{\mathrm{e}}\\ \dfrac{|\varPsi_{\alpha\beta}^{*}(k+1)|-|\varPsi_{\alpha\beta}^{n}(k+1)|}{T_{\mathrm{s}}}=(u_{\alpha}^{*}-u_{\alpha}^{n})\cos\theta_{\mathrm{s}}\\ \qquad\qquad+(u_{\alpha}^{*}-u_{\beta}^{n})\sin\theta_{\mathrm{s}}\end{cases},\quad n=0,1,\cdots,7\tag{6-44}$$

基于式 (6-44) 和式 (5-44)，可得

$$\begin{aligned} g^n = & \lambda_{\mathrm{T}} k_{\mathrm{e}}^2 T_{\mathrm{s}}^2 \left[(u_\alpha^n - u_\alpha^*) \sin\theta_{\mathrm{e}} + (u_\beta^* - u_\beta^n) \cos\theta_{\mathrm{e}}\right]^2 \\ & + \lambda_\Psi T_{\mathrm{s}}^2 \left[(u_\alpha^* - u_\alpha^n) \sin\theta_{\mathrm{s}} + (u_\beta^* - u_\beta^n) \sin\theta_{\mathrm{s}}\right]^2, \quad n = 0, 1, \cdots, 7 \end{aligned} \tag{6-45}$$

考虑控制周期 T_{s} 不会影响价值函数的寻优结果，假设

$$\lambda = \frac{\lambda_{\mathrm{T}} k_{\mathrm{e}}^2}{\lambda_\Psi} = \frac{\lambda_{\mathrm{T}}}{\lambda_\Psi} \left(\frac{1.5p|\Psi_{\mathrm{f}\alpha\beta}|}{L_{\mathrm{s}}}\right)^2 \tag{6-46}$$

式 (6-45) 可以表示为

$$\begin{aligned} g^n = & \lambda \left[(u_\alpha^n - u_\alpha^*) \sin\theta_{\mathrm{e}} + (u_\beta^* - u_\beta^n) \cos\theta_{\mathrm{e}}\right]^2 \\ & + \left[(u_\alpha^* - u_\alpha^n) \cos\theta_{\mathrm{s}} + (u_\beta^* - u_\beta^n) \sin\theta_{\mathrm{s}}\right]^2, \quad n = 0, 1, \cdots, 7 \end{aligned} \tag{6-47}$$

将式 (6-41) 代入式 (6-47)，可以得到简化预测算法的价值函数，即

$$g^n = \lambda(B_1 + u_\alpha^n \sin\theta_{\mathrm{e}} - u_\beta^n \cos\theta_{\mathrm{e}})^2 + (B_2 - u_\alpha^n \cos\theta_{\mathrm{s}} - u_\beta^n \sin\theta_{\mathrm{s}})^2, \quad n = 0, 1, \cdots, 7 \tag{6-48}$$

式 (6-48) 为等效变换后得到的价值函数。

简化的算法是由传统算法等效变换得到的，其中电流、转矩、磁链的预测部分由 B_1、B_2 计算部分代替，可以省去预测部分的循环计算。另外，为得到定子磁链的角度和模值，同时避免传统算法中的平方根计算、除法计算，以及反正切计算，在控制策略中引入锁相环。锁相环结构如图 6-3 所示。

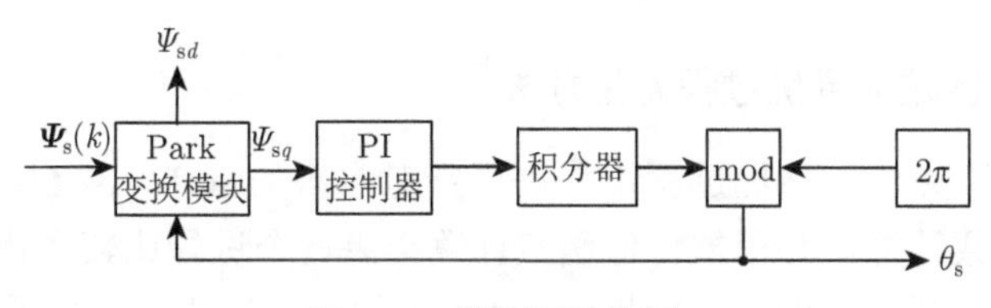

图 6-3　锁相环结构图

锁相环主要由 Park 变换模块、PI 控制器、积分器组成。mod 模块用于取余，将角度调整为 [0, 2π]。通过调节 PI 控制器的参数，可以改变锁相环对定子磁链幅值和角度的跟踪速度。同时，将算法所需计算的超越函数限制在正弦函数和余弦函数之内。

在简化算法的基础上，考虑特例情况，当 $\lambda = 1.0$ 时，式 (6-48) 可以变为

$$\begin{aligned} g^n = & \left[(u_\alpha^n - u_\alpha^*) \sin\theta_{\mathrm{e}} + (u_\beta^* - u_\beta^n) \cos\theta_{\mathrm{e}}\right]^2 \\ & + \left[(u_\alpha^* - u_\alpha^n) \cos\theta_{\mathrm{s}} + (u_\beta^* - u_\beta^n) \sin\theta_{\mathrm{s}}\right]^2, \quad n = 0, 1, \cdots, 7 \end{aligned} \tag{6-49}$$

在永磁同步电机的运行过程中，气隙磁场主要由转子永磁体生成，而定子电流产生的磁场相对很小。因此，定子磁链与转子磁链的角度差很小，可以认为 $\theta_e \approx \theta_s$，则式 (6-49) 变为

$$g^n = (u_\alpha^n - u_\alpha^*)^2 + (u_\beta^* - u_\beta^n)^2 \tag{6-50}$$

则有

$$g^n = |U_{\alpha\beta}^* - u_{\alpha\beta}^n|^2 \tag{6-51}$$

预测控制的价值函数可以近似变换为电压矢量形式，在电压矢量 $\boldsymbol{U}_0 \sim \boldsymbol{U}_7$ 中，距离最优矢量 $U_{\alpha\beta}^*$ 最近的电压矢量对应最小的价值函数计算结果。因此，对应的表达式为

$$\boldsymbol{U}_\text{o} = \arg\min_{\boldsymbol{U}_n} g^n, \quad n = 0, 1, \cdots, 7 \tag{6-52}$$

由于假设 $\theta_e \approx \theta_s$，最优电压矢量的计算式 (6-41) 可进一步简化为

$$\begin{cases} u_\alpha^* = B_2 \cos\theta_e - B_1 \sin\theta_s \\ u_\beta^* = B_1 \cos\theta_s + B_2 \sin\theta_e \end{cases} \tag{6-53}$$

τ_0 的计算式可以简化为

$$\tau_0 = -\frac{R_s T_e}{L_s} = -\frac{1.5p\omega_e |\varPsi_{\alpha\beta}||\varPsi_{f\alpha\beta}|}{L_s} \tag{6-54}$$

6.4.3 基于分区法的寻优过程简化方法

在最优电压矢量的寻优过程中，需要针对电压矢量 $\boldsymbol{U}_0 \sim \boldsymbol{U}_7$ 的预测结果进行 8 次价值函数计算，并根据价值函数计算结果逐个进行比较寻优。这一过程将占用大量计算资源。根据 6.4.1 节和 6.4.2 节的推导结果，可以看到两种简化算法均将原算法变换为电压矢量的预测。考虑最优电压矢量的寻优过程是搜寻距离 $U_{\alpha\beta}^*$ 最近的电压矢量 $\boldsymbol{U}_n$，可以将空间电压矢量分为 I~Ⅶ 共 7 个区域，以简化寻优过程。蜂巢状空间电压矢量分区如图 6-4 所示。

采用蜂巢状的分区结构，将空间电压矢量分为 7 个区域，每个区域包含一种电压矢量。其中，对于区域 Ⅶ，其边界与非零电压矢量 $\boldsymbol{U}_1 \sim \boldsymbol{U}_6$ 的中垂线重合，即最靠近中心的正六边形轮廓。对于区域 I~Ⅵ，其相互之间的边界与空间电压矢量六边形区域各个边的中垂线相重合。可以看到，如果电压矢量 $U_{\alpha\beta}^*$ 的终点落在某个区域，则该区域包含的电压矢量 $\boldsymbol{U}_n$ 为距离 $U_{\alpha\beta}^*$ 最近的电压矢量。该电压矢量作为最优电压矢量输出至电机驱动系统的两电平逆变器中。

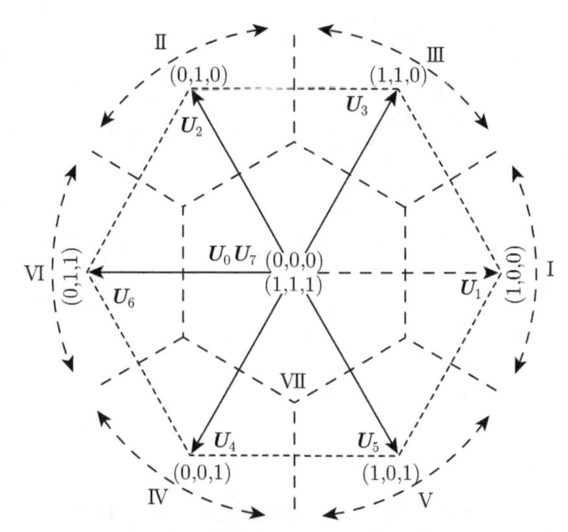

图 6-4 蜂巢状空间电压矢量分区

为了确定电压矢量 $U_{\alpha\beta}^*$ 终点所在的区域，需要进行两步判断法，具体步骤如下。

首先，利用空间电压矢量六边形区域的各边中垂线，将空间电压矢量分为 6 个扇区，对电压矢量 $U_{\alpha\beta}^*$ 进行 Clarke 变换，则有

$$\begin{cases} u_{\mathrm{a}}^* = u_\alpha^* \\ u_{\mathrm{b}}^* = -\dfrac{1}{2}u_\alpha^* + \dfrac{\sqrt{3}}{2}u_\beta^* \\ u_{\mathrm{c}}^* = -\dfrac{1}{2}u_\alpha^* - \dfrac{\sqrt{3}}{2}u_\beta^* \end{cases} \tag{6-55}$$

通过上述过程，候选矢量的范围缩减到该区域包含的非零矢量和零矢量。

其次，利用各个非零电压矢量的中垂线，将区域 VII 分离出之前的 6 个区域。基于分区法的最优矢量搜寻步骤如图 6-5 所示。可以看到，当电压矢量 $U_{\alpha\beta}^*$ 的终点落入区域 VII 时，零矢量为最优电压矢量，否则最优电压矢量所处的区域将取决于前述步骤所得的扇区编号 N。

各个区域的编号 N 可由下式计算得到，即

$$N = \mathrm{sgn}(u_{\mathrm{a}}^*) + 2\mathrm{sgn}(u_{\mathrm{b}}^*) + 4\mathrm{sgn}(u_{\mathrm{c}}^*) \tag{6-56}$$

式中

$$\mathrm{sgn}(x) = \begin{cases} 1, & x \geqslant 0 \\ 0, & x < 0 \end{cases}$$

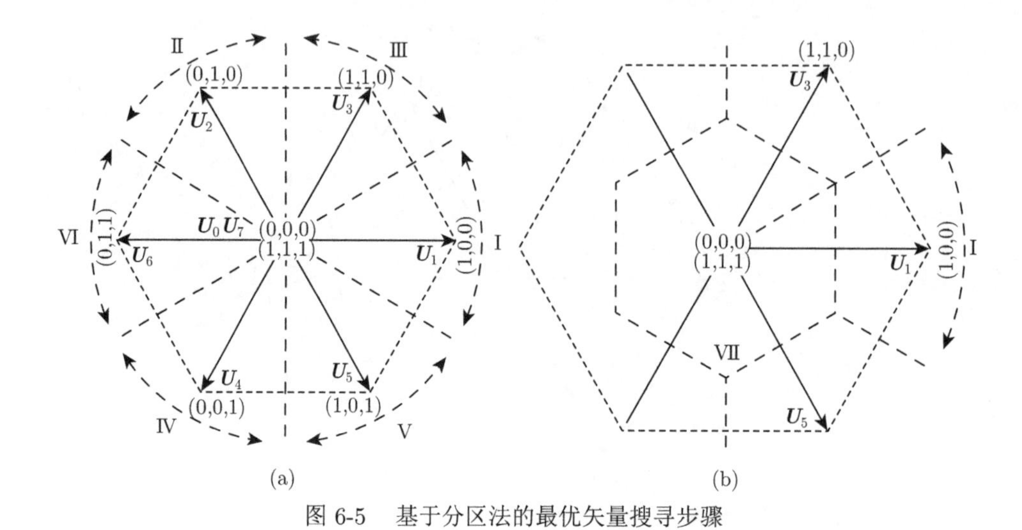

图 6-5　基于分区法的最优矢量搜寻步骤

相应的判别式为

$$N_{\mathrm{f}}=\begin{cases}N, & u_\alpha^* u_\alpha^N+u_\beta^* u_\beta^N>\dfrac{2}{9}u_{\mathrm{dc}}^2\\ 0 \text{ 或 } 7, & u_\alpha^* u_\alpha^N+u_\beta^* u_\beta^N\leqslant\dfrac{2}{9}u_{\mathrm{dc}}^2\end{cases}\tag{6-57}$$

第 7 章　基于预测谐振控制器的永磁同步电机周期性扰动抑制

在永磁同步电机预测控制系统中，逆变器死区效应、电流采样误差、磁链谐波等非理想因素引入的周期性扰动会在永磁同步电机中产生电流振荡和转矩波动。为此，本章首先对永磁同步电机预测控制系统中存在的各种周期性扰动进行特性分析，并介绍基于传统控制器的周期性扰动抑制方法，对各种控制器的原理、特性之间的相同点和不同点进行比较。然后，针对逆变器死区效应和磁链谐波引起的周期性扰动，在电流环中设计一种永磁同步电机预测谐振控制器，详细阐述预测谐振控制器的参数整定方法，对提出的预测谐振控制器和常规预测积分谐振控制器 (predictive integral resonance controller, PIRC) 进行比较研究。最后，针对逆变器死区效应和电流采样误差引起的周期性扰动，分别在电流环和转速环中设计永磁同步电机双环预测控制器，并给出其参数整定方法，从频域角度分析双环预测控制器的解耦性能，并对双环预测控制器和传统并联型谐振控制器进行比较研究。

7.1　永磁同步电机周期性扰动特性分析

为了选择合适的控制器对永磁同步电机周期性扰动进行有效抑制，需要对不同类型的周期性扰动特性进行详尽分析。本节依次分析逆变器死区效应、电流采样误差、磁链谐波等非理想因素引入的周期性扰动特性，为周期性扰动抑制控制器的设计奠定理论基础。

7.1.1　逆变器死区效应引入的周期性扰动特性分析

在逆变器开关管的开关过程中，由于存在一定的开关切换时间，需要设置一段死区时间来确保在任何时刻同一桥臂的上下两个开关管中至多只有一个处于导通状态。用 $u_{x\mathrm{N}}$ 表示逆变器某一支路的中性点和地之间的电压，那么逆变器死区效应引起的电压畸变量 $\Delta u_{x\mathrm{N}}$ 可以表示为

$$\Delta u_{x\mathrm{N}} = -\mathrm{sgn}(i_x)\frac{T_{\mathrm{d}}}{T_{\mathrm{s}}}U_{\mathrm{dc}} \tag{7-1}$$

式中，U_{dc} 为直流母线电压；$i_x\ (x=\mathrm{a,b,c})$ 为相电流；$\mathrm{sgn}(i_x)$ 是符号函数，表示 i_x 的方向；T_{s} 为采样周期；T_{d} 为死区时间。

基于 $\Delta u_{x\mathrm{N}}$ 和三相电流的方向，可以将三相平均畸变电压表示为

$$\begin{aligned}\Delta u_{\mathrm{a}} &=|\Delta u_{x\mathrm{N}}|\frac{2\mathrm{sgn}(i_{\mathrm{a}})-\mathrm{sgn}(i_{\mathrm{b}})-\mathrm{sgn}(i_{\mathrm{c}})}{3}\\ \Delta u_{\mathrm{b}} &=|\Delta u_{x\mathrm{N}}|\frac{2\mathrm{sgn}(i_{\mathrm{b}})-\mathrm{sgn}(i_{\mathrm{c}})-\mathrm{sgn}(i_{\mathrm{a}})}{3}\\ \Delta u_{\mathrm{c}} &=|\Delta u_{x\mathrm{N}}|\frac{2\mathrm{sgn}(i_{\mathrm{c}})-\mathrm{sgn}(i_{\mathrm{a}})-\mathrm{sgn}(i_{\mathrm{b}})}{3}\end{aligned} \tag{7-2}$$

式中，Δu_{a}、Δu_{b} 和 Δu_{c} 为三相平均畸变电压。

对式 (7-2) 进行坐标变换，可以得到两相静止坐标系中的平均畸变电压 Δu_{α} 和 Δu_{β}，如图 7-1 所示。

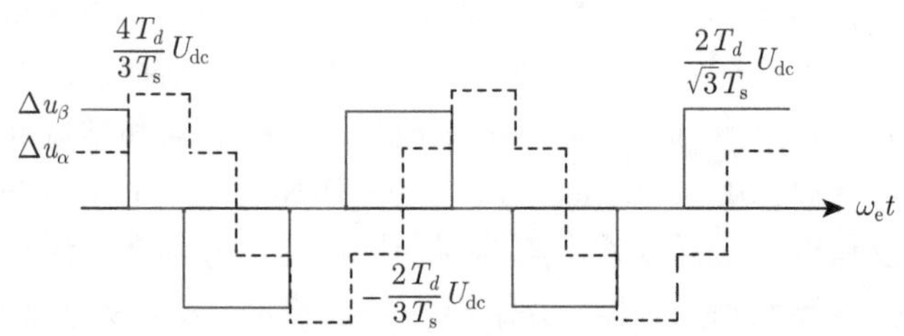

图 7-1　两相静止坐标系中的平均畸变电压

通过傅里叶变换，Δu_{α} 和 Δu_{β} 可以表示为

$$\begin{aligned}\Delta u_{\alpha} &=\frac{4}{\pi}|\Delta U_{x\mathrm{N}}|\sum_{k=1}^{\infty}\left\{\frac{\sin[(6k-5)\omega_0 t]}{6k-5}+\frac{\sin[(6k-1)\omega_0 t]}{6k-1}\right\}\\ \Delta u_{\beta} &=\frac{4}{\pi}|\Delta U_{x\mathrm{N}}|\sum_{k=1}^{\infty}\left\{-\frac{\cos[(6k-5)\omega_0 t]}{6k-5}+\frac{\cos[(6k-1)\omega_0 t]}{6k-1}\right\}\end{aligned} \tag{7-3}$$

通过坐标变换，可得两相旋转坐标系中的平均畸变电压 Δu_d 和 Δu_q，即

$$\begin{aligned}\Delta u_d &=\frac{4}{\pi}|\Delta U_{x\mathrm{N}}|\sum_{k=1}^{\infty}\frac{12k\sin(6k\omega_0 t)}{36k^2-1}\\ \Delta u_q &=\frac{4}{\pi}|\Delta U_{x\mathrm{N}}|\left(-1+\sum_{k=1}^{\infty}\frac{2\cos(6k\omega_0 t)}{36k^2-1}\right)\end{aligned} \tag{7-4}$$

假设平均畸变电压作用下的等效阻抗为

$$Z_{6g}=\sqrt{R_{\mathrm{s}}^2+(6g\omega_0 L_{\mathrm{s}})^2} \tag{7-5}$$

则两相旋转坐标系中的平均畸变电流 Δi_d 和 Δi_q 可以表示为

$$\begin{aligned}\Delta i_d =& \frac{4}{\pi}|\Delta u_{x\mathrm{N}}|\sum_{g=1}^{\infty}\frac{12g\sin(6g\omega_0 t-\phi_{6g})}{(36g^2-1)Z_{6\mathrm{g}}}\\ \Delta i_q =& \frac{4}{\pi}|\Delta u_{x\mathrm{N}}|\left[-\frac{1}{R_\mathrm{s}}+\sum_{g=1}^{\infty}\frac{2\cos(6g\omega_0 t-\phi_{6g})}{(36g^2-1)Z_{6g}}\right]\end{aligned} \tag{7-6}$$

式中

$$\phi_{6g}=\arctan\frac{6g\omega_0 L_\mathrm{s}}{R_\mathrm{s}},\quad g=1,2,\cdots \tag{7-7}$$

式 (7-6) 表明，由于逆变器死区效应的存在，电流环受周期性扰动的影响存在六倍频的谐波。这些谐波将进一步引起周期性转矩脉动，导致永磁同步电机转速波动、机械组件磨损增加，以及电机寿命减少。这些不利影响在电机的低速工况下更加明显，因此逆变器死区效应引起的六倍频谐波成为电流环扰动抑制控制器设计的主要抑制目标。

7.1.2 电流采样误差引入的周期性扰动特性分析

在永磁同步电机驱动系统中，定子电流的采样误差可能引起周期性转矩脉动[90]。一般情况下，通过电流传感器对永磁同步电机的三相定子电流进行采样，然后基于模数转换获得数字信号。在此过程中，由于存在采样电阻的阻值随温度发生变化、传感器供电电压不平衡和某些设备中出现零电压漂移等不利因素的影响，定子电流的测量值和实际值存在偏置误差和比例误差。对于定子绕组星形连接的永磁同步电机只需要采样两相电流，因此，后续分析仅在 A 相和 B 相中考虑采样误差。A 相和 B 相的测量电流可以表示为

$$i'_\mathrm{a}=k_\mathrm{a}i_\mathrm{a}+\Delta i_\mathrm{a},\quad i'_\mathrm{b}=k_\mathrm{b}i_\mathrm{b}+\Delta i_\mathrm{b} \tag{7-8}$$

式中，i'_a 和 i'_b 为 A 相和 B 相的测量电流；k_a 和 k_b 为相应的比例误差系数；Δi_a 和 Δi_b 为相应的直流偏置误差。

在两相旋转坐标系中，d 轴电流 i'_d 和 q 轴电流 i'_q 可以表示为

$$i'_d=i_d+\Delta i_d,\quad i'_q=i_q+\Delta i_q \tag{7-9}$$

式中，i'_d 和 i'_q 为 d 轴和 q 轴电流的等效测量值；Δi_d 和 Δi_q 为 d 轴和 q 轴电流畸变量。

为了直观说明电流采样误差的影响，分别分析偏置误差和比例误差单独存在时的情况。假设 $k_{\rm a}=k_{\rm b}=1$，Δi_d 和 Δi_q 的推导计算结果为

$$\begin{aligned}\Delta i_d &= \Delta i_{\rm a}\cos(\omega_0 t)+\frac{\sqrt{3}}{3}(\Delta i_{\rm a}+2\Delta i_{\rm b})\sin(\omega_0 t)\\&=\frac{2}{\sqrt{3}}\left[\frac{\sqrt{3}}{2}\Delta i_{\rm a}\cos(\omega_0 t)+\left(\frac{1}{2}\Delta i_{\rm a}+\Delta i_{\rm b}\right)\sin(\omega_0 t)\right]\\&=\frac{2}{\sqrt{3}}\sqrt{\Delta i_{\rm a}^2+\Delta i_{\rm a}\Delta i_{\rm b}+\Delta i_{\rm b}^2}\sin(\omega_0 t+\alpha)\\\Delta i_q &= \frac{\sqrt{3}}{3}(\Delta i_{\rm a}+2\Delta i_{\rm b})\cos(\omega_0 t)-\Delta i_{\rm a}\sin(\omega_0 t)\\&=\frac{2}{\sqrt{3}}\left[\left(\frac{1}{2}\Delta i_{\rm a}+\Delta i_{\rm b}\right)\cos(\omega_0 t)-\frac{\sqrt{3}}{2}\Delta i_{\rm a}\sin(\omega_0 t)\right]\\&=\frac{2}{\sqrt{3}}\sqrt{\Delta i_{\rm a}^2+\Delta i_{\rm a}\Delta i_{\rm b}+\Delta i_{\rm b}^2}\cos(\omega_0 t+\alpha)\end{aligned}\tag{7-10}$$

式中，$\alpha=\arctan[\sqrt{3}\Delta i_{\rm a}/(\Delta i_{\rm a}+2\Delta i_{\rm b})]$ 。

假设 $\Delta i_{\rm a}=\Delta i_{\rm b}=0$，且 $k_{\rm a}\neq k_{\rm b}$，Δi_d 和 Δi_q 的推导计算结果为

$$\begin{aligned}\Delta i_d &= \frac{\sqrt{3}}{3}[-\sqrt{3}(k_{\rm a}-1)I\cos^2(\omega_0 t)-(k_{\rm a}-1)I\sin(\omega_0 t)\cos(\omega_0 t)\\&\quad -2(k_{\rm b}-1)I\cos\left(\omega_0 t-\frac{2\pi}{3}\right)\sin(\omega_0 t)]\\&=\frac{\sqrt{3}}{3}(k_{\rm b}-k_{\rm a})\sin\left(2\omega_0 t+\frac{\pi}{3}\right)+\left(1-\frac{k_{\rm a}+k_{\rm b}}{2}\right)I\\\Delta i_q &= -\left(\frac{\sqrt{3}}{3}\cos(\omega_0 t)-\sin(\omega_0 t)\right)I(k_{\rm a}-1)\cos(\omega_0 t)\\&\quad -\frac{2\sqrt{3}}{3}\cos(\omega_0 t)I(k_{\rm b}-1)\cos\left(\omega_0 t-\frac{2\pi}{3}\right)\\&=\frac{\sqrt{3}}{3}(k_{\rm b}-k_{\rm a})I\cos\left(2\omega_0 t+\frac{\pi}{3}\right)+\frac{\sqrt{3}}{6}(k_{\rm b}-k_{\rm a})I\end{aligned}\tag{7-11}$$

式中，I 为相电流的幅值。

由此可得，在两相旋转坐标系中，当电流采样存在偏置和比例误差时，引起

的电流畸变 Δi_d 和 Δi_q 可以进一步写为

$$\begin{aligned}\Delta i_d &= \frac{2}{\sqrt{3}}\sqrt{\Delta i_{\mathrm{a}}^2+\Delta i_{\mathrm{a}}\Delta i_{\mathrm{b}}+\Delta i_{\mathrm{b}}^2}\sin(\omega_0 t+\alpha)\\&\quad+\frac{\sqrt{3}}{3}(k_{\mathrm{b}}-k_{\mathrm{a}})I\sin\left(2\omega_0 t+\frac{\pi}{3}\right)+\left(1-\frac{k_{\mathrm{a}}+k_{\mathrm{b}}}{2}\right)I\\\Delta i_q &= \frac{2}{\sqrt{3}}\sqrt{\Delta i_{\mathrm{a}}^2+\Delta i_{\mathrm{a}}\Delta i_{\mathrm{b}}+\Delta i_{\mathrm{b}}^2}\cos(\omega_0 t+\alpha)\\&\quad+\frac{\sqrt{3}}{3}(k_{\mathrm{b}}-k_{\mathrm{a}})I\cos\left(2\omega_0 t+\frac{\pi}{3}\right)+\frac{\sqrt{3}}{6}(k_{\mathrm{b}}-k_{\mathrm{a}})I\end{aligned} \tag{7-12}$$

由于电流采样反馈通道中存在如式 (7-12) 所示的周期性扰动，永磁同步电机的电磁转矩可以表示为

$$T_{\mathrm{e}}=\frac{3}{2}p\psi_{\mathrm{f}}i_q'=\frac{3}{2}p\psi_{\mathrm{f}}i_q+\frac{3}{2}p\psi_{\mathrm{f}}\Delta i_q \tag{7-13}$$

可以看出，电磁转矩会在频率 ω_0 和 $2\omega_0$ 处振荡，干扰转速环控制器，在速度环中产生一、二倍频谐波。如果没有采取合适的方法消除这些周期性扰动，当扰动频率落在转速环的控制带宽内时，永磁同步电机的转速会发生同频振荡。因此，电流采样误差引起的一、二倍频谐波是转速环扰动抑制控制器设计的主要抑制目标。

7.1.3　磁链谐波引入的周期性扰动特性分析

除逆变器死区效应和电流采样误差，磁链谐波和齿槽转矩也会在永磁同步电机中引入周期性扰动。本节首先考虑磁链谐波的影响，假设永磁体产生的磁链幅值恒定，由于磁路饱和及制作工艺的限制，实际电机中永磁体产生的磁链很难在气隙中呈理想正弦分布。在电机的旋转运行中，永磁体磁链的非正弦分布会引入周期性扰动。当永磁同步电机的定子绕组为三角形连接时，A 相永磁体磁链可以表示为

$$\psi_{\mathrm{m,A}}=\psi_{\mathrm{m,1}}\cos(\omega_0 t)+\psi_{\mathrm{m,3}}\cos(3\omega_0 t)+\psi_{\mathrm{m,5}}\cos(5\omega_0 t)+\cdots \tag{7-14}$$

式中，$\psi_{\mathrm{m,1}}$ 表示磁链基波的幅值；下标 3 和 5 分别表示对应的谐波次数。

假设负载对称分布，B 和 C 相永磁体磁链可采用同样的方法表示。如果定子绕组为星形连接且没有中性线时，永磁体磁链中不存在三倍频谐波，五、七倍频谐波占主要成分。

根据 A、B、C 三相永磁体磁链表达式，可得两相旋转坐标系中的永磁体磁链，即

$$\begin{aligned}\psi_{\mathrm{m},d} &= \psi_{\mathrm{m},0} + \psi_{b,6}\cos(6\omega_0 t) + \psi_{d,12}\cos(12\omega_0 t) + \cdots \\ \psi_{\mathrm{m},q} &= \psi_{q,6}\cos(6\omega_0 t) + \psi_{q,12}\cos(12\omega_0 t) + \cdots\end{aligned} \tag{7-15}$$

式中，$\psi_{\mathrm{m},0}$ 为磁链的直流分量。

为了抑制磁链谐波，通常需要在永磁同步电机控制系统中设计电流环扰动抑制控制器。

此外，永磁同步电机中由定子磁阻和转子磁链相互作用产生的齿槽转矩也会引入周期性扰动。根据傅里叶变换，单个齿槽产生的齿槽转矩可以表示为

$$T_{\mathrm{sc}} = \sum_{h=1}^{\infty} T_{\mathrm{sc,h}} \sin(2ph\omega_0 t) \tag{7-16}$$

式中，$T_{\mathrm{sc,h}}$ 为 h 次齿槽转矩谐波的幅值。

假设定子齿槽的数量为 N_{s}，当 $2p/N_{\mathrm{s}}$ 为整数时，N_{s} 个齿槽产生的合成齿槽转矩可以表示为

$$T_{\mathrm{cog}} = \sum_{h=1}^{\infty} N_{\mathrm{s}} T_{\mathrm{sc,h}} \sin(N_{\mathrm{c}} h\omega_0 t) \tag{7-17}$$

式中，N_{c} 为 $2p$ 和 N_{s} 之间的最小公倍数。

如果 $2p/N_{\mathrm{s}}$ 不是整数，那么合成齿槽转矩可以表示为

$$T_{\mathrm{cog}} = \sum_{k=1}^{\infty} N_{\mathrm{s}} T_{\mathrm{sc,h}}\Big|_{h=N_{\mathrm{s}}k/c} \sin(N_{\mathrm{c}} k\omega_0 t) \tag{7-18}$$

式中，$c = 2pN_{\mathrm{s}}/N_{\mathrm{c}}$。

当齿槽转矩的频率与定子或转子的机械共振频率相同时，齿槽转矩产生的振动和噪声将被放大。此外，齿槽转矩对速度控制应用中的低速性能和位置控制应用中的高精度定位会产生负面影响。通过采用极靴和斜槽等机械优化设计方法可以减小齿槽转矩，但是在抑制齿槽转矩的同时会导致电磁转矩的平均值降低和转矩脉动增大。因此，齿槽转矩引起的周期性扰动是转速环扰动抑制控制器设计的主要抑制目标。

7.2 基于传统控制器的周期性扰动抑制方法分析

针对不同类型的周期性扰动，可以基于内部模型原理将扰动模型嵌入控制结构中，以生成相应的输入信号补偿周期性扰动。重复控制器、谐振控制器和迭代

学习控制器是三种典型的基于内部模型原理设计的控制器，可以在周期性扰动的频率处获得较高增益，实现对周期性扰动的精确抑制。

7.2.1 基于重复控制器的周期性扰动抑制方法与特性

1981 年，Hara 等基于内部模型原理首次设计出重复控制器，通过将重复信号模型嵌入闭环控制系统，将外部输入信号送入重复控制器，以同时抑制周期性扰动的所有谐波分量，实现对参考信号的零误差跟踪。由于具有实现简单且对系统参数的依赖性较低等优点，重复控制器已广泛应用于永磁同步电机及各种工业应用中的周期性扰动抑制。

1. 传统重复控制器

连续域下的传统重复控制器可以表示为

$$G_{\mathrm{rc}}(s)=\frac{k_{\mathrm{rc}}\mathrm{e}^{-sT_0}}{1-\mathrm{e}^{-sT_0}}\mathrm{e}^{sT_{\mathrm{c}}} \tag{7-19}$$

式中，T_0 为基波周期；T_{c} 为相位超前补偿时间；k_{rc} 为重复控制器的控制增益。

根据指数函数的性质，式 (7-19) 可以进一步扩展为

$$G_{\mathrm{rc}}(s)=\left[-\frac{k_{\mathrm{rc}}}{2}+\frac{k_{\mathrm{rc}}}{T_0 s}+\frac{2k_{\mathrm{rc}}}{T_0}\sum_{h=1}^{\infty}\underbrace{\frac{s}{s^2+(h\omega_0)^2}}_{1/6h}\right]\mathrm{e}^{sT_{\mathrm{c}}} \tag{7-20}$$

式中，h 为周期性扰动的谐波次数。

可以看出，传统重复控制器可以等效为一个负比例系数、一个积分项和所有谐波频率 (即整个内部模型) 的多个谐振控制器的并联组合。根据欧拉公式，当 $s=\mathrm{j}\omega$ 时，传统重复控制器的开环增益在周期性输入信号或周期性扰动信号的所有频率下均为无穷大。此外，内部模型原理表明，如果控制系统本身稳定，周期性输入信号或周期性扰动信号不会出现稳态误差。

根据拉普拉斯逆变换，式 (7-19) 可以重写为

$$G_{\mathrm{rc}}(s)=\left[-\frac{k_{\mathrm{rc}}}{2}+\frac{k_{\mathrm{rc}}}{T_0 s}+\frac{2k_{\mathrm{rc}}}{T_0}\sum_{h=1}^{\infty}\frac{s\cos(h\omega_0T_{\mathrm{c}})-h\omega_0\sin(h\omega_0T_{\mathrm{c}})}{s^2+(h\omega_0)^2}\right]\mathrm{e}^{sT_{\mathrm{c}}} \tag{7-21}$$

可以看出，传统重复控制器的收敛速度与控制增益 k_{rc} 成正比，并且每个谐波分量具有相同的控制增益。因此，无法通过单独调整每个谐波分量的控制增益改善传统重复控制器的瞬态性能。其收敛速度通常较慢。此外，传统重复控制器

的负比例项呈现负调节特性，在控制过程中需要 N 个或更多的存储空间。这是造成其收敛速度较慢的原因。

在实际应用中，传统重复控制器在谐振频率处的开环增益无穷大，因此控制环路的带宽受到限制。这可能会影响系统的稳定性。为了提高系统稳定性，同时增强频率变化时的鲁棒性，可以将式 (7-19) 修改为

$$G_{\mathrm{rc}}(s)=\frac{k_{\mathrm{rc}}Q(s)\mathrm{e}^{-sT_0}}{1-Q(s)\mathrm{e}^{-sT_0}}\mathrm{e}^{sT_{\mathrm{c}}} \tag{7-22}$$

式中，$Q(s)$ 可根据不同情况选择小于 1 的常数、低通滤波器、梳型滤波器。

由于式 (7-22) 中的纯延迟 e^{-sT_0} 难以通过模拟设备实现，因此通常对其进行数字处理。在这种情况下，离散域下的传统重复控制器可以表示为

$$G_{\mathrm{rc}}(z)=\frac{k_{\mathrm{rc}}Q(z)z^{-N}}{1-Q(z)z^{-N}}G_{\mathrm{f}}(z) \tag{7-23}$$

式中，$N=T_0/T_{\mathrm{s}}$ 为每个周期内的采样数；$G_{\mathrm{f}}(z)$ 为相位超前补偿器；$Q(z)$ 为低通滤波器，当 $|Q(\mathrm{e}^{\mathrm{j}\omega})|\leqslant 1$ 时，可以抑制采样过程中产生的低频噪声，但是不能处理高频信号。

为了解决这个问题，可以在传统重复控制器中引入不包含频率截止的卡尔曼滤波器，从而有效地消除任何频率的噪声。

由式 (7-23) 可以看出，传统重复控制器包含一个周期信号发生器，可以表示为

$$G_{\mathrm{r}}(z)=\frac{z^{-N}}{1-z^{-N}}=\frac{1}{z^N-1} \tag{7-24}$$

离散域下基于传统重复控制器的扰动抑制框图如图 7-2 所示。

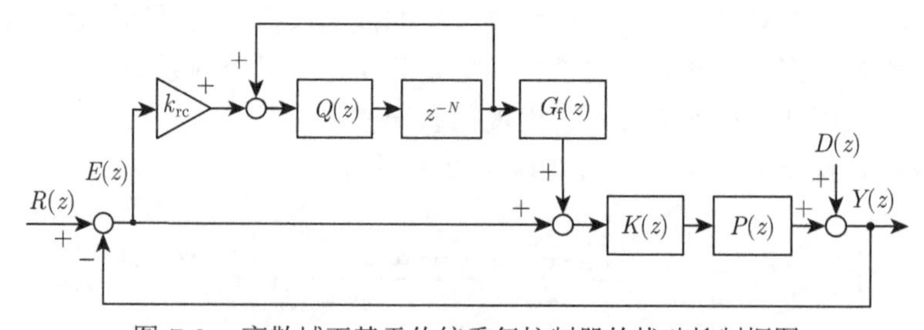

图 7-2 离散域下基于传统重复控制器的扰动抑制框图

图中，$R(z)$ 为参考信号，$Y(z)$ 为输出信号，$D(z)$ 为扰动信号，$E(z)=R(z)-Y(z)$ 为跟踪误差，$P(z)$ 为被控对象，$K(z)$ 为主控制器。当闭环控制系统不包含

重复控制器时，主控制器可以保证闭环控制系统的稳定性。根据图 7-2，闭环控制系统的传递函数可以表示为

$$\frac{Y(z)}{R(z)}=\frac{[1-Q(z)z^{-N}(1-k_{\rm rc}G_{\rm f}(z))]H(z)}{1-Q(z)z^{-N}(1-k_{\rm rc}G_{\rm f}(z)H(z))} \tag{7-25}$$

式中，$H(z)=K(z)P(z)/(1+K(z)P(z))$。

如果 $1+K(z)P(z)=0$ 的根都在单位圆内且满足式 (7-26)，则该闭环控制系统可以保证稳定性，即

$$|Q(z)(1-k_{\rm rc}G_{\rm f}(z)H(z))|<1,\quad z={\rm e}^{{\rm j}\omega},0<\omega<\frac{\pi}{T_{\rm s}} \tag{7-26}$$

根据式 (7-26)，控制增益 $k_{\rm rc}$ 需要满足以下条件，即

$$0<k_{\rm rc}<\frac{2\cos(\theta_{\rm h}(\omega)+\theta_{\rm f}(\omega)-\theta_q(\omega))}{N_{\rm h}({\rm e}^{{\rm j}w})N_{\rm f}({\rm e}^{{\rm j}\omega})} \tag{7-27}$$

式中

$$\begin{aligned}H({\rm e}^{{\rm j}w})=&N_{\rm h}(\omega){\rm e}^{{\rm j}\theta_h(\omega)},\quad N_{\rm h}(\omega)>0\\G_{\rm f}({\rm e}^{{\rm j}w})=&N_{\rm f}(\omega){\rm e}^{{\rm j}\theta_f(\omega)},\quad N_{\rm f}(\omega)>0\\Q({\rm e}^{{\rm j}w})=&N_q(\omega){\rm e}^{{\rm j}\theta_q(\omega)},\quad 0<N_q(\omega)\leqslant 1\end{aligned} \tag{7-28}$$

如果 $G_{\rm f}(z)H(z)=1$，$Q(z)=1$，ω 低于奈奎斯特频率，式 (7-27) 可以改写为

$$0<k_{\rm rc}<2 \tag{7-29}$$

可以看出，当 $G_{\rm f}(z)H(z)=1$ 时，$\theta_{\rm h}(\omega)+\theta_{\rm f}(\omega)=0$，即实现了闭环控制系统的零相位补偿，扩大了 $k_{\rm rc}$ 的稳定范围。在这种情况下，可以改善闭环控制系统的瞬态响应，同时降低闭环控制系统的设计复杂度。

2. 针对收敛速度的改进重复控制器

为了改善传统重复控制器的瞬态性能，提高其收敛速度，人们基于传统重复控制器做了不同的修改。在周期性扰动主要包括奇次谐波分量的情况下，一些学者提出奇次重复控制器，以节省控制资源、减少存储空间并提高收敛速度[91]。根据式 (7-24)，奇次重复控制器的周期信号发生器可以表示为

$$G_{\rm r}(z)=-\frac{1}{z^{\frac{N}{2}}+1} \tag{7-30}$$

式中，$N/2$ 为奇数。

奇次周期信号发生器的极点可以表示为

$$z=\mathrm{e}^{\mathrm{j}(2k'+1)\frac{2\pi}{NT_{\mathrm{s}}}},\quad k'=0,1,\cdots,N/2-1 \tag{7-31}$$

与式 (7-24) 中传统的周期信号发生器相比，奇次周期信号发生器去除了所有偶次谐波极点 $4k'\pi/NT_{\mathrm{s}}$，只对频率为 $(2k'+1)2\pi/NT_{\mathrm{s}}$ 的周期性扰动有抑制作用。

基于奇次重复控制器的扰动抑制框图如图 7-3 所示。

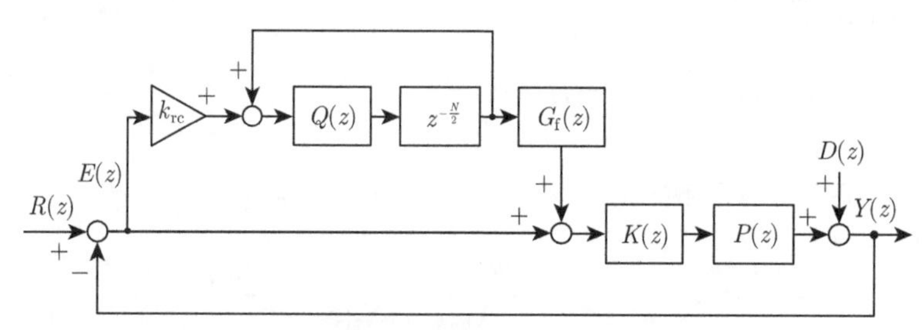

图 7-3 基于奇次重复控制器的扰动抑制框图

奇次重复控制器的传递函数可以表示为

$$G_{\mathrm{rc}}(z)=k_{\mathrm{rc}}\frac{-Q(z)z^{-\frac{N}{2}}}{1+Q(z)z^{-\frac{N}{2}}}G_{\mathrm{f}}(z) \tag{7-32}$$

因此，闭环系统的传递函数可以表示为

$$\frac{Y(z)}{R(z)}=\frac{[1+Q(z)z^{-\frac{N}{2}}(1-k_{\mathrm{rc}}G_{\mathrm{f}}(z))]H(z)}{1+Q(z)z^{-\frac{N}{2}}(1-k_{\mathrm{rc}}G_{\mathrm{f}}(z)H(z))} \tag{7-33}$$

$D(z)$ 到 $Y(z)$ 的传递函数可以表示为

$$\frac{Y(z)}{D(z)}=\frac{1+Q(z)z^{-\frac{N}{2}}}{1+K(z)P(z)}\cdot\frac{1}{1+Q(z)z^{-\frac{N}{2}}(1-k_{\mathrm{rc}}G_{\mathrm{f}}(z)H(z))} \tag{7-34}$$

奇次重复控制器的稳定性条件与传统重复控制器的稳定性条件相同。在两种控制方案的 $Q(z)$、$G_{\mathrm{f}}(z)$ 和 $H(z)$ 都相等的情况下，两种控制方案 k_{rc} 的稳定性范围也相同。

在奇次重复控制器的作用下，偶次谐波中存在残差。这些残差可能被放大，导致系统性能下降，如引起变压器和电感器的饱和。为了解决这个问题，学者提出一种基于双模结构重复控制器的扰动抑制方法，其中奇次周期信号发生器和偶次周期信号发生器并联连接。基于双模结构重复控制器的扰动抑制框图如图 7-4 所示。

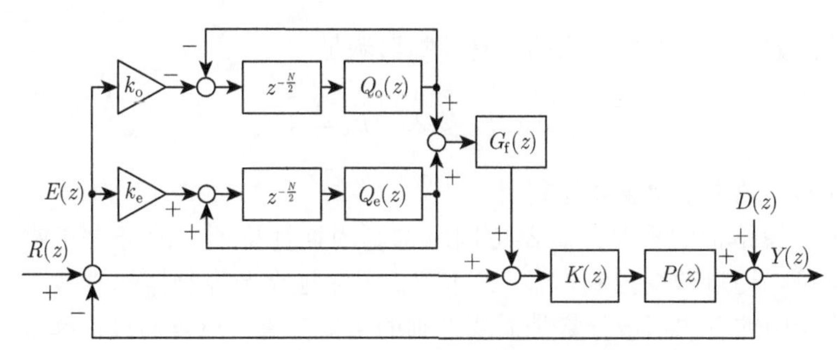

图 7-4 基于双模结构重复控制器的扰动抑制框图

图中，$Q_{\mathrm{o}}(z)$ 和 $Q_{\mathrm{e}}(z)$ 分别是用于奇次周期信号发生器和偶次周期信号发生器的低通滤波器，k_{o} 和 k_{e} 表示相应的控制增益。

类似于式 (7-32)，离散域下基于双模结构的重复控制器可以表示为[92]

$$G_{\mathrm{rc}}(z)=\left(k_{\mathrm{o}}\frac{-z^{-\frac{N}{2}}Q_{\mathrm{o}}(z)}{1+z^{-\frac{N}{2}}Q_{\mathrm{o}}(z)}+k_{\mathrm{e}}\frac{z^{-\frac{N}{2}}Q_{\mathrm{e}}(z)}{1-z^{-\frac{N}{2}}Q_{\mathrm{e}}(z)}\right)G_{\mathrm{f}}(z) \tag{7-35}$$

在理想条件下，$G_{\mathrm{f}}(z)$ 等于 $1/H(z)$。在实际应用中，由于模型的不确定性和负载变化，$H(z)$ 不再准确。因此，$G_{\mathrm{f}}(z)$ 的传递函数可重写为

$$G_{\mathrm{f}}(z)=U_{\mathrm{f}n}(z)(1+\varDelta(z)) \tag{7-36}$$

式中

$$\begin{aligned}U_{\mathrm{f}n}(z)H(z)&=1\\|\varDelta(\mathrm{e}^{\mathrm{j}\omega})|&\leqslant\varepsilon\end{aligned} \tag{7-37}$$

$\varDelta(z)$ 表示模型不确定性和负载变化；$\varepsilon>0$。

为保持闭环系统稳定，k_{o} 和 k_{e} 的范围需要满足

$$k_{\mathrm{o}}\geqslant 0,k_{\mathrm{e}}\geqslant 0,\quad 0<k_{\mathrm{o}}+k_{\mathrm{e}}<2 \tag{7-38}$$

如果基于双模结构的重复控制器满足

$$Q_{\mathrm{o}}(z)=Q_{\mathrm{e}}(z)=\sqrt{Q(z)},\quad k_{\mathrm{o}}=k_{\mathrm{e}}=\frac{k_{\mathrm{rc}}}{2} \tag{7-39}$$

则该控制器等效于传统重复控制器。

此外，如果基于双模结构的重复控制器满足

$$0 < k_{\mathrm{o}} < 2, \quad k_{\mathrm{e}} = 0 \tag{7-40}$$

则该控制器等效于奇次重复控制器。

基于双模结构的重复控制器可同时抑制周期性扰动中的奇次和偶次谐波分量，并且可以通过改变控制增益 k_{o} 和 k_{e} 灵活地调节控制器的收敛速度。如果周期性扰动中的奇次谐波分量是需要抑制的主要分量，可以通过选择 $k_{\mathrm{o}} > k_{\mathrm{e}}$ 提高收敛速度；反之，当周期性扰动中的偶次谐波分量是需要抑制的主要分量，则选择 $k_{\mathrm{o}} < k_{\mathrm{e}}$。

传统重复控制器至少需要 N 个存储单元，其输入和输出之间的延迟时间是 N 个采样周期，而奇次重复控制器和基于双模结构的重复控制器仅需要 $N/2$ 个存储单元，相应的延迟时间减少一半。因此，与传统重复控制器相比，奇次重复控制器和基于双模结构的重复控制器收敛速度可达到传统重复控制器的两倍。此外，奇次重复控制器只能消除奈奎斯特频率以下的奇次谐波分量，而基于双模结构的重复控制器可以同时消除奇次和偶次谐波分量，其跟踪精度远高于奇次重复控制器。

此外，在永磁同步电机驱动系统中，晶闸管逆变器或二极管功率逆变器等各种六脉冲桥式逆变器会产生 5 次、7 次、11 次、13 次等谐波分量。为了满足这些应用中的周期性扰动抑制需求，一些专家学者提出 $6h \pm 1$ 次重复控制器，它可以选择性地补偿周期性扰动的 $6h \pm 1$ 次谐波分量。通过将传统重复控制器的基本周期减小到 $T_0/6$，谐波角频率可以增加到原来的六倍，即 $6h\omega_0$。理想的 $6h \pm 1$ 次重复控制器可以表示为

$$G_{6h\pm1}(s) = \frac{1 - \mathrm{e}^{-2\tau_{\mathrm{d}}s}}{1 + \mathrm{e}^{-2\tau_{\mathrm{d}}s} - \mathrm{e}^{-\tau_{\mathrm{d}}s}} = \frac{2\sinh(\tau_{\mathrm{d}}s)}{2\cosh(\tau_{\mathrm{d}}s) - 1} = \frac{\tau_{\mathrm{d}}s \sum\limits_{h=1}^{\infty} \left[\dfrac{s^2}{(3h)^2\omega_0^2} + 1\right]}{\sum\limits_{h=-\infty}^{\infty} \left[\dfrac{s^2}{(6h+1)^2\omega_0^2} + 1\right]} \tag{7-41}$$

式中，$\tau_{\mathrm{d}} = T_0/6 = \pi/(3\omega_0)$ 为延迟时间。

理想的 $6h \pm 1$ 次重复控制器零点是 $\pm \mathrm{j}3h\omega_0$，极点是 $\pm \mathrm{j}(6h+1)\omega_0$。为了限制零点和极点处的无穷大增益，改善系统稳定性，可以在式 (7-41) 中增加控制增益 k_{6h}，即

$$G_{6h\mp1}(s) = \frac{1 - k_{6h}^2\mathrm{e}^{-2\tau_{\mathrm{d}}s}}{1 + k_{6h}^2\mathrm{e}^{-2\tau_{\mathrm{d}}s} - k_{6h}\mathrm{e}^{-\tau_{\mathrm{d}}s}} \tag{7-42}$$

式中，$0 < k_{6h} < 1$。

随着 k_{6h} 的减少，零点和极点处的带宽相应增加，频率变化时的鲁棒性也随之增加。

此外，为了抑制采样过程中产生的噪声，可以在式 (7-42) 中引入低通滤波器。基于 $6h\pm1$ 次重复控制器的扰动抑制框图如图 7-5 所示。

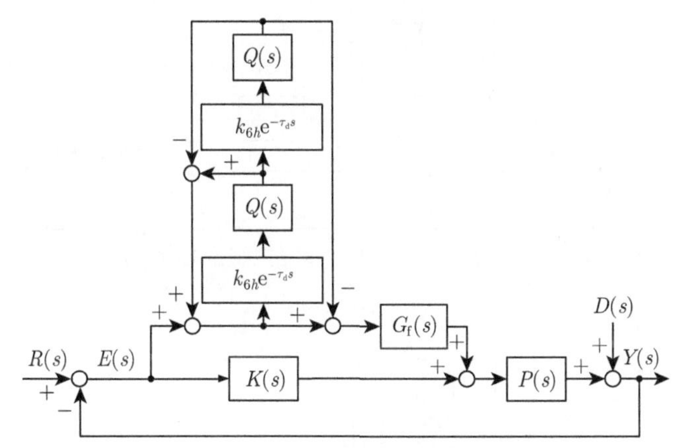

图 7-5 基于 $6h\pm1$ 次重复控制器的扰动抑制框图

其传递函数可以表示为

$$G_{6h\pm1}(s)=\frac{1-k_{6h}^2Q(s)^2\mathrm{e}^{-2\tau_\mathrm{d}s}}{1+k_{6h}^2Q(s)^2\mathrm{e}^{-2\tau_\mathrm{d}s}-k_{6h}Q(s)\mathrm{e}^{-\tau_\mathrm{d}s}} \tag{7-43}$$

$6h\pm1$ 次重复控制器的瞬态响应速度是传统重复控制器的六倍。由于 k_{6h} 和 $Q(s)$ 的存在，谐波频率处发生相移，会对控制系统的稳定性产生负面影响。为了消除相移，一些学者提出一种改进的 $6h\pm1$ 次重复控制器。基于改进的 $6h\pm1$ 次重复控制器的扰动抑制框图如图 7-6 所示。

其传递函数可以表示为

$$G_{6h\pm1}(s)=\frac{1-k_1k_2Q(s)^2\mathrm{e}^{-2s(\tau_\mathrm{d}+\varepsilon)}}{1+k_1k_2Q(s)^2\mathrm{e}^{-2s(\tau_\mathrm{d}+\varepsilon)}-k_1Q(s)\mathrm{e}^{-s(\tau_\mathrm{d}+\varepsilon)}} \tag{7-44}$$

式中，ε 为增加的延迟时间；k_1 和 k_2 为控制增益，且 $0<k_1<1$，$0.5<k_2<1$。

但是，这种包含舍入过程的近似计算方法无法完全消除相移。为了解决这个问题，一些学者提出一种基于有限冲激响应滤波器的 $6h\pm1$ 次重复控制器，即用有限冲激响应滤波器代替低通滤波器，以便在每个谐波频率处完全消除相移。基于有限冲激响应滤波器的 $6h\pm1$ 次重复控制器框图如图 7-7 所示。

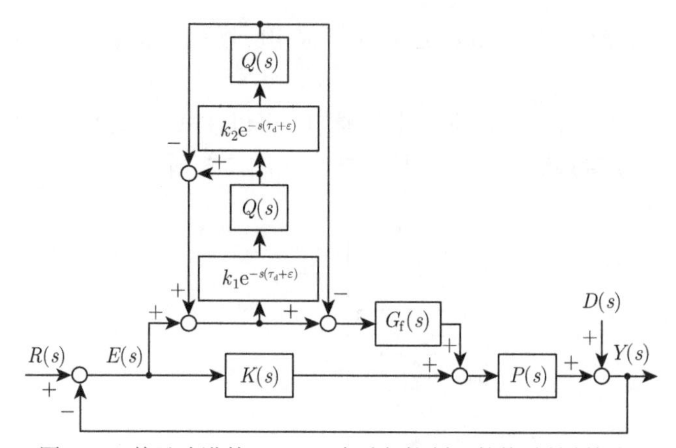

图 7-6　基于改进的 $6h\pm1$ 次重复控制器的扰动抑制框图

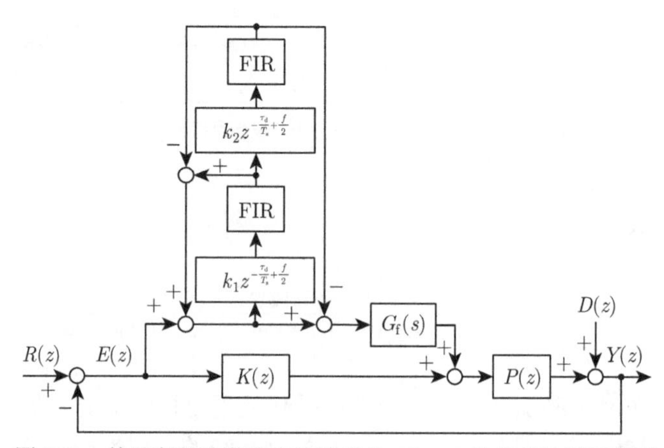

图 7-7　基于有限冲激响应滤波器的 $6h\pm1$ 次重复控制器框图

其传递函数可以表示为

$$G_{6h\pm1}(z)=\frac{1-k_1k_2z^{f-2\tau_{\mathrm{d}}/T_{\mathrm{s}}}F^2(z)}{1+k_1k_2z^{f-2\tau_{\mathrm{d}}/T_{\mathrm{s}}}F^2(z)-k_1z^{f/2-\tau_{\mathrm{d}}/T_{\mathrm{s}}}F(z)} \tag{7-45}$$

式中，f 为有限冲激响应滤波器 $F(z)$ 的阶数；$F(z)=\sum\limits_{k=0}^{f}F_kz^{-k}$，$F_k$ 是 z^{-k} 的系数。

此外，一些学者提出一种更灵活的 $nh\pm m(m=0,1,\cdots,n-1)$ 次重复控制器，以处理周期性扰动中的 $nh\pm m$ 次谐波分量。它包含奇次重复控制器和 $6h\pm1$ 次重复控制器，并为多种重复控制器提供通用公式。其控制框图如图 7-8 所示。

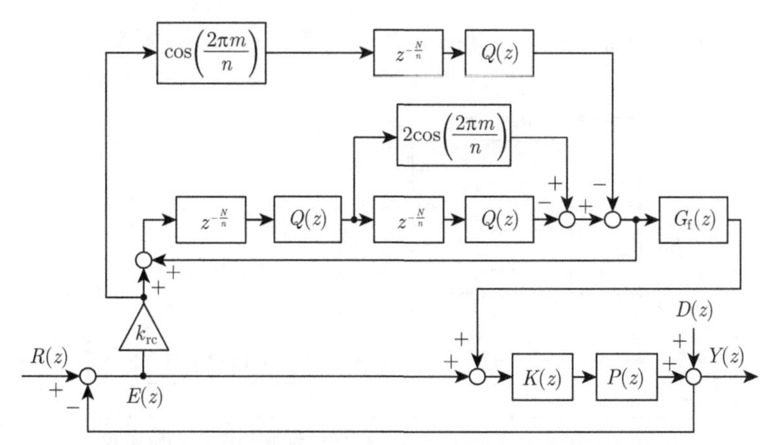

图 7-8 基于 $nh \pm m$ 次重复控制器的扰动抑制框图

$nh \pm m$ 次重复控制器可以表示为

$$G_{nm}(z) = k_{\mathrm{rc}} \frac{\cos\left(\dfrac{2\pi m}{n}\right) Q(z) z^{\frac{N}{n}} - Q^2(z)}{z^{\frac{2N}{n}} - 2\cos\left(\dfrac{2\pi m}{n}\right) Q(z) z^{\frac{N}{n}} + Q^2(z)} G_{\mathrm{f}}(z) \tag{7-46}$$

当 $n = 4$、$m = 1$ 时，$nh \pm m$ 次重复控制器变为奇次重复控制器。类似地，当 $n = 6$、$m = 1$ 时，$nh \pm m$ 次重复控制器变为 $6h \pm 1$ 次重复控制器。$nh \pm m$ 次重复控制器的稳定性条件与传统重复控制器的稳定性条件相同。

(1) $1 + K(z)P(z) = 0$ 的根在单位圆内。

(2) 当 $G_{\mathrm{f}}(z)H(z)$ 为一个常数时，$0 < k_{\mathrm{rc}} < 2$ 。

与传统重复控制器相比，$nh \pm m$ 次重复控制器占用更少的存储器。此外，由于其阶次是传统重复控制器的 $2/n$ 倍，因此在相同的控制增益 k_{rc} 下，$nh \pm m$ 次重复控制器的跟踪误差收敛速度是传统重复控制器的 $n/2$ 倍。$nh \pm m$ 次重复控制器仅能处理周期性扰动中的特定次谐波分量。为了同时处理多个谐波分量，学者提出通过并联多个 $nh \pm m$ 次重复控制器的混合谐波选择式重复控制器。其控制框图如图 7-9 所示。

传递函数可以表示为

$$\begin{aligned} G_{\mathrm{SHC}}(z) &= \sum_{m \in N_m} G_{nm}(z) \\ &= \sum_{m \in N_m} \frac{k_m \cos\left(\dfrac{2\pi m}{n}\right) Q(z) z^{\frac{N}{n}} - Q^2(z)}{z^{\frac{2N}{n}} - 2\cos\left(\dfrac{2\pi m}{n}\right) Q(z) z^{\frac{N}{n}} + Q^2(z)} G_{\mathrm{f}}(z) \end{aligned} \tag{7-47}$$

式中，$N_m \leqslant n/2$；k_m 为每个 $nh \pm m$ 次重复控制器的控制增益。

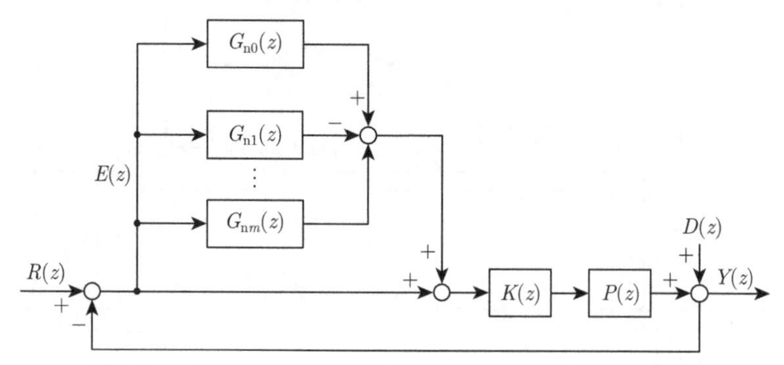

图 7-9 基于混合谐波选择式重复控制器的扰动抑制框图

类似地，混合谐波选择式重复控制系统的稳定性条件可以表示如下。

(1) $1 + K(z)P(z) = 0$ 的根在单位圆内。

(2) 当 $G_f(z)H(z)$ 为一个常数时，$0 < \sum\limits_{m \in N_m} k_m < 2$ 。

在混合谐波选择式重复控制器中，可以灵活地选择每个 k_m 以单独调节相应谐波分量，从而改善瞬态响应。当 $n = 4$、$m = 0, 1, 2$ 时，混合谐波选择式重复控制器等价于基于双模结构的重复控制器。

此外，为了改善传统重复控制器的瞬态性能，有学者还提出基于离散傅里叶变换的重复控制器。其控制框图如图 7-10 所示。

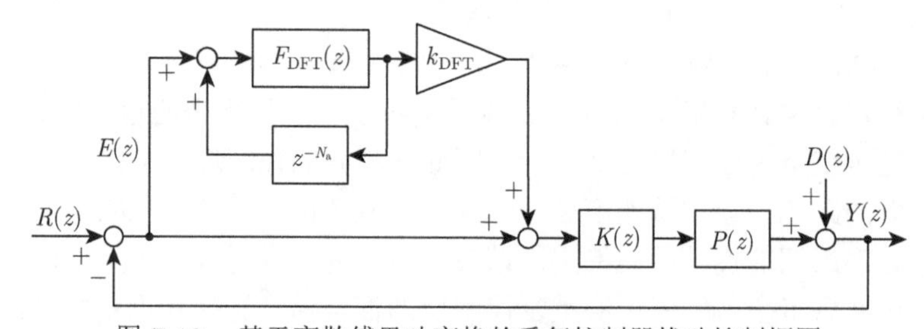

图 7-10 基于离散傅里叶变换的重复控制器扰动抑制框图

图中，k_{DFT} 为控制增益；$F_{DFT}(z)$ 为基于离散傅里叶变换的滤波器，可表示为

$$F_{DFT}(z) = \frac{2}{N} \sum_{t=0}^{N-1} \left\{ \sum_{h \in N_h} \cos \left[\frac{2\pi}{N} h(t + N_a) \right] \right\} z^{-t} \tag{7-48}$$

式中，t 表示采样索引；N_h 表示要补偿的谐波频率构成的数组；N_a 表示相位超前补偿的超前步数。

根据图 7-10，基于离散傅里叶变换的重复控制器可以表示为

$$G_{\mathrm{DFT}}(z)=\frac{k_{\mathrm{DFT}}F_{\mathrm{DFT}}(z)}{1-F_{\mathrm{DFT}}(z)z^{-N_{\mathrm{a}}}} \tag{7-49}$$

针对奇次谐波分量占主导的周期性扰动，有学者还提出一种基于离散傅里叶变换的改进重复控制器,通过使用 $N/2$ 个延迟单元减小瞬态响应时间。式 (7-48) 可以重写为

$$F'_{\mathrm{DFT}}(z)=\frac{4}{N}\sum_{i=0}^{\frac{N}{2}-1}\left\{\sum_{h\in N_h}\cos\left[\frac{2\pi}{N}h(i+N_{\mathrm{a}})\right]\right\}z^{-i} \tag{7-50}$$

与传统重复控制器不同，基于离散傅里叶变换的重复控制器可以实现对特定谐波分量的单独控制。通过改变 N_{a}，可以灵活地调整控制器的超前相位，而且其计算复杂度不会随着谐波次数的增加而增加。此外，在传统重复控制器中，通常需要滤波器 $Q(z)$ 来保证系统稳定性，但基于离散傅里叶变换的重复控制器中不再需要 $Q(z)$。这是因为基于离散傅里叶变换的重复控制器带宽较窄，仅选择性地抑制谐波分量，这不会影响系统相位裕度和增益裕度，因此不会影响系统的稳定性。

3. 针对频率变化的改进重复控制器

在永磁同步电机驱动系统中，随着转子转速的变化，周期性扰动的频率也会发生变化。在这种情况下，N 不再是整数，连续域下重复控制器的周期性扰动的抑制能力下降。此外，在数字控制系统中，离散域下的重复控制器只能通过单位延迟 z^{-1} 实现。当频率变化时，其不能有效抑制谐波次数为分数阶的周期性扰动。为了解决这个问题，一些学者提出基于可变采样率或固定采样率的改进重复控制器。

在基于可变采样率的改进重复控制器中，根据频率变化调整采样率，可以保证 N 不变，具有与频率恒定时相同的周期性扰动抑制能力[93]。但是，由于其需要实时监控周期性扰动的频率，因此对控制系统提出更高的要求。

在数字处理器中，重复控制器通常基于固定采样率实现。针对频率变化，学者广泛研究了基于固定采样率的改进重复控制器[94]。例如，一些学者提出一种基于有限冲激响应滤波器的改进重复控制器，通过改变滤波器的系数来补偿延迟的小数部分[95]，但是该控制器通常需要较低的截止频率，不能抑制高频周期性扰动[96]。为有效抑制任意频率的分数阶周期性扰动，一些学者提出具有固定采样率的分数阶重复控制器。其中，分数阶有限冲激响应滤波器用于近似分数延迟，即 $z^{-N}=z^{-N_{\mathrm{k}}-F}$，$N_{\mathrm{k}}=\mathrm{int}[N]$，$F=N-N_{\mathrm{k}}\ (0\leqslant F<1)$。通过拉格朗日插值，$z^{-F}$ 可以表示为

$$z^{-F} \approx \sum_{l=0}^{n} A_l z^{-l} \tag{7-51}$$

式中

$$A_l = \prod_{k=0,k\neq l}^{n} \frac{F-k}{l-k}, \quad l=0,1,\cdots,n \tag{7-52}$$

如果 $n=1$，式 (7-51) 可以表示为

$$z^{-F} \approx (1-F) + Fz^{-1} \tag{7-53}$$

基于分数阶重复控制器的扰动抑制框图如图 7-11 所示。

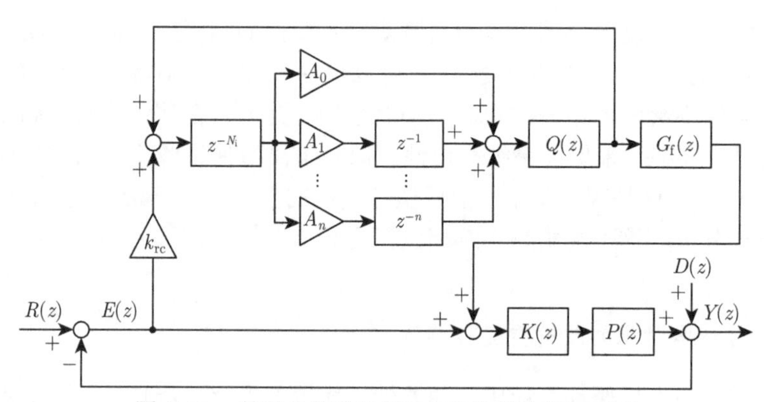

图 7-11 基于分数阶重复控制器的扰动抑制框图

分数阶重复控制器可以表示为[97]

$$G_{fr}(z) = k_{rc} \frac{z^{-N_k} \displaystyle\sum_{l=0}^{n} A_l z^{-l} Q(z)}{1 - z^{-N_k} \displaystyle\sum_{l=0}^{n} A_l z^{-l} Q(z)} G_f(z) \tag{7-54}$$

为了保证分数阶重复控制器的稳定性，必须满足以下两个条件。

(1) $1+K(z)P(z)=0$ 的根在单位圆内，此条件与传统重复控制器的稳定性条件相同。

(2) $1-z^{-N_k}\sum\limits_{l=0}^{n} A_l z^{-l} Q(z)(1-k_{rc}G_f(z)H(z))=0$ 的根在单位圆内，同时满足

$$|1-k_{rc}G_f(z)H(z)| < |Q(z)|^{-1} \left| \sum_{l=0}^{n} A_l z^{-l} \right|^{-1} \tag{7-55}$$

如果 $\left|\sum\limits_{l=0}^{n} A_l z^{-l}\right| \to 1$,即在滤波器 z^{-F} 的通带范围内,式 (7-55) 变成式 (7-26),这表示分数阶重复控制器的稳定性条件等价于传统重复控制器的稳定性条件。此外，针对基于单采样率的分数阶重复控制器，一些学者提出基于多采样率的分数阶重复控制器，通过灵活地选择采样频率，可以减少控制器的计算负担[98]。

为了获得频率自适应能力，一些学者还提出混合选择性谐波重复控制器，来抑制频率随不同工作条件变化的周期性扰动，保证更高的跟踪精度，可表示为

$$G_{\mathrm{SHC}}(z) = \sum_{m \in N_m} \frac{k_m \cos\left(\dfrac{2\pi m}{n}\right) Q(z) z^{N_{\mathrm{k}}+F} - Q^2(z)}{z^{2(N_{\mathrm{k}}+F)} - 2\cos\left(\dfrac{2\pi m}{n}\right) Q(z) z^{N_{\mathrm{k}}+F} + Q^2(z)} G_{\mathrm{f}}(z) \tag{7-56}$$

此外，当周期性扰动的频率发生变化时，基于离散傅里叶变换的重复控制器的周期性扰动抑制能力也会随之降低。但是，上述频率自适应控制方案不能用于基于离散傅里叶变换的重复控制器。为此，针对基于离散傅里叶变换的重复控制器，一些学者提出一种基于虚拟采样周期的频率自适应方案。当周期性扰动的频率改变时，虚拟采样周期也相应改变。在这种方法中，离散傅里叶变换滤波器的系数可以保持不变，在减轻计算负担的同时实现高精度的重复控制[99]。

7.2.2 基于谐振控制器的周期性扰动抑制方法与特性

重复控制器虽然可以同时抑制不同频率的周期性扰动，但其收敛速度通常很慢。为了解决这个问题，学者设计出基于内部模型原理的多谐振控制器，实现在抑制多频周期性扰动的同时，提高收敛速度的目标。

1. 传统谐振控制器

传统谐振控制器可以表示为

$$G_{\mathrm{MRSC}}(s) = \sum_{h=1}^{k} R_h(s) \tag{7-57}$$

式中，$R_h(s)$ 为单个谐振控制器，用于抑制 h 次周期性扰动。

可以看出，通过在多谐振控制器中嵌入多个 $R_h(s)$，以简单的方式同时抑制不同频率的周期性扰动，可实现具有选择性周期性扰动抑制的目的。例如，通过将两个 $R_h(s)(h=6,12)$ 嵌入电流控制环路中，可以有效抑制永磁同步电机定子电流中的 6 次谐波和 12 次谐波。与重复控制器的结构类似，在控制回路中，多谐振控制器可以与主控制器 $K(s)$ 串联。其扰动抑制框图如图 7-12 所示。

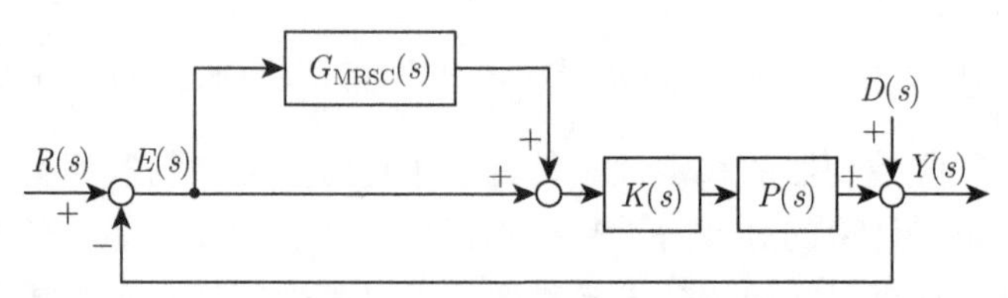

图 7-12 基于多谐振控制器与主控制器串联的扰动抑制框图

图中，并联谐振控制器中嵌入的 $R_h(s)$ 可以选择为二阶广义积分器、降阶广义积分器和矢量谐振控制器等。$K(s)$ 可以是任何类型的控制器，在实际应用中通常设置为比例增益。此外，多谐振控制器也可以与主控制器 $K(s)$ 并联。基于多谐振控制器与主控制器并联的扰动抑制框图如图 7-13 所示。

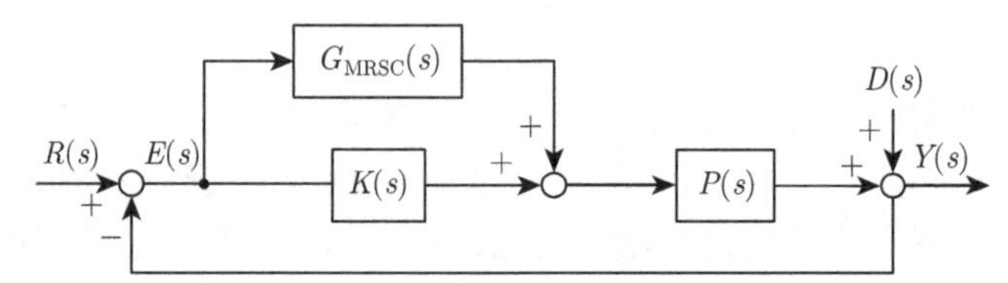

图 7-13 基于多谐振控制器与主控制器并联的扰动抑制框图

作为交流信号的积分器，理想的二阶广义积分器可以表示为

$$R_{\mathrm{SOGI}}(s)=k_{\mathrm{rs}}\frac{s}{s^2+\omega_h^2} \tag{7-58}$$

式中，k_{rs} 为控制增益；$\omega_h=h\omega_0$ 为谐振频率。

可以看出，理想的二阶广义积分器可以在谐振频率处产生无穷大的增益，以抑制谐振频率处的周期性扰动。但是，理想的二阶广义积分器在谐振频率处的带宽较窄，可能导致频率变化时的鲁棒性降低，使周期性扰动抑制能力随之降低。为了提高频率变化时的鲁棒性，学者提出准二阶广义积分器[100, 101]，可表示为

$$R_{\mathrm{quasi}}(s)=k_{\mathrm{rs}}\frac{\omega_{\mathrm{c}}s}{s^2+2\omega_{\mathrm{c}}s+\omega_h^2} \tag{7-59}$$

式中，ω_{c} 为截止频率。

准二阶广义积分器可以增强频率变化时的鲁棒性，即使在谐振频率处的增益变小，稳态误差仍然较小，可以忽略不计。

在抑制高次周期性扰动时，实际应用中存在的数字延迟将影响二阶广义积分器的稳定裕度，甚至导致系统运行不稳定。为了解决这个问题，可以在二阶广义积分器中增加相位补偿措施。其传递函数可以表示为

$$R_{\mathrm{pc}}(s)=k_{\mathrm{rs}}\frac{s\cos(\omega_h\tau_h)-\omega_h\sin(\omega_h\tau_h)}{s^2+\omega_h^2} \tag{7-60}$$

式中，τ_h 为相位补偿时间。

与理想的二阶广义积分器相似，式 (7-60) 对频率变化也很敏感。为了进一步提高频率变化时，特别是在高频范围内的鲁棒性，可以在具有相位补偿的二阶广义积分器基础上进行改进，即[102]

$$R_{\mathrm{pc}}(s) = k_{\mathrm{rs}} \frac{s\cos(\omega_h \tau_h) - \omega_h \sin(\omega_h \tau_h)}{s^2 + 2\omega_{\mathrm{c}} s + \omega_h^2} \tag{7-61}$$

上述二阶广义积分器可以同时抑制周期性扰动的正序分量和负序分量。当需要分别处理周期性扰动的正序和负序分量时，可以采用降阶广义积分器。其计算负担减小为二阶广义积分器的一半，在嵌入的谐振控制器数量较大时具有显著的优势。用于调节正序分量的降阶广义积分器可以表示为

$$R_{\mathrm{ROGI}}^{+}(s) = \frac{k_{\mathrm{rs}}^{+}}{2} \frac{1}{s - \mathrm{j}\omega_h} \tag{7-62}$$

类似地，用于调节负序分量的降阶广义积分器可以表示为

$$R_{\mathrm{ROGI}}^{-}(s) = \frac{k_{\mathrm{rs}}^{-}}{2} \frac{1}{s + \mathrm{j}\omega_h} \tag{7-63}$$

为了补偿数字延迟引起的相位滞后，同时提高降阶广义积分器的稳定裕度，可以在式 (7-62) 中增加相位补偿，即

$$R_{\mathrm{ROGI}}^{+}(s) = \frac{k_{\mathrm{rs}}^{+}}{2} \frac{\mathrm{e}^{\mathrm{j}\omega_h \tau_h}}{s - \mathrm{j}\omega_h} \tag{7-64}$$

类似地，也可以在用于处理负序分量的降阶广义积分器中增加相位补偿，即

$$R_{\mathrm{ROGI}}^{-}(s) = \frac{k_{\mathrm{rs}}^{-}}{2} \frac{\mathrm{e}^{-\mathrm{j}\omega_h \tau_h}}{s + \mathrm{j}\omega_h} \tag{7-65}$$

此外，上述理想的二阶广义积分器和降阶广义积分器可能在谐振频率附近产生不希望的峰值。为了解决这个问题，可以将谐振控制器选择为矢量谐振控制器。以广义一阶模型为例，矢量谐振控制器可以表示为

$$R_{\mathrm{VPI}}(s) = k_{\mathrm{rs}} \frac{s^2 L_{\mathrm{f}} + s R_{\mathrm{f}}}{s^2 + \omega_h^2} \tag{7-66}$$

式中，R_{f} 和 L_{f} 为广义一阶模型的等效电阻和等效电感。

当需要抑制高次周期性扰动时，矢量谐振控制器不能保证系统的稳定性[103]。为了解决这个问题，可以在矢量谐振控制器中增加相位补偿，即

$$R_{\mathrm{pc}}(s) = k_{\mathrm{rs}}\frac{(sL_{\mathrm{f}} + R_{\mathrm{f}})(s\cos(\omega_h\tau_h) - \omega_h\sin(\omega_h\tau_h))}{s^2 + \omega_h^2} \tag{7-67}$$

通常，与重复控制器相比，多谐振控制器由于可以针对不同次数的周期性扰动分别设计控制增益，具有更快的收敛速度。多谐振控制器和基于离散傅里叶变换的重复控制器近似相同。但是，基于离散傅里叶变换的重复控制器计算复杂度与周期性扰动的次数无关，而多谐振控制器的计算复杂度与嵌入式谐振控制器的数量直接相关。当嵌入式谐振控制器的数量较大时，并行计算负担相对较重。另外，当谐振控制器谐振频率较高时 (7 次或更高时)，闭环控制系统的稳定性会降低。因此，为了确保系统具有足够的稳定性裕度，嵌入的谐振控制器的数量不能过多[104]。

在实际的离散化过程中，多谐振控制器的谐振极点可能发生偏移，这会显著影响其周期性扰动的抑制能力，使开环增益也相应降低。此外，离散化过程还会对零点位置产生影响，这可能会影响系统稳定性。通常，基于双线性变换或两个积分器的离散化方法会产生明显的离散化误差，而且该离散化误差会随着采样周期和谐波次数的增加而增加。相比之下，基于零阶保持、一阶保持、脉冲响应不变法、带有预畸变的双线性变换和零极点匹配的离散化方法可以保证离散化误差在可接受的范围内。但是，由于需要在线计算三角函数，离散化方法的计算负担会相应增加[105]。

2. 针对频率变化的改进谐振控制器

如前所述，周期性扰动的频率通常会随着电机转速的变化而变化。当谐振控制器的谐振频率与周期性扰动的频率不匹配时，其扰动抑制能力将大大降低。为了解决这个问题，一些学者提出针对频率变化的改进谐振控制器。

基于理想广义二阶积分器的频率自适应谐振控制器可以表示为

$$R_h(s) = \frac{k_{\mathrm{rs}}s}{s^2 + (h\hat{\omega}_0)^2} \tag{7-68}$$

式中，$\hat{\omega}_0$ 为采用频率检测方案获得的周期性扰动的频率。

在频率变化的情况下，谐振控制器的谐振频率可以根据 $\hat{\omega}_0$ 自动调整，在周期性扰动的频率处总能获得无穷大的增益，以实时准确地抑制周期性扰动。

谐振控制器的频率检测通常采用锁相环。锁相环要与检测信号的相位同步，如果相角突然发生变化，则会影响估计的准确性和动态响应。但是，在相角突然发

生变化时，锁频环估计的频率不会突然改变。因此，可以用锁频环代替锁相环检测周期性扰动的频率，以调整每个谐振控制器的谐振频率，准确地抑制周期性扰动。然而，随着需要抑制的谐波次数的增加，基于锁相环和锁频环的谐振控制器计算负担相对较重。为了解决这个问题，一些学者针对降阶广义积分器提出离散域下的频率自适应控制方案，其中采用频率估测器更新周期性扰动的频率，以简单的控制结构实现对周期性扰动的准确抑制[106]。

7.2.3 基于迭代学习控制器的周期性扰动抑制方法与特性

与上述重复控制器和多谐振控制器相似，迭代学习控制器也是基于内部模型原理设计的。它在周期性扰动的频率处具有无穷大增益，从而在满足跟踪精度的同时实现对周期性扰动的抑制。作为一种纠错算法，迭代学习控制器的基本思想是使用前一个周期的误差信号来迭代地调整当前周期的控制信号[107]。根据期望输出与实际值之间的误差，迭代学习控制器计算出新的控制信号并将其存储，在下一个迭代周期中使用。然后，对新的控制信号进行评估，以确保逐次减小控制误差。在迭代过程中，迭代周期与周期性扰动的周期相同。

在重复控制器中，相邻迭代周期之间不会重置初始条件。在迭代学习控制器中，相邻迭代周期之间的初始条件相同，这有利于控制器的设计和实现。此外，多谐振控制器和迭代学习控制器传递函数的分母相同。这表明，两者在周期性扰动抑制方面具有相似的功能，但是两者的分子不同，多谐振控制器可以为不同频率的周期性扰动提供单独的控制增益，而迭代学习控制器类似于重复控制器，对于任何频率的周期性扰动都具有相同的控制增益。这表明，迭代学习控制器的瞬态响应比多谐振控制器的瞬态响应慢。

与重复控制器和多谐振控制器相似，迭代学习控制器可以与主控制器 $K(z)$ 串联或并联连接。基于迭代学习控制器与主控制器并联的扰动抑制框图如图 7-14 所示。

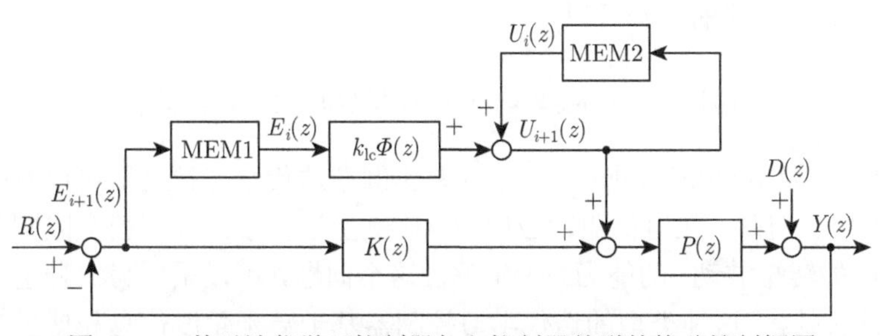

图 7-14 基于迭代学习控制器与主控制器并联的扰动抑制框图

图中，$U_i(z)$ 和 $E_i(z)$ 表示第 i 次迭代时的控制输入和跟踪误差；$U_{i+1}(z)$ 和

$E_{i+1}(z)$ 表示第 $i+1$ 次迭代时的控制输入和跟踪误差；k_{lc} 是学习增益；$\varPhi(z)$ 通常是低通滤波器和时间超前单元组成的控制器；MEM1 和 MEM2 是存储器。

迭代学习控制器的学习更新规则可以表示为[108]

$$U_{i+1}(z)=U_i(z)+k_{\mathrm{lc}}\varPhi(z)E_i(z) \tag{7-69}$$

如果期望输出不变，每个迭代过程中的初始条件不变，则系统动力学模型不会改变。在这种情况下，$E_{i+1}(z)$ 可以表示为

$$E_{i+1}(z)=(1-k_{\mathrm{lc}}\varPhi(z)G_{\mathrm{p}}(z))E_i(z) \tag{7-70}$$

式中

$$G_{\mathrm{p}}(z)=\frac{P(z)z^{-1}}{1+P(z)z^{-1}K(z)} \tag{7-71}$$

令 $z=\mathrm{e}^{\mathrm{j}\omega T_{\mathrm{s}}}$，跟踪误差的稳态频率响应幅值可以表示为

$$|E_{i+1}(\mathrm{e}^{\mathrm{j}\omega T_{\mathrm{s}}})|=|1-k_{\mathrm{lc}}\varPhi(\mathrm{e}^{\mathrm{j}\omega T_{\mathrm{s}}})G_{\mathrm{p}}(\mathrm{e}^{\mathrm{j}\omega T_{\mathrm{s}}})||E_i(\mathrm{e}^{\mathrm{j}\omega T_{\mathrm{s}}})| \tag{7-72}$$

当 $|1-k_{\mathrm{lc}}\varPhi(\mathrm{e}^{\mathrm{j}\omega T_{\mathrm{s}}})G_{\mathrm{p}}(\mathrm{e}^{\mathrm{j}\omega T_{\mathrm{s}}})|<1$ 时，跟踪误差将收敛到零，低次的周期性扰动得到有效抑制。此外，类似于重复控制器，迭代学习控制器中的低通滤波器也可以用卡尔曼滤波器代替，以消除频率的噪声。

此外，为了增强迭代学习控制器对测量噪声、初始化误差和参数变化的鲁棒性，一些学者提出具有遗忘因子的比例型迭代学习控制器，其学习更新规则可以表示为[108]

$$U_{i+1}(z)=(1-\gamma)U_i(z)+k_{\mathrm{lc}}\varPhi(z)E_i(z) \tag{7-73}$$

式中，γ 为遗忘因子，通常将 γ 设置为较小的值。

第 $i+1$ 次迭代的误差可以表示为

$$E_{i+1}(z)=\left(1-k_{\mathrm{lc}}\varPhi(z)G_{\mathrm{p}}(z)\right)E_i(z)+\gamma G_{\mathrm{p}}(z)U_{i+1}(z) \tag{7-74}$$

当 $|1-k_{\mathrm{lc}}\varPhi(\mathrm{e}^{\mathrm{j}\omega T_{\mathrm{s}}})G_{\mathrm{p}}(\mathrm{e}^{\mathrm{j}\omega T_{\mathrm{s}}})|<1$ 时，比例型迭代学习控制器可以有效抑制周期性扰动[108]。但是，在电机驱动应用中，比例型迭代学习控制器会限制其抑制周期性扰动 (如转矩波动) 的能力。为了解决这个问题，可以采用另一种基于角度的迭代学习控制器。这种类型的迭代学习控制器基于转子角度信息和傅里叶级数的展开实现对周期性扰动的有效抑制。它的学习更新规则可以表示为

$$U_{i+1}(\theta_{\mathrm{m}})=\mathrm{FT}[U_i(\theta_{\mathrm{m}})]+\varPhi(\theta_{\mathrm{m}})E_i(\theta_{\mathrm{m}})+\varGamma(\theta_{\mathrm{m}})E_{i+1}(\theta_{\mathrm{m}}) \tag{7-75}$$

式中，θ_{m} 为角位置；$\Gamma(\theta_{\mathrm{m}})$ 为反馈增益；$\mathrm{FT}[U_i(\theta_{\mathrm{m}})]$ 为傅里叶级数的展开式，随 $U_i(\theta_{\mathrm{m}})$ 的改变而改变。

采用该控制器可以有效抑制周期性扰动，但是傅里叶级数的展开计算过程带来较高的实现成本。

在每个迭代周期内，迭代学习控制器通常需要整数个采样。但是，周期性扰动的频率可能会随工作条件的变化而变化。在这种情况下，固定的采样频率无法提供整数个采样。为了解决这个问题，一些学者提出基于可变采样率的迭代学习控制器，采用与周期性频率变化有关的可变采样频率，以便保证每个迭代周期内的整数个采样[107]。

表 7-1 总结了重复控制器、谐振控制器和迭代学习控制器有关原理、特性之间的相同点和不同点。

表 7-1 基于内部模型的周期性扰动抑制方法的比较

比较类别	重复控制器	谐振控制器	迭代学习控制器
基本原理	内部模型	内部模型	内部模型
扰动模型	需要	需要	需要
抑制效果	渐近	渐近	渐近
计算负担	小	大	小
瞬态响应	慢	快	慢
自由度	单	单	单
其他特性	可以通过修改 N 来提高收敛速度；通常与主控制器串联或并联；相邻迭代循环之间不重置初始条件	为保证稳定性裕度，数量不能过多；通常与主控制器串联或并联；可以分别调节每个谐振单元的控制增益	通过迭代过程消除误差；通常与主控制器串联或并联；相邻迭代循环之间的初始条件相同

7.3 基于预测谐振控制器的扰动抑制方法分析

如 7.1 节所述，逆变器死区效应和磁链谐波会在永磁同步电机的电流环中引入周期性扰动。由于常规预测控制没有对特殊频率周期性扰动的抑制能力，因此需要改进预测控制器使其不仅具有良好的跟踪性能，还对周期性扰动具有良好的抑制效果。针对此问题，本节根据永磁同步电机数学模型，在电流环中设计了基于观测器的预测谐振控制器 (observer-based predictive resonant controller, OPRC)。首先，基于内部模型原理将矢量谐振控制器内嵌至预测控制器，以抑制逆变器死区效应和磁链谐波引起的周期性扰动，并为抑制非周期性扰动设计相应的扰动观测器。然后，详细阐述预测谐振控制器参数的整定方法。最后，通过伯德图分析验证预测谐振控制器具有较好的稳态性能、暂态响应和鲁棒性。

7.3.1 预测谐振控制器设计

在提出的 OPRC 方法中，预测谐振控制器是将矢量谐振控制器内嵌至预测控制器中。根据式 (7-66)，矢量谐振控制器的传递函数可以改写为

$$G_{\mathrm{r},p}(s)=k_{\mathrm{r},p}R^1+k_{\mathrm{r},p}\omega_{\mathrm{z}}R^2 \tag{7-76}$$

式中

$$\omega_{\mathrm{z}}=\frac{R_{\mathrm{s}}}{L_{\mathrm{s}}},\quad R^1(s)=\frac{s^2}{s^2+(p\omega_{\mathrm{r}})^2},\quad R^2(s)=\frac{s}{s^2+(p\omega_{\mathrm{r}})^2} \tag{7-77}$$

由于逆变器死区效应和磁链谐波引起的周期性扰动主要为六倍频谐波，因此式 (7-76) 中的谐振频率 $p\omega_{\mathrm{r}}$ 选为 $6p\omega_{\mathrm{m}}$。$R^1(s)$ 采用冲激响应不变法进行离散化，$R^2(s)$ 采用基于频率预畸变的 Tustin 逼近法离散化[109]。因此，式 (7-76) 的离散化模型可以表示为

$$G_{\mathrm{r},p}(z)=k_{\mathrm{r},p}\frac{k_{\mathrm{n}1}-k_{\mathrm{n}2}z^{-1}+k_{\mathrm{n}3}z^{-2}}{1-2\cos(p\omega_{\mathrm{r}}T_{\mathrm{s}})z^{-1}+z^{-2}} \tag{7-78}$$

式中

$$\begin{aligned}
k_{\mathrm{n}1}&=\cos^2(p\omega_{\mathrm{r}}T_{\mathrm{s}}/2)+\omega_{\mathrm{z}}T_{\mathrm{s}}\\
k_{\mathrm{n}2}&=2\cos^2(p\omega_{\mathrm{r}}T_{\mathrm{s}}/2)+\omega_{\mathrm{z}}T_{\mathrm{s}}\cos(p\omega_{\mathrm{r}}T_{\mathrm{s}})\\
k_{\mathrm{n}3}&=\cos^2(p\omega_{\mathrm{r}}T_{\mathrm{s}}/2)
\end{aligned} \tag{7-79}$$

考虑非周期性扰动和逆变器死区效应及磁链谐波引入的周期性扰动，永磁同步电机电流环离散状态空间方程可以表示为

$$\begin{aligned}
\boldsymbol{i}_{\mathrm{s}}(k+1)&=\boldsymbol{\phi}i_{\mathrm{s}}(k)+\boldsymbol{\tau}_{\mathrm{s}}(\boldsymbol{u}_{\mathrm{s}}(k)+\Delta\boldsymbol{u}_{\mathrm{s}})+\boldsymbol{\tau}_{\mathrm{f}}(\varphi_{\mathrm{f}}+\Delta\boldsymbol{\varphi}_{\mathrm{f}})+\boldsymbol{\tau}_{\mathrm{w}}\boldsymbol{w}(k)\\
&=\boldsymbol{\phi}i_{\mathrm{s}}\boldsymbol{i}_{\mathrm{s}}(k)+\boldsymbol{\tau}_{\mathrm{s}}\boldsymbol{u}_{\mathrm{s}}(k)+\boldsymbol{\tau}_{\mathrm{f}}\varphi_{\mathrm{f}}+\underbrace{\boldsymbol{\tau}_{\mathrm{s}}\Delta\boldsymbol{u}_{\mathrm{s}}+\boldsymbol{\tau}_{\mathrm{f}}\Delta\boldsymbol{\varphi}_{\mathrm{f}}}_{\boldsymbol{\tau}_{\mathrm{w}}\boldsymbol{\gamma}(k)}+\boldsymbol{\tau}_{\mathrm{w}}\boldsymbol{w}(k)
\end{aligned} \tag{7-80}$$

式中，$\boldsymbol{\gamma}(k)$ 为周期性扰动矢量；$\boldsymbol{w}(k)$ 为非周期性扰动矢量。

在式 (7-80) 两边同乘 $(1+G_{\mathrm{r},p}(z))^{-1}$ 可得

$$\begin{aligned}
(1+G_{\mathrm{r},p}(z))^{-1}\boldsymbol{i}_{\mathrm{s}}(k+1)=&(1+G_{\mathrm{r},p}(z))^{-1}\boldsymbol{\phi}i_{\mathrm{s}}\boldsymbol{i}_{\mathrm{s}}(k)+\boldsymbol{\tau}_{\mathrm{s}}\boldsymbol{u}'_{\mathrm{s}}(k)+(1+G_{\mathrm{r},p}(z))^{-1}\boldsymbol{\tau}_{\mathrm{f}}\varphi_{\mathrm{f}}\\
&+(1+G_{\mathrm{r},p}(z))^{-1}\boldsymbol{\tau}_{\mathrm{w}}(\boldsymbol{\gamma}(k)+\boldsymbol{w}(k))
\end{aligned} \tag{7-81}$$

式中，$\boldsymbol{u}'_{\mathrm{s}}(k)=(1+G_{\mathrm{r},p}(z))^{-1}u_{\mathrm{s}}(k)$。

传递函数 $(1+G_{\mathrm{r},p}(z))^{-1}$ 仅影响谐振频率的信号，对其他频率的信号几乎没有影响。因此，式 (7-81) 可以简化为

$$\boldsymbol{i}_{\mathrm{s}}(k+1)=\boldsymbol{\phi} i_{\mathrm{s}}\boldsymbol{i}_{\mathrm{s}}(k)+\boldsymbol{\tau}_{\mathrm{s}}\boldsymbol{u}'_{\mathrm{s}}(k)+\boldsymbol{\tau}_{\mathrm{f}}\varphi_{\mathrm{f}}+\boldsymbol{\tau}_{\mathrm{w}}\boldsymbol{w}(k) \tag{7-82}$$

如果需要同时抑制不同频率的扰动,可将多个 $(1+G_{\mathrm{r},p}(z))^{-1}$ $(p=1,2,\cdots,n)$ 内嵌入模型中，定子电压可以表示为

$$\boldsymbol{u}'_{\mathrm{s}}(k)=\prod_{p=1}^{n}(1+G_{\mathrm{r},p}(z))^{-1}u_{\mathrm{s}}(k) \tag{7-83}$$

式 (7-82) 可以表示为

$$\begin{aligned}\underbrace{\begin{bmatrix}\boldsymbol{i}_{\mathrm{s}}(k+1)\\ \boldsymbol{w}(k+1)\end{bmatrix}}_{\boldsymbol{x}_{\mathrm{w}}(k+1)}&=\underbrace{\begin{bmatrix}\boldsymbol{\phi} & \boldsymbol{\tau}_{\mathrm{w}}\\ 0 & 1\end{bmatrix}}_{\boldsymbol{\Phi}_{\mathrm{w}}}\boldsymbol{x}_{\mathrm{w}}(k)+\underbrace{\begin{bmatrix}\boldsymbol{\tau}_{\mathrm{s}}\\ 0\end{bmatrix}}_{\boldsymbol{\Gamma}_{\mathrm{cw}}}\boldsymbol{u}'_{\mathrm{s}}(k)+\underbrace{\begin{bmatrix}\boldsymbol{\tau}_{\mathrm{f}}\\ 0\end{bmatrix}}_{\boldsymbol{\Gamma}_{\mathrm{fw}}}\varphi_{\mathrm{f}}\\ \boldsymbol{i}_{\mathrm{s}}(k)&=\underbrace{\begin{bmatrix}1 & 0\end{bmatrix}}_{\boldsymbol{C}_{\mathrm{w}}}\boldsymbol{x}_{\mathrm{w}}(k)\end{aligned} \tag{7-84}$$

基于式 (7-84)，可以设计电流环非周期性扰动干扰观测器，即

$$\begin{aligned}\hat{\boldsymbol{x}}_{\mathrm{w}}(k+1)=&\hat{\boldsymbol{\Phi}}_{\mathrm{w}}\hat{\boldsymbol{x}}_{\mathrm{w}}(k)+\hat{\boldsymbol{\Gamma}}_{\mathrm{cw}}\boldsymbol{u}'_{\mathrm{s}}(k)+\hat{\boldsymbol{\Gamma}}_{\mathrm{fw}}\varphi_{\mathrm{f}}+\boldsymbol{K}_{\mathrm{o}}(\boldsymbol{i}_{\mathrm{s}}(k)-\boldsymbol{C}_{\mathrm{w}}\hat{\boldsymbol{x}}_{\mathrm{w}}(k))\\ \hat{\boldsymbol{i}}_{\mathrm{s}}(k)=&\boldsymbol{C}_{\mathrm{w}}\hat{\boldsymbol{x}}_{\mathrm{w}}(k)\end{aligned} \tag{7-85}$$

逆变器直流母线电压 $U_{\mathrm{dc}}(k)$ 和电机转子电角度 $\vartheta_{\mathrm{e}}(k)$ 可以由采样盒和编码器采集，电压矢量可以根据采集到的直流母线电压 $U_{\mathrm{dc}}(k)$ 和转子电角度 $\vartheta_{\mathrm{e}}(k)$ 计算得到，即

$$\begin{aligned}\boldsymbol{u}_{\mathrm{s1}}(k)&=\mathrm{e}^{-\mathrm{j}\vartheta_{\mathrm{e}}(k)}U_{\mathrm{dc}}(k)\left(\frac{2}{3}+\mathrm{j}0\right)\\ \boldsymbol{u}_{\mathrm{s2}}(k)&=\mathrm{e}^{-\mathrm{j}\vartheta_{\mathrm{e}}(k)}U_{\mathrm{dc}}(k)\left(\frac{1}{3}+\mathrm{j}\frac{\sqrt{3}}{3}\right)\\ \boldsymbol{u}_{\mathrm{s0}}(k)&=\mathrm{e}^{-\mathrm{j}\vartheta_{\mathrm{e}}(k)}U_{\mathrm{dc}}(k)\left(0+\mathrm{j}0\right)\end{aligned} \tag{7-86}$$

根据不同电压矢量可以得到不同的系统状态，即

$$\begin{aligned}\hat{\boldsymbol{x}}_{\mathrm{w}i}(k+1)&=\hat{\boldsymbol{\Phi}}_{\mathrm{w}}\hat{\boldsymbol{x}}_{\mathrm{w}}(k)+\hat{\boldsymbol{\Gamma}}_{\mathrm{cw}}\boldsymbol{u}_{\mathrm{s}i}(k)+\hat{\boldsymbol{\Gamma}}_{\mathrm{fw}}\varphi_{\mathrm{f}}+\boldsymbol{K}_{\mathrm{o}}(\boldsymbol{i}_{\mathrm{s}}(k)-\boldsymbol{C}_{\mathrm{w}}\hat{\boldsymbol{x}}_{\mathrm{w}}(k))\\ \hat{\boldsymbol{i}}_{\mathrm{s}i}(k)&=\boldsymbol{C}_{\mathrm{w}}\hat{\boldsymbol{x}}_{\mathrm{w}}(k)\end{aligned} \tag{7-87}$$

设计代价函数为

$$J(k)=\left\|k_{\mathrm{c}}\left(\boldsymbol{i}_{\mathrm{s,ref}}(k)-\hat{\boldsymbol{i}}_{\mathrm{s}}(k+1)\right)-\sum_{i=0}^{2}\frac{\hat{\boldsymbol{i}}_{\mathrm{s}i}(k+1)-\boldsymbol{i}_{\mathrm{s}}(k)}{T_{\mathrm{s}}}t_i(k)\right\|^2 \tag{7-88}$$

不同电压矢量 $\boldsymbol{u}_{\mathrm{s}i}(k)(i=0,1,2)$ 的作用时间之和为采样周期 T_{s}，即

$$\sum_{i=0}^{2}t_i(k)=T_{\mathrm{s}} \tag{7-89}$$

各个矢量的最优作用时间可以通过最小化代价函数得到，即

$$\frac{\partial J(k)}{\partial t_1(k)}=\frac{\partial J(k)}{\partial t_2(k)}=0 \tag{7-90}$$

根据电压矢量 $\boldsymbol{u}_{\mathrm{s}i}(k)$ 及其作用时间 $t_i(k)$，结合式 (7-83) 可以得到给定的定子电压矢量 $\boldsymbol{u}'_{\mathrm{s,ref}}(k)$ 表达式，即

$$\boldsymbol{u}'_{\mathrm{s,ref}}(k)=\frac{1}{T_{\mathrm{s}}}\prod_{p=1}^{n}(1+G_{\mathrm{r},p}(z))\sum_{i=0}^{2}\boldsymbol{u}_{\mathrm{s}i}(k)t_i(k) \tag{7-91}$$

相应的永磁同步电机预测谐振控制系统如图 7-15 所示。

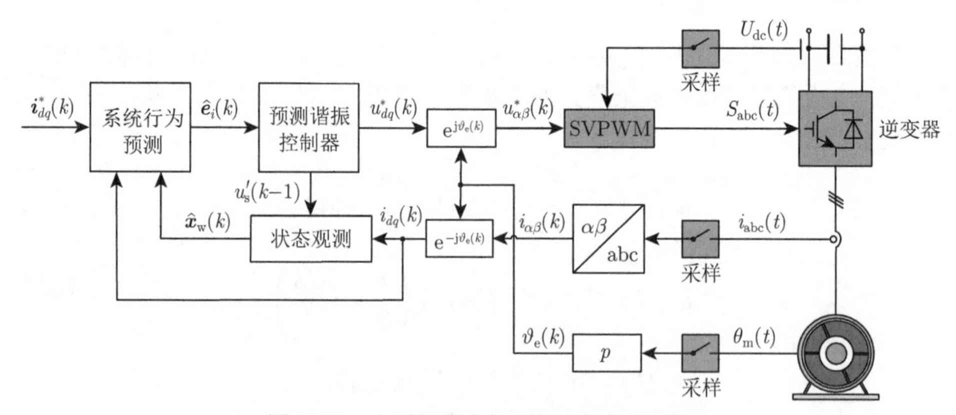

图 7-15 永磁同步电机预测谐振控制系统

图中，$\boldsymbol{i}^*_{dq}(k)$ 是给定的定子电流矢量；$\hat{\boldsymbol{e}}_i(k)$ 是电压矢量 $\boldsymbol{u}_{\mathrm{s}i}(k)$ 作用下的电流变化率。

7.3.2 预测谐振控制器参数整定与分析

1. 预测谐振控制器参数整定

在预测谐振控制系统的设计过程中，需要整定预测控制器及观测器的参数。将非周期性扰动观测器一并考虑，电流环控制系统的动态模型可以写为

$$\underbrace{\begin{bmatrix}\boldsymbol{x}_{\mathrm{d}}(k+1)\\ \hat{\boldsymbol{x}}_{\mathrm{i}}(k+1)\end{bmatrix}}_{\boldsymbol{x}_{\mathrm{i,cl}}(k+1)}=\boldsymbol{\Phi}_{\mathrm{i,cl}}(k)+\boldsymbol{\Gamma}_{\mathrm{i,cl}}\boldsymbol{i}_{\mathrm{s,ref}}(k)+\boldsymbol{\Gamma}_{\mathrm{f,cl}}\varphi_{\mathrm{f}}(k)$$
$$\boldsymbol{i}_{\mathrm{s}}(k)=\boldsymbol{H}_{\mathrm{i,cl}}\boldsymbol{x}_{\mathrm{i,cl}}(k) \tag{7-92}$$

式中，$\boldsymbol{x}_{\mathrm{i,cl}}(k)$ 是包含非周期性扰动观测器状态的电流环状态变量，并且

$$\boldsymbol{\Phi}_{\mathrm{i,cl}}=\begin{bmatrix}\boldsymbol{\phi}_{\mathrm{i}} & \boldsymbol{\tau}_{\mathrm{c}} & 0 & 0\\ \dfrac{1-k_{\mathrm{c}}\boldsymbol{k}_{\mathrm{oi1}}-\boldsymbol{k}_{\mathrm{oi1}}}{\hat{\boldsymbol{\tau}}_{\mathrm{c}}} & -k_{\mathrm{c}} & \dfrac{(k_{\mathrm{c}}+1)(\hat{\boldsymbol{k}}_{\mathrm{oi1}}-\hat{\phi}_{\mathrm{i}})}{\hat{\boldsymbol{\tau}}_{\mathrm{c}}} & -\dfrac{(k_{\mathrm{c}}+1)\hat{\boldsymbol{\tau}}_{\mathrm{w}}}{\hat{\boldsymbol{\tau}}_{\mathrm{c}}}\\ \boldsymbol{k}_{\mathrm{oi1}} & \hat{\boldsymbol{\tau}}_{\mathrm{c}} & \hat{\phi}_{\mathrm{i}}-\boldsymbol{k}_{\mathrm{oi1}} & \hat{\boldsymbol{\tau}}_{\mathrm{w}}\\ \boldsymbol{k}_{\mathrm{oi2}} & 0 & -\boldsymbol{k}_{\mathrm{oi2}} & 1\end{bmatrix}$$
$$\boldsymbol{\Gamma}_{\mathrm{f,cl}}=\begin{bmatrix}0 & \dfrac{k_{\mathrm{c}}}{\hat{\boldsymbol{\tau}}_{\mathrm{c}}} & 0 & 0\end{bmatrix}^{\mathrm{T}}$$
$$\boldsymbol{\Gamma}_{\mathrm{i,cl}}=\begin{bmatrix}\boldsymbol{\tau}_{\mathrm{f}} & -\dfrac{(k_{\mathrm{c}}+1)\hat{\boldsymbol{\tau}}_{\mathrm{f}}}{\hat{\boldsymbol{\tau}}_{\mathrm{c}}} & \hat{\boldsymbol{\tau}}_{\mathrm{f}} & 0\end{bmatrix}^{\mathrm{T}}$$
$$\boldsymbol{H}_{\mathrm{i,cl}}=\begin{bmatrix}1 & 0 & 0 & 0\end{bmatrix}^{\mathrm{T}} \tag{7-93}$$

根据式 (7-92)，可以得出电流环的闭环传递函数。电流环的动态响应主要与控制系统的带宽有关，而带宽主要取决于系统闭环传递函数的主导极点。调整 k_{c} 可以移动主导极点的位置，因此可以根据期望的带宽来选择 k_{c}。值得注意的是，由于非周期性扰动观测器的极点和零点相互抵消，因此控制系统的带宽不受影响。

定义 $\boldsymbol{K}_{\mathrm{oi}}=[\boldsymbol{k}_{\mathrm{oi1}}\ \boldsymbol{k}_{\mathrm{oi2}}]^{\mathrm{T}}$ 为非周期性扰动观测器中需要整定的参数矩阵。定义观测器阻尼比为 σ_{o}，自然振荡角频率为 ω_{oi}，并且 ω_{oi} 是系统主导极点自然振荡角频率的两倍。期望的观测器极点为

$$\boldsymbol{\alpha}_{1,2}=\mathrm{e}^{(-\sigma_{\mathrm{o}}\pm\mathrm{j}\sqrt{1-\sigma_{\mathrm{o}}^{2}})\omega_{\mathrm{oi}}T_{\mathrm{s}}} \tag{7-94}$$

结合所需的观测器极点和从式 (7-85) 导出的观测器特征多项式，可以得出 $\boldsymbol{K}_{\mathrm{oi}}$。电流控制环中的观测器阻尼比 σ_{o} 设置为 0.707。

此外，针对嵌入的矢量谐振控制器，其仅有谐振增益 $k_{\mathrm{r},p}$ 一个参数需要整定。通过将矢量谐振控制器内嵌至模型，不仅希望有效抑制谐振频率的信号，还希望矢量谐振控制器的嵌入对其他频率的信号没有影响。不同谐振增益 $k_{\mathrm{r},p}$ 下，矢量谐振控制器都可以在谐振频率处保持较高的增益。随着谐振增益 $k_{\mathrm{r},p}$ 的增加，矢量谐振控制器的带宽升高，对其他频率信号的影响也随之增加，即增加谐振增益 $k_{\mathrm{r},p}$ 可以提高暂态响应速度，但是会降低对频率的选择性；降低谐振增益 $k_{\mathrm{r},p}$，可以提高对频率的选择性，但是会降低暂态响应速度。因此，选择谐振增益 $k_{\mathrm{r},p}$ 时应该综合考虑频率的选择性要求和暂态响应速度要求，可以根据期望的谐振带宽 $\omega_{\mathrm{rb},p}$ 选择谐振增益 $k_{\mathrm{r},p}$。

2. 预测谐振控制器与传统预测积分谐振控制器的比较研究

为了更好地分析提出的 OPRC，将其与传统 PIRC 进行比较[110]。为了抑制周期性扰动， PIRC 将式 (7-59) 所示的准二阶广义积分器内嵌入控制器中。

本节提出的 OPRC 方法对系统控制性能的改进主要是由于其采用矢量谐振控制器。当转速为 600 r/min，谐振频率为 $6\omega_{\mathrm{m}}$ 时，$1+\boldsymbol{G}_{\mathrm{r},p}(z)$ 和 $1+\boldsymbol{G}_{\mathrm{pr},p}(z)$ 的伯德图如图 7-16 所示。

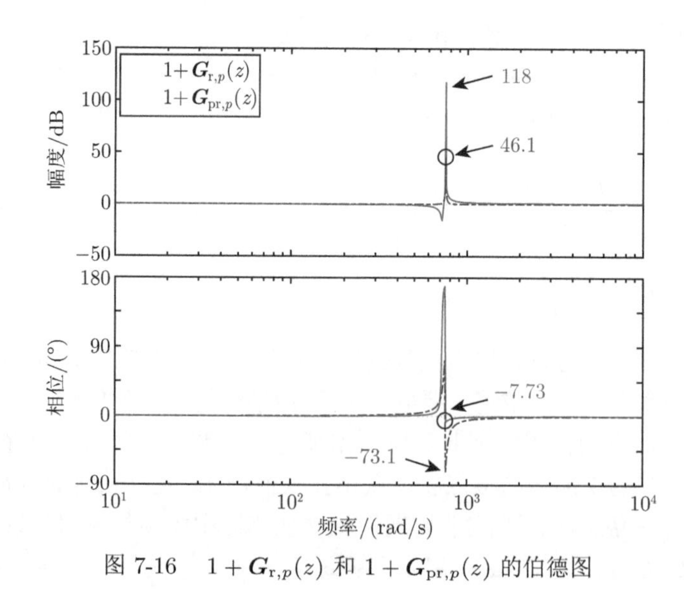

图 7-16 $1+\boldsymbol{G}_{\mathrm{r},p}(z)$ 和 $1+\boldsymbol{G}_{\mathrm{pr},p}(z)$ 的伯德图

图中 $\boldsymbol{G}_{\mathrm{pr},p}(z)$ 表示准二阶广义积分器的传递函数。从幅频特性可以看出，两个控制器对谐振频率附近的信号都有较大的增益，对其他频率信号的影响很小，几乎可以忽略。但是，从相频特性曲线可以看出，准二阶广义积分器在谐振频率附近引入大约 90° 的相位滞后，而矢量谐振控制器仅引入了很小的相位滞后。这是

因为，与准二阶广义积分器相比，矢量谐振控制器引入了一个额外的零点。这使相位超前 90°，可以提高系统的稳定性。

PIRC 和 OPRC 的闭环伯德图如图 7-17 所示。

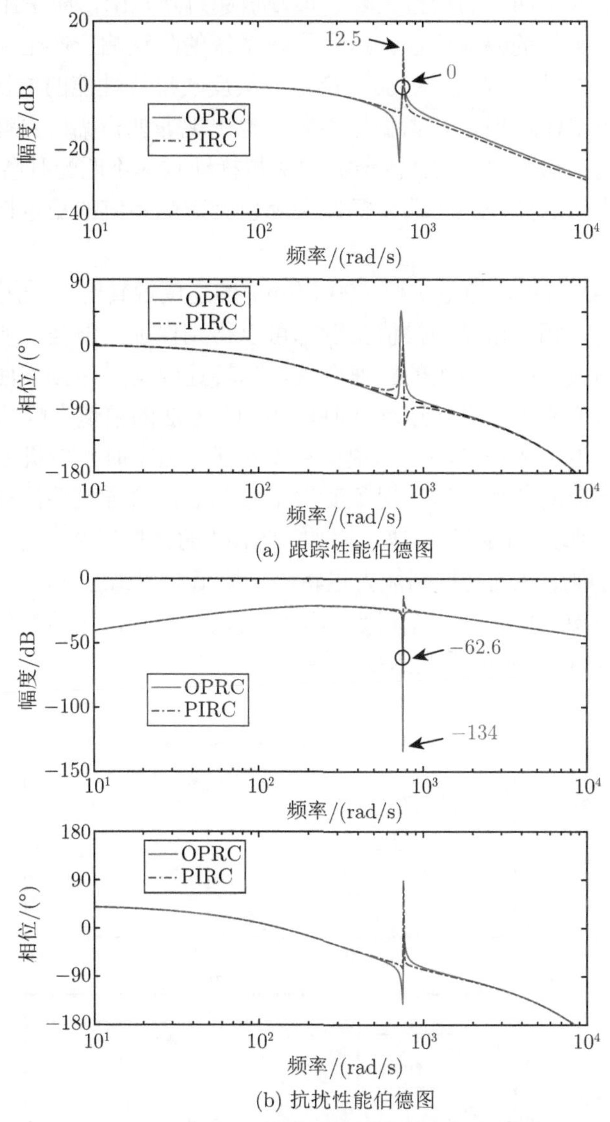

(a) 跟踪性能伯德图

(b) 抗扰性能伯德图

图 7-17 PIRC 和 OPRC 的闭环伯德图

图中，电机转速为 600r/min，谐振频率设置为 $6\omega_{\mathrm{m}}$。图 7-17(a) 反映系统的跟踪性能。可以看出，PIRC 和 OPRC 在谐振频率附近都具有显著的调节能力，然而在其他频率上，它们的幅频和相频特性基本一致。图 7-17(b) 反映系统的抗扰性能。可以看出，与 PIRC 相比，OPRC 对谐振频率处的信号具有更大的衰减作用。频域分析表明，OPRC 不但具有更好的跟踪性能，而且具有良好的抗扰能力。

值得注意的是，从反映跟踪性能的闭环伯德图 7-17(a) 中可以看出，PIRC 在谐振频率附近引入了明显的增益尖峰。该峰值超过 10 dB，即 PIRC 方法在谐振频率附近有一个明显的幅值增益。这会导致系统的阶跃响应产生振荡，并且随着这一峰值的升高，动态响应会更加不稳定。从反映抗扰性能的伯德图 7-17(b) 中可以看出，采用 PIRC 时，在谐振频率附近也出现非期望幅值尖峰。非期望幅值尖峰的频率接近谐振频率，控制器谐振频率与扰动频率不匹配时会降低抗扰性能，导致抗扰性能劣化。此外，非期望幅值尖峰也会影响系统的稳定性。开环伯德图如图 7-18 所示。

如图 7-18(a) 所示，当电机以 600 r/min 的速度旋转时，采用 PIRC 方法系统可以保持稳定，相位裕度和幅值裕度都可以得到保证。但是，非期望的幅值尖峰与谐振频率相关，即与电机的转速有关，当转速改变时，频域性能也会发生改变。如图 7-18(b) 所示，当转速增加时，PIRC 方法的幅值尖峰将向高频方向移动，并且稳定裕度相应地减小。当幅值裕度小于 0 dB 时，电机控制系统会变得不稳定。随着转速的增加，这种现象变得十分明显，将导致整体稳定性的更大劣化。为了避免这种现象，随着转速的增加，PIRC 的谐振增益应当相应地减少，但与此同时，其对周期性扰动抑制能力也将随之降低。相比之下，采用 OPRC 方法时，在开环伯德图中仅出现一个很小的幅值增益。因此，从频域分析看，本节提出的 OPRC 方法可以保证系统的稳定性。

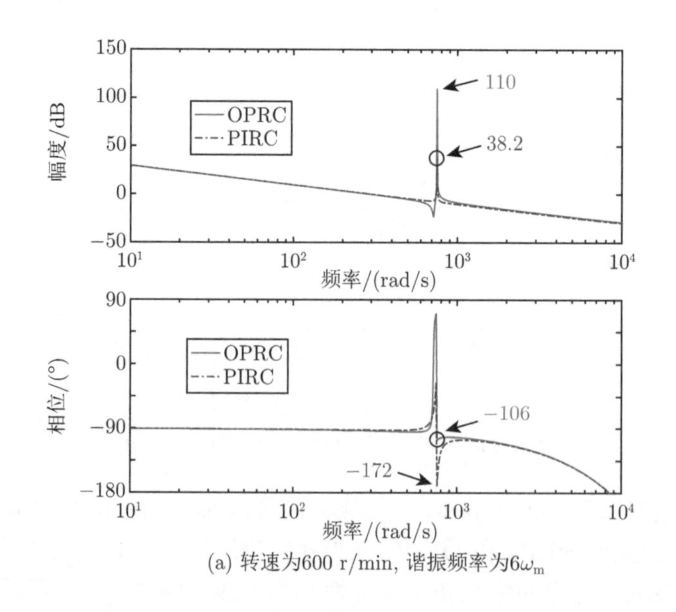

(a) 转速为600 r/min, 谐振频率为$6\omega_{\mathrm{m}}$

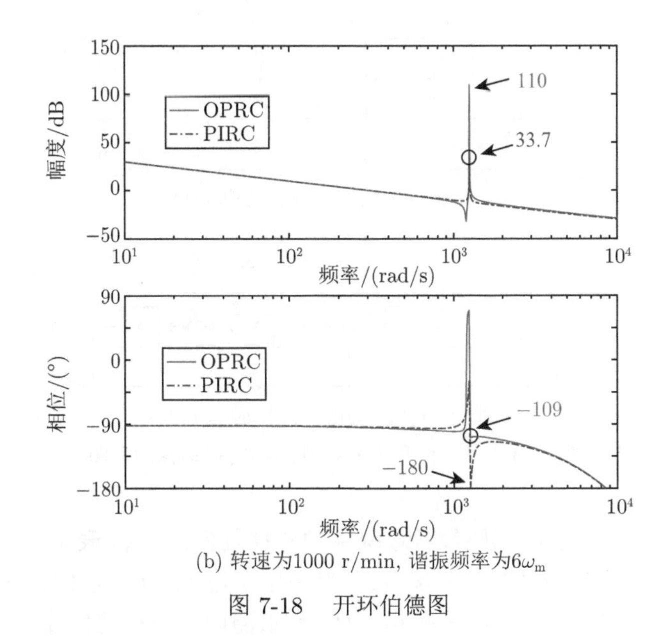

(b) 转速为1000 r/min, 谐振频率为$6\omega_m$

图 7-18 开环伯德图

7.4 基于双环预测控制器的扰动抑制方法分析

如 7.1 节所述，逆变器死区效应和电流采样误差分别在永磁同步电机的电流环和转速环中引入不同频率的周期性扰动。并联控制策略虽然能够有效地抑制周期性扰动，但是该策略中的扰动抑制控制器和跟踪主控制器对系统同一误差信号动作是一种单自由度的控制，在参考给定信号发生阶跃时系统动态性能会下降。为了提高永磁同步电机周期性扰动抑制的动静态性能，本节分别在电流环和转速环中设计基于双环预测的永磁同步电机周期性扰动抑制控制器，在每一双环预测控制结构中分别设计给定跟踪控制器和扰动抑制控制器。其中，给定跟踪控制器通过设计扰动观测器将非周期性扰动抑制考虑在内。然后，基于频域分析，说明双环预测控制器在给定跟踪和周期性扰动抑制之间的解耦特性。此外，本节还给出了双环预测控制器的参数整定方法。

7.4.1 双环预测控制器设计

为了同时实现电流给定跟踪和周期性扰动抑制，传统单自由度控制策略通常采用并联式的结构。这种结构将扰动抑制控制器并联在控制目标为参考给定跟踪的主控器之上。不同于该单自由度控制结构，本节提出的一种双环预测控制器为多自由度控制结构。在永磁同步电机电流环控制中，基于两种不同控制结构的扰动抑制框图如图 7-19 所示。

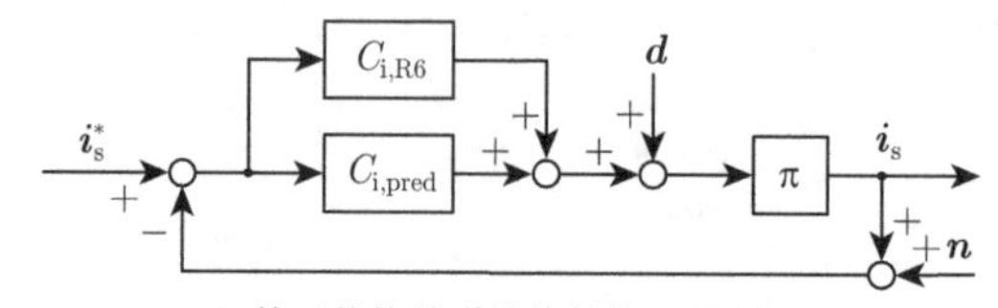

(a) 基于传统并联结构的扰动抑制框图

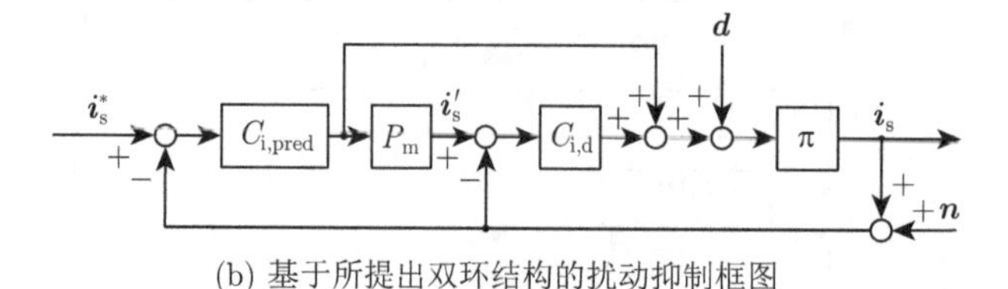

(b) 基于所提出双环结构的扰动抑制框图

图 7-19　基于两种不同控制结构的扰动抑制框图

图中，$C_{\mathrm{i,pred}}$ 表示电流环参考跟踪主预测控制器；$C_{\mathrm{i,R6}}$ 表示谐振控制器，其谐振频率是系统基频 ω_{e} 的六倍；$\boldsymbol{i}_{\mathrm{s}}^{*}$ 表示参考定子电流；$\boldsymbol{d}$ 表示由死区效应和参数变化引起的畸变电压干扰；$\boldsymbol{n}$ 是噪声；P_{m} 是永磁同步电机的估计模型；$\boldsymbol{i}_{\mathrm{s}}'$ 是 P_{m} 的输出定子电流信号；$C_{\mathrm{i,d}}$ 是提出的双环控制结构中用于实现扰动抑制目标的扰动抑制控制器。

在传统并联型结构中，谐振控制器与主控制器同时对同一误差信号动作，如图 7-19(a) 所示。由于电流参考跟踪控制器与周期性扰动抑制控制器均对参考跟踪的误差信号产生动作，因此当电流环参考电流信号发生阶跃变化时，控制结构会诱发扰动抑制谐振控制器产生非期望的控制电压，导致电流瞬态响应出现波动。为了实现参考给定跟踪和周期性扰动抑制之间的解耦，设计了如图 7-19(b) 所示的双环控制结构。在提出的双环控制结构中，需要构建被控对象永磁同步电机的数学模型 P_{m}，并引入另一个为周期性扰动抑制而设计的控制器 $C_{\mathrm{i,d}}$。永磁同步电机估计模型 P_{m} 和扰动抑制控制器 $C_{\mathrm{i,d}}$ 共同构成一个额外的扰动抑制回路，用于实现周期性扰动抑制。

1. 电流双环预测控制器设计

电流环主控制器的功能主要在于实现电流参考跟踪，同时兼顾系统参数扰动或噪声下引入的非周期性干扰。假设非周期性扰动在两个相邻采样时刻之间保持恒定，使用由 ε_{i} 表示的扩展状态估计电流环非周期性扰动。考虑非周期性扰动的永磁同步电机电流环离散状态空间方程可以写为

$$\underbrace{\begin{bmatrix}\boldsymbol{i}_{\mathrm{s}}(k+1)\\ \boldsymbol{\varepsilon}_{\mathrm{i}}(k+1)\end{bmatrix}}_{\boldsymbol{x}_{\mathrm{i}}(k+1)}=\underbrace{\begin{bmatrix}\boldsymbol{\phi}_{\mathrm{i}} & \boldsymbol{\tau}_{\mathrm{w}}\\ 0 & 1\end{bmatrix}}_{\boldsymbol{\Phi}_{\mathrm{i}}}\underbrace{\begin{bmatrix}\boldsymbol{i}_{\mathrm{s}}(k)\\ \boldsymbol{\varepsilon}_{\mathrm{i}}(k)\end{bmatrix}}_{\boldsymbol{x}_{\mathrm{i}}(k)}+\underbrace{\begin{bmatrix}\boldsymbol{\tau}_{\mathrm{c}}\\ 0\end{bmatrix}}_{\boldsymbol{\Gamma}_{\mathrm{i}}}\boldsymbol{u}_{\mathrm{c}}(k)+\underbrace{\begin{bmatrix}\boldsymbol{\tau}_{\mathrm{f}}\\ 0\end{bmatrix}}_{\boldsymbol{\Gamma}_{\mathrm{f}}}\varphi_{\mathrm{f}}(k)$$

$$\boldsymbol{i}_{\rm s}(k)=\underbrace{\begin{bmatrix}1 & 0\end{bmatrix}}_{\boldsymbol{H}_{\rm i}}\boldsymbol{x}_{\rm i}(k) \tag{7-95}$$

式中，$\boldsymbol{x}_{\rm i}(k)$ 是考虑电流控制回路中非周期性扰动的电流环状态变量；$\boldsymbol{\Phi}_{\rm i}$、$\boldsymbol{\Gamma}_{\rm i}$、$\boldsymbol{\Gamma}_{\rm f}$、$\boldsymbol{H}_{\rm i}$ 是相应的考虑非周期性扰动抑制后电流环状态变量系数矩阵，并且

$$\boldsymbol{\tau}_{\rm w}=\int_0^{T_{\rm s}}{\rm e}^{-(\frac{R_{\rm s}}{L_{\rm s}}+{\rm j}\omega_{\rm e})\eta}{\rm d}\eta \tag{7-96}$$

基于式 (7-95)，可以设计电流环非周期性扰动干扰观测器，表示为

$$\begin{aligned}\hat{\boldsymbol{x}}_{\rm i}(k+1)=&\hat{\boldsymbol{\Phi}}_{\rm i}\hat{\boldsymbol{x}}_{\rm i}(k)+\hat{\boldsymbol{\Gamma}}_{\rm i}\boldsymbol{u}_{\rm c}(k)+\hat{\boldsymbol{\Gamma}}_{\rm f}\varphi_{\rm f}+\boldsymbol{K}_{\rm oi}(\boldsymbol{i}_{\rm s}(k)-\boldsymbol{H}_{\rm i}\hat{\boldsymbol{x}}_{\rm i}(k))\\ \hat{\boldsymbol{i}}_{\rm s}(k)=&\boldsymbol{H}_{\rm i}\hat{\boldsymbol{x}}_{\rm i}(k)\end{aligned} \tag{7-97}$$

式中，$\boldsymbol{K}_{\rm oi}=[\boldsymbol{k}_{\rm oi1}\ \boldsymbol{k}_{\rm oi2}]^{\rm T}$ 为电流环观测器增益矩阵，有上标的变量表示对应信号的观测值。

根据式 (7-86) 和式 (7-97)，可以得到不同的电压矢量和系统状态。为了获得给定控制电压值，设计电流环控制律，可构建式 (7-88) 所示的代价函数。根据式 (7-90)，使代价函数最小化，可以得到各个矢量的最优作用时间。根据电压矢量 $\boldsymbol{u}_{{\rm s}i}(k)$ 及其作用时间 $t_i(k)$，可以得到给定的定子电压矢量 $\boldsymbol{u}'_{\rm s,ref}(k)$ 表达式，即

$$\boldsymbol{u}'_{\rm c,ref}(k)=\frac{1}{T_{\rm s}}\sum_{h=0}^{2}\boldsymbol{u}_{\rm c,h}(k)t_{\rm h}(k) \tag{7-98}$$

在电流环中，为了抑制由逆变器死区时间产生的六倍频谐波，电流扰动控制器可以设计为比例谐振控制器 $\rm PR_d$。为了合理比较两种控制结构的区别，并联式的控制结构也采用这种谐振控制器。根据式 (7-59)，基于准二阶广义积分器的谐振控制器传递函数可以表示为

$$G_{\rm R}(s)=\sum_{l=1}^{\infty}\frac{K_{\rm R}\omega_1 s}{s^2+2\omega_1 s+(6l\omega_{\rm e})^2} \tag{7-99}$$

2. 转速双环预测控制器设计

基于双环控制结构和预测控制原理，设计了双环转速预测控制器。其控制结构类似于图 7-19 (b)。转速环控制结构和电流环控制结构的唯一区别在于，电流环中的给定信号和反馈信号是电流，而转速环中的给定信号和反馈信号是转子电角速度。此时，分别定义 $C_{\omega,\rm pred}$ 和 $C_{\omega,\rm d}$ 作为转速环中的等效主预测控制器和等效扰动抑制控制器。

类似于电流环主控制器，转速环主控制器的功能主要是实现转速参考跟踪，同时兼顾系统参数扰动或噪声下引入的非周期性干扰。假设非周期性扰动在两个相邻采样时刻之间保持恒定，使用由 $\varepsilon_{\rm n}$ 表示的扩展状态来估计转速环非周期性扰动。考虑非周期性扰动，转速环扩展状态方程可以表示为

$$\begin{aligned}&\underbrace{\begin{bmatrix}\omega_{\rm e}(k+1)\\ \varepsilon_{\rm n}(k+1)\end{bmatrix}}_{\boldsymbol{x}_{\rm n}(k+1)}=\underbrace{\begin{bmatrix}\phi_{\rm n} & \kappa_{\rm d}\\ 0 & 1\end{bmatrix}}_{\boldsymbol{\Phi}_{\rm n}}\underbrace{\begin{bmatrix}\omega_{\rm e}(k)\\ \varepsilon_{\rm n}(k)\end{bmatrix}}_{\boldsymbol{x}_{\rm n}(k)}+\underbrace{\begin{bmatrix}\boldsymbol{\kappa}_{\rm n}\\ 0\end{bmatrix}}_{\boldsymbol{\kappa}_{\rm n}}i_q(k)\\ &\omega_{\rm e}(k)=\underbrace{\begin{bmatrix}1 & 0\end{bmatrix}}_{\boldsymbol{H}_{\rm n}}\boldsymbol{x}_{\rm n}(k)\end{aligned} \tag{7-100}$$

式中，$\varepsilon_{\rm n}$ 为转速环的扰动状态；$\boldsymbol{x}_{\rm n}(k)$ 为考虑转速控制回路中非周期性扰动的转速环状态变量；$\boldsymbol{\Phi}_{\rm n}$、$\boldsymbol{\kappa}_{\rm n}$、$\boldsymbol{H}_{\rm n}$ 为相应的考虑非周期性扰动抑制后转速环状态变量系数矩阵，并且

$$\kappa_{\rm d}=\int_0^{T_{\rm s}}{\rm e}^{-\frac{B}{J}\eta}{\rm d}\eta \tag{7-101}$$

转速环观测器可以构造为

$$\begin{aligned}\hat{\boldsymbol{x}}_{\rm n}(k+1)&=\hat{\boldsymbol{\Phi}}_{\rm n}\hat{\boldsymbol{x}}_{\rm n}(k)+\hat{\boldsymbol{\kappa}}_{\rm n}i_q(k)+\boldsymbol{K}_{\rm on}(\omega_{\rm e}(k)-\boldsymbol{H}_{\rm n}\hat{\boldsymbol{x}}_{\rm n}(k))\\ \hat{\omega}_{\rm e}(k)&=\boldsymbol{H}_{\rm n}\hat{\boldsymbol{x}}_{\rm n}(k)\end{aligned} \tag{7-102}$$

式中，$\boldsymbol{K}_{\rm on}$ 表示转速环观测器增益矩阵。

转速环的代价函数设计为

$$J_{\rm n}(k)=\|\omega_{\rm e,ref}(k)-(\hat{\omega}_{\rm e}(k)+k_{\rm e}\Delta\omega_{\rm e}(k))\|^2 \tag{7-103}$$

式中，$\Delta\omega_{\rm e}(k)=\omega_{\rm e}(k+1)-\omega_{\rm e}(k)$；$\omega_{\rm e,ref}(k)$ 为参考转子电角频率；$k_{\rm e}$ 为转速环控制参数。

在设计转速控制器时，由于电流环比转速环的响应速度快几倍，因此可以认为电流环的给定信号 $i_q^*(k)$ 等于输出信号 $i_q(k)$。为了获得最优的 $i_q^*(k)$，应将代价函数最小化，即通过

$$\frac{\partial J_{\rm n}(k)}{\partial i_q^*(k)}=0 \tag{7-104}$$

得到

$$i_q^*(k)=\frac{\omega_{\rm e,ref}(k)+(1-\phi_{\rm n})k_{\rm e}\omega_{\rm e}(k)-\hat{\omega}_{\rm e}(k)-k_{\rm e}\hat{\kappa}_{\rm d}\hat{\varepsilon}_{\rm n}(k)}{k_{\rm e}\kappa_{\rm n}} \tag{7-105}$$

在转速环中，为了抑制由电流采样误差引起的一倍频和二倍频谐波。转速环周期性扰动抑制控制器也可以设计成比例谐振控制器 $\mathrm{PR_d}$，设计原理与电流环中周期性扰动控制器基本相同。此时，基于准二阶广义积分器的谐振控制器传递函数为

$$G_{\mathrm{R}}(s)=\sum_{l=1}^{2}\frac{K_{\mathrm{R}}\omega_{\mathrm{l}}s}{s^2+2\omega_{\mathrm{l}}s+(l\omega_{\mathrm{e}})^2} \tag{7-106}$$

式 (7-106) 表示的谐振控制器也用在转速环并联式控制结构中作为周期性扰动谐振控制器，以便后续提供两种控制结构的合理比较。

7.4.2 双环预测控制器参数整定与分析

1. 双环预测控制器参数整定

在电流环控制系统中，预测控制器及观测器的参数与 7.3.2 节的参数整定过程类似，此处不再赘述，仅给出转速环预测控制器及观测器的参数整定。考虑非周期性扰动观测器，转速环控制系统的动态模型可以写为

$$\begin{aligned}&\underbrace{\begin{bmatrix}\omega_{\mathrm{e}}(k+1)\\ \hat{\boldsymbol{x}}_{\mathrm{n}}(k+1)\end{bmatrix}}_{\boldsymbol{x}_{\mathrm{n,cl}}(k+1)}=\boldsymbol{\Phi}_{\mathrm{n,cl}}\boldsymbol{x}_{\mathrm{n,cl}}(k)+\boldsymbol{\kappa}_{\mathrm{n,cl}}\omega_{\mathrm{e,ref}}(k)\\ &\omega_{\mathrm{e}}(k)=\boldsymbol{H}_{\mathrm{n,cl}}\boldsymbol{x}_{\mathrm{n,cl}}(k)\end{aligned} \tag{7-107}$$

式中，$\boldsymbol{x}_{\mathrm{n,cl}}(k)$ 为包含非周期性扰动观测器状态的转速环状态变量。

$$\begin{aligned}&\boldsymbol{\Phi}_{\mathrm{n,cl}}=\begin{bmatrix}1 & -\dfrac{1}{k_{\mathrm{e}}} & -\hat{\kappa}_{\mathrm{d}}\\ k_{\mathrm{on1}}+\dfrac{\hat{\kappa}_{\mathrm{n}}(1-\phi_{\mathrm{n}})}{\kappa_{\mathrm{n}}} & \hat{\phi}_{\mathrm{n}}-k_{\mathrm{on1}}-\dfrac{\hat{\kappa}_{\mathrm{n}}}{\kappa_{\mathrm{n}}k_{\mathrm{e}}} & \hat{\kappa}_{\mathrm{d}}-\dfrac{\hat{\kappa}_{\mathrm{n}}\hat{\kappa}_{\mathrm{d}}}{\kappa_{\mathrm{n}}}\\ k_{\mathrm{on2}} & -k_{\mathrm{on2}} & 1\end{bmatrix}\\ &\boldsymbol{\kappa}_{\mathrm{n,cl}}=\begin{bmatrix}\dfrac{1}{k_{\mathrm{e}}} & \dfrac{\hat{\kappa}_{\mathrm{n}}}{\kappa_{\mathrm{n}}k_{\mathrm{e}}} & 0\end{bmatrix}^{\mathrm{T}}\\ &\boldsymbol{H}_{\mathrm{n,cl}}=\begin{bmatrix}1 & 0 & 0\end{bmatrix}^{\mathrm{T}}\end{aligned} \tag{7-108}$$

基于式 (7-107)，可以得出转速环的闭环传递函数。与电流环类似，可根据速度环的期望带宽来选择 k_{e}。通常情况下，速度环带宽是电流环带宽的 1/10 ∼

1/5。$\boldsymbol{K}_{\mathrm{on}}$ 是转速环非周期性扰动观测器中需要整定的参数矩阵，其参数整定原则与 7.3.2 节电流环观测器参数整定原则类似。转速控制环中的观测器阻尼比 σ_{o} 也设置为 0.707。

此外，在提出的基于双环预测的永磁同步电机周期性扰动抑制策略中，电流环和转速环均构建了额外的周期性扰动抑制控制回路，并相应嵌入周期性扰动抑制控制器 $\mathrm{PR_d}$。其干扰抑制性能取决于控制器中可调节的控制参数 K_{R} 和 ω_{l}。谐振信号的抑制能力由增益 K_{R} 决定，而谐振带宽受 K_{R} 和 ω_{l} 的共同影响。随着 ω_{l} 的增加，谐振带宽增加，对谐振频率之外的频率信号的影响也会随之上升，因此 ω_{l} 应该选择较小的值保证低谐振带宽。但是，由于电机转子角频率在运行过程中会发生偏移，为了使偏移后的谐波频率仍落在谐振控制器带宽之内以保证谐波的抑制，谐振带宽不能取得过小。另外，尽管提高谐振增益 K_{R} 可以增强谐振频率处信号的抑制能力，谐振频率之外的频率信号受到的作用干扰也会上升。因此，K_{R} 和 ω_{l} 的选择要同时考虑对特定次谐波的高抑制能力和对其他频率处信号的低影响力。在选择增益 K_{R} 的值时，应考虑扰动抑制能力和噪声灵敏度之间的权衡，然后根据所选的 K_{R}，调整 ω_{l} 可以获得所需的谐振带宽。

2. 双环预测与传统并联结构的比较研究

根据图 7-19 (a) 和图 7-19 (b)，基于电流环和转速环的控制器性能分析，详细说明双环控制结构和传统并联型控制结构之间的差异。当电流环采用传统的并联式控制结构时，从系统参考电流给定 $\boldsymbol{i}_{\mathrm{s,ref}}$ 到输出电流 $\boldsymbol{i}_{\mathrm{s}}$ 的传递函数为

$$\frac{\boldsymbol{i}_{\mathrm{s}}(s)}{\boldsymbol{i}_{\mathrm{s,ref}}(s)}=\frac{P(s)(C_{\mathrm{i,R6}}(s)+C_{\mathrm{i,pred}}(s))}{1+P(s)(C_{\mathrm{i,R6}}(s)+C_{\mathrm{i,pred}}(s))} \tag{7-109}$$

从电流环扰动信号 $\boldsymbol{d}$ 到 $\boldsymbol{i}_{\mathrm{s}}$ 的传递函数表示为

$$\frac{\boldsymbol{i}_{\mathrm{s}}(s)}{\boldsymbol{d}(s)}=\frac{P(s)}{1+P(s)(C_{\mathrm{i,R6}}(s)+C_{\mathrm{i,pred}}(s))} \tag{7-110}$$

当转速环采用传统的并联式控制结构时，从系统参考转速给定 $\omega_{\mathrm{e,ref}}$ 到输出转速 ω_{e} 的传递函数为

$$\frac{\omega_{\mathrm{e}}(s)}{\omega_{\mathrm{e,ref}}(s)}=\frac{P_{\mathrm{n}}(s)(C_{\omega,\mathrm{R1}}(s)+C_{\omega,\mathrm{R2}}(s)+C_{\omega,\mathrm{pred}}(s))}{1+P_{\mathrm{n}}(s)(C_{\omega,\mathrm{R1}}(s)+C_{\omega,\mathrm{R2}}(s)+C_{\omega,\mathrm{pred}}(s))} \tag{7-111}$$

式中，P_{n} 为包含转速环的被控永磁同步电机；$C_{\omega,\mathrm{R1}}$ 和 $C_{\omega,\mathrm{R2}}$ 为转速环中的谐振控制器，谐振频率分别是系统基频 ω_{e} 的一倍和两倍。

从转速环扰动信号 d 到输出 ω_e 的传递函数为

$$\frac{\omega_e(s)}{-d(s)}=\frac{P_n(s)}{1+P_n(s)(C_{\omega,R1}(s)+C_{\omega,R2}(s)+C_{\omega,pred}(s))} \tag{7-112}$$

由式 (7-109)~ 式 (7-112) 这四个传递函数可知，在并联式控制结构下，为周期性扰动抑制而设计的扰动控制器在给定跟踪回路和扰动抑制回路中共同作用。这意味着，周期性扰动抑制会影响给定信号的跟踪能力。周期性扰动抑制和给定跟踪之间存在明显的耦合效应。

为了克服传统并联控制结构的弊端，提出双环控制结构实现给定跟踪与周期性扰动抑制之间的解耦。当电流环采用基于双环预测的周期性扰动抑制策略时，从系统参考电流给定 $\boldsymbol{i}_{s,ref}$ 到输出电流 $\boldsymbol{i}_s$ 的传递函数为

$$\frac{\boldsymbol{i}_s(s)}{\boldsymbol{i}_{s,ref}(s)}=\frac{C_{i,pred}(s)P(s)(1+C_{i,d}(s)P_m(s))}{(1+C_{i,d}(s)P(s))+C_{i,pred}(s)P(s)(1+C_{i,d}(s)P_m(s))} \tag{7-113}$$

从电流环扰动信号 $\boldsymbol{d}$ 到 $\boldsymbol{i}_s$ 的传递函数为

$$\frac{\boldsymbol{i}_s(s)}{\boldsymbol{d}(s)}=\frac{P(s)}{(1+C_{i,d}(s)P(s))+C_{i,pred}(s)P(s)(1+C_{i,d}(s)P_m(s))} \tag{7-114}$$

假设被控对象永磁同步电机电流环数学模型能真实地反映实际被控对象特征，即 $P_m(s)\approx P(s)$，式 (7-113) 可以重写为

$$\frac{\boldsymbol{i}_s(s)}{\boldsymbol{i}_{s,ref}(s)}=\frac{C_{i,pred}(s)P(s)}{1+C_{i,pred}(s)P(s)} \tag{7-115}$$

式 (7-114) 可以重写为

$$\frac{\boldsymbol{i}_s(s)}{\boldsymbol{d}(s)}=\frac{P(s)}{(1+C_{i,pred}(s)P(s))(1+C_{i,d}(s)P(s))} \tag{7-116}$$

同理，当转速环采用基于双环预测的周期性扰动抑制策略时，从系统参考转速给定 $\omega_{e,ref}$ 到输出转速 ω_e 的传递函数为

$$\frac{\omega_e(s)}{\omega_{e,ref}(s)}=\frac{C_{\omega,pred}(s)P_n(s)(1+C_{\omega,d}(s)P_{mn}(s))}{(1+C_{\omega,d}(s)P_n(s))+C_{\omega,pred}(s)P_n(s)(1+C_{\omega,d}(s)P_{mn}(s))} \tag{7-117}$$

式中，P_{mn} 为包含转速环的永磁同步电机估计模型。

从转速环扰动信号到输出转速 ω_e 的传递函数为

$$\frac{\omega_e(s)}{-d(s)}=\frac{P_n(s)}{(1+C_{\omega,d}(s)P_n(s))+C_{\omega,pred}(s)P_n(s)(1+C_{\omega,d}(s)P_{mn}(s))} \tag{7-118}$$

假设包含转速环的被控对象永磁同步电机数学模型能真实地反映实际被控对象特征，即 $P_{\mathrm{mn}}(s) \approx P_{\mathrm{n}}(s)$，式 (7-117) 可以重写为

$$\frac{\omega_{\mathrm{e}}(s)}{\omega_{\mathrm{e,ref}}(s)} = \frac{C_{\omega,\mathrm{pred}}(s)P_{\mathrm{n}}(s)}{1+C_{\omega,\mathrm{pred}}(s)P_{\mathrm{n}}(s)} \tag{7-119}$$

式 (7-118) 可以重写为

$$\frac{\omega_{\mathrm{e}}(s)}{-d(s)} = \frac{P(s)}{(1+C_{\omega,\mathrm{pred}}(s)P(s))(1+C_{\omega,\mathrm{d}}(s)P(s))} \tag{7-120}$$

需要说明的是，永磁同步电机数学模型不可能完全反映实际被控对象特征，模型不匹配对系统性能的影响将在后面详细分析，即具体讨论使上述传递函数得到简化模型假设的可行性。

与式 (7-109)~ 式 (7-112) 不同，当采用双环控制结构时，周期性扰动抑制控制器 $C_{\mathrm{i,d}}$ 或 $C_{\omega,\mathrm{d}}$ 仅出现在周期性扰动抑制环路中，如式 (7-115)、式 (7-116)、式 (7-119) 和式 (7-120) 所示。这表明，在转速环和电流环控制中，电流参考给定跟踪过程和转速给定跟踪过程只与参考给定跟踪主控制器有关，跟踪性能不受扰动抑制控制器的影响，可以实现参考给定跟踪与周期性扰动抑制之间的解耦。

由于转速环控制器与电流环控制器设计原理基本相同，因此以电流环为例进行伯德图分析。电流环控制器分别采用双环控制结构和传统并联控制结构时的闭环伯德图如图 7-20 所示。

图中，转速为 300r/min，谐振频率设置为 $6\omega_{\mathrm{m}}$。由图 7-20(a) 可以看出，当采用并联结构进行电流控制时，由于谐振控制器固有截止频率 ω_{l} 的存在，在六倍频谐振频率处或谐振频率附近的信号幅值被放大或缩小。当给定电流信号阶跃性突变时，电流瞬态响应会产生显著的振荡。采用并联式周期性扰动抑制策略会降低主预测控制器的给定跟踪性能，也就是说，周期性扰动抑制以牺牲动态响应为代价。但采用双环控制结构时，其跟踪性能与不存在扰动或扰动控制器时的正常情况相同。这是由于双环控制器的给定跟踪传递函数中不存在周期性扰动抑制过程，即给定跟踪与周期性扰动抑制控制器无关。由图 7-20(b) 可以看出，当采用并联结构时，电流环控制器对六次谐波具有较强的抑制能力，但是对其他频率的信号抑制较弱。当采用双环控制结构且选择 $\mathrm{PR_d}$ 作为扰动控制器 $C_{\mathrm{i,d}}$ 时，六倍频谐波信号有与并联型电流控制器相当的抑制能力。此外，对一定频带宽度的低频谐波 (包括由参数变化引起的谐波) 都具有出色的谐波抑制能力，这也保障了参数不匹配等扰动下系统控制的鲁棒性。

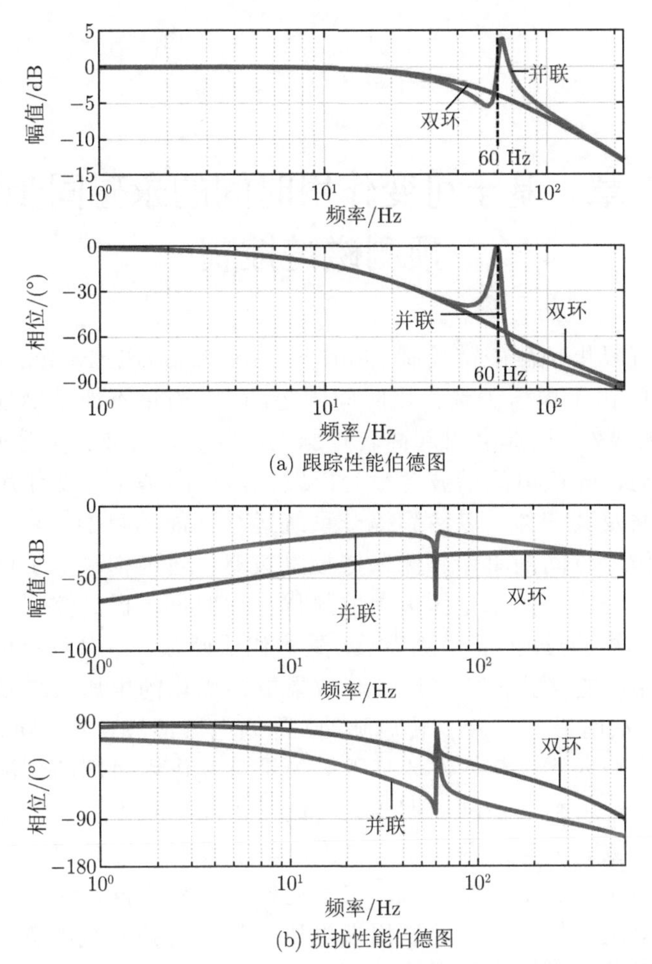

(a) 跟踪性能伯德图

(b) 抗扰性能伯德图

图 7-20 电流环控制器分别采用双环控制结构和传统并联控制结构时的闭环伯德图

第 8 章　基于可变作用时间的永磁同步电机预测磁链控制

在传统有限集预测磁链控制 (finite control set predictive flux control, FCS-PFC) 算法中，由于电压矢量作用时间固定，磁链矢量不能精确地跟踪其参考值，存在较大误差，因此会引起高转矩脉动、高电流谐波含量等问题。本章以抑制转矩脉动、降低电流谐波含量为出发点，提出基于可变作用时间的预测磁链控制策略及其变体，以达到提升系统运行性能的目的。首先，分析基于单矢量可变作用时间的单步预测磁链控制策略，通过构建基于可变作用时间的磁链预测轨迹确定候选电压矢量的最优作用时间，提高控制自由度来改善控制效果。其次，通过扩展预测步长，重构代价函数，考虑多步预测步长中的磁链误差矢量，能够获得使全局控制效果更为优化的电压矢量及其相应的最优作用时间，从而进一步减少转矩脉动，降低电流谐波含量。同时，通过在单个控制周期中插入零矢量，设计基于双矢量可变作用时间的预测磁链控制策略，与单矢量作用整个控制周期相比，该变体能够获得更为优化的占空比信号，从而减少磁链矢量跟踪误差。再次，基于可变作用时间的理念设计基于切换点优化的预测磁链控制方式。与上述控制策略不同，该变体能够通过优化当前作用电压矢量与下一控制周期电压矢量的切换时刻改善控制效果。最后，分析模型预测磁链控制算法的数字化实现方法，加入延时补偿，并提出在线简化算法来减小计算负担。

8.1　基于单矢量可变作用时间的单步预测磁链控制

受传统 FCS-PFC 算法中矢量作用时间固定为单个采样周期 T_{s} 的影响，定子磁链矢量的跟踪存在较大误差[111]，因此本节从提高矢量作用时间的控制自由度入手，通过最小化磁链矢量误差确定电压矢量最优作用时间，提出基于单矢量可变作用时间的单步预测磁链控制 (variable-action-period-based predictive flux control, VAP-PFC) 算法。该算法主要包括计算电压矢量最优作用时间和遴选最优电压矢量两个步骤。本节对比分析电压矢量固定作用时间和可变作用时间的两种算法对磁链矢量轨迹跟踪效果的影响。

8.1.1 基于单矢量可变作用时间的磁链轨迹

采用传统 FCS-PFC 进行磁链控制时，定子磁链轨迹预测值和参考值可以表示为

$$\begin{cases}\hat{\boldsymbol{\Psi}}_{\rm s}(k+1)=\boldsymbol{\Psi}_{\rm s}(k)+\boldsymbol{u}_i(k)T_{\rm s}\\ \boldsymbol{\Psi}_{\rm s,ref}(k+1)=\boldsymbol{\Psi}_{\rm s,ref}(k){\rm e}^{{\rm j}\omega_{\rm e}T_{\rm s}}\end{cases} \tag{8-1}$$

式中，ref 表示参考值；上标 ^ 表示预测值；k 为第 k 个采样点时刻；$\boldsymbol{u}_i$ 为候选电压矢量，可以从 8 个基本电压矢量中选取。

可以看出，电压矢量作用时间固定为单个采样周期 $T_{\rm s}$，控制自由度低，磁链矢量跟踪存在较大误差。对此，提出 VAP-PFC 算法，使电压矢量的作用时间不再固定为采样周期 $T_{\rm s}$，定子磁链轨迹预测值和参考值可以表示为

$$\begin{cases}\hat{\boldsymbol{\Psi}}_{\rm s}(l+1)=\boldsymbol{\Psi}_{\rm s}(l)+\boldsymbol{u}_i(l)t_i\\ \boldsymbol{\Psi}_{\rm s,ref}(l+1)=\boldsymbol{\Psi}_{\rm s,ref}(l){\rm e}^{{\rm j}\omega_{\rm e}t_i}\end{cases} \tag{8-2}$$

式中，l 为第 l 个开关切换点时刻；t_i 为电压矢量的作用时间。

可以看出，电压矢量作用时间不再固定，可以提高作用时间控制自由度，通过选取合适的矢量作用时间 t_i 可以使定子磁链精确跟踪其参考值。采用不同控制策略时，定子磁链跟踪轨迹如图 8-1和图 8-2 所示。

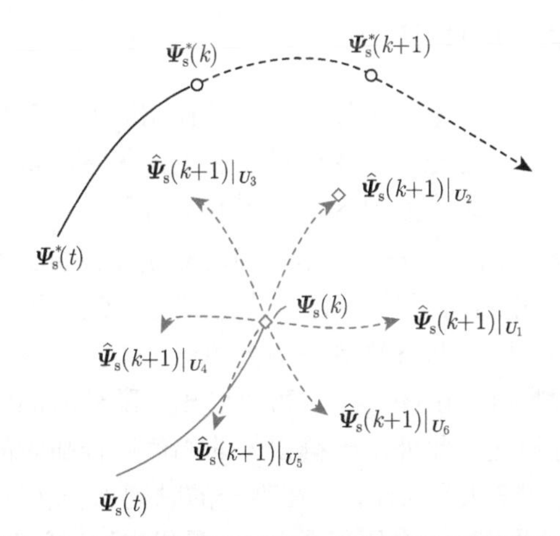

图 8-1 采用传统 FCS-PFC 时的磁链跟踪轨迹

图中，t_0 代表第 l 个开关切换点时刻，即第 l 个控制周期的开始时刻。灰色实线和黑色实线分别表示定子磁链矢量的实际轨迹和参考轨迹，灰色虚线和黑色虚线分别表示定子磁链矢量预测轨迹和未来参考轨迹。当采用传统 FCS-PFC 算

法时，基本电压矢量作用时间都为 T_{s}。显然，在 8 个基本电压矢量中，$\boldsymbol{u}_2$ 为最优解。但是，在 $\boldsymbol{u}_2$ 作用 T_{s} 后，定子磁链矢量仍然具有较大的误差，如图 8-1 所示。当采用所提出 VAP-PFC 算法时，基本电压矢量的最优作用时间各不相同，基于磁链矢量误差最小化原则，选取电压矢量 $\boldsymbol{u}_2$ 作用 t_{i2} 时间可以获得最优跟踪效果，如图 8-2 所示。算法通过添加矢量作用时间的额外自由度，可以获得更加合适电压矢量和最优作用时间，因此可以得到更加精确的磁链跟踪效果、更小的转矩脉动和三相电流谐波含量[112]。

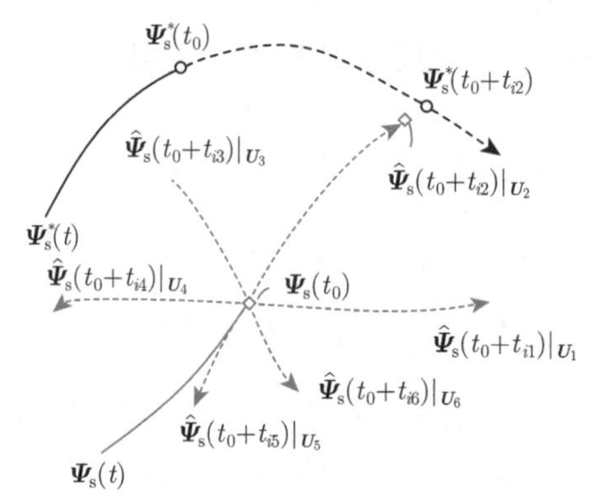

图 8-2　采用 VAP-PFC 时的磁链跟踪轨迹

8.1.2　单步预测最优作用时间计算

在 VAP-PFC 算法中，最优电压矢量及其作用时间由包含磁链矢量误差的代价函数最小化方法得到。首先，需要计算候选电压矢量的最优作用时间。定子磁链矢量参考值与预测值的关系如图 8-3 和图 8-4 所示。

图中，$\boldsymbol{\Psi}_{\mathrm{s}}(t_0)$ 和 $\boldsymbol{\Psi}_{\mathrm{s,ref}}(t_0)$ 分别表示当前时刻定子磁链的实际值和参考值。可以看出，$\boldsymbol{u}_2$ 作为最优电压矢量用来减小磁链误差 $\Delta\boldsymbol{\Psi}_{\mathrm{s}}$。因为定子磁链参考轨迹与实际轨迹移动速率不同，两条轨迹并不会相交于一点。这意味着，磁链误差最小被控制为一个非零数值。由图 8-4 也可以看出，随着时间的变化，点线从黑色实线上方经过而没有相交。此外，磁链误差的幅值同样随时间变化，且值先变小至非零最小值之后随即增大。因此，存在唯一的时刻 t，使磁链误差幅值达到最小值[113]。不失一般性，假设最优电压矢量 $\boldsymbol{u}_i$ 的最优作用时间为 $\boldsymbol{t}_i$。在 t_0+t_i 时刻，磁链矢量预测值与参考值可表示为

$$\begin{cases}\hat{\boldsymbol{\Psi}}_{\mathrm{s}}(t_0+t_i)=\boldsymbol{\Psi}_{\mathrm{s}}(t_0)+\boldsymbol{u}_it_i\\ \boldsymbol{\Psi}_{\mathrm{s,ref}}(t_0+t_i)=\boldsymbol{\Psi}_{\mathrm{s,ref}}(t_0)\mathrm{e}^{\mathrm{j}\omega_{\mathrm{e}}t_i}\end{cases}\tag{8-3}$$

因此，在 t_0+t_i 时刻，电压矢量 $\boldsymbol{u}_i$ 作用下的定子磁链矢量参考值与预测值的差值可表示为

$$\Delta\boldsymbol{\Psi}_{\mathrm{s}}(t_i)|_{\boldsymbol{u}_i}=\boldsymbol{\Psi}_{\mathrm{s,ref}}(t_0+t_i)-\hat{\boldsymbol{\Psi}}_{\mathrm{s}}(t_0+t_i)=\boldsymbol{\Psi}_{\mathrm{s,ref}}(t_0)\mathrm{e}^{\mathrm{j}\omega_{\mathrm{e}}t_i}-\boldsymbol{\Psi}_{\mathrm{s}}(t_0)-\boldsymbol{u}_i t_i \quad (8\text{-}4)$$

可以看出，磁链的偏差值为关于矢量作用时间 t_i 的函数。构建代价函数，即

$$f(l)=(\Delta\boldsymbol{\Psi}_{\mathrm{s}}(t_i)|_{\boldsymbol{u}_i})^2=(\boldsymbol{\Psi}_{\mathrm{s,ref}}(t_0+t_i)-\hat{\boldsymbol{\Psi}}_{\mathrm{s}}(t_0+t_i))^2 \quad (8\text{-}5)$$

通过求解下式，即可得到在电压矢量 $\boldsymbol{u}_i$ 作用下，磁链矢量误差最小时对应的

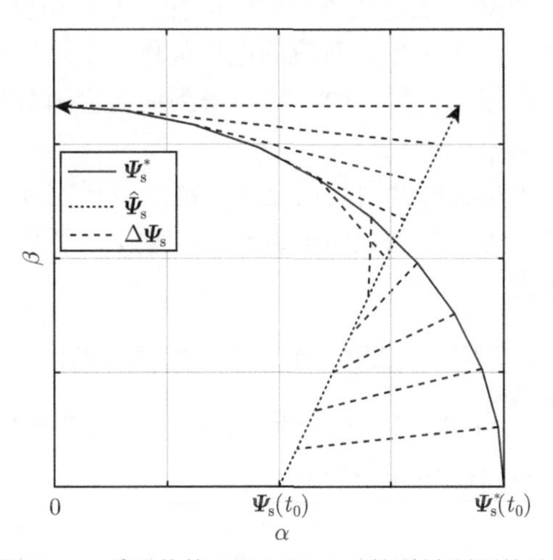

图 8-3 采用传统 FCS-PFC 时的磁链预测轨迹

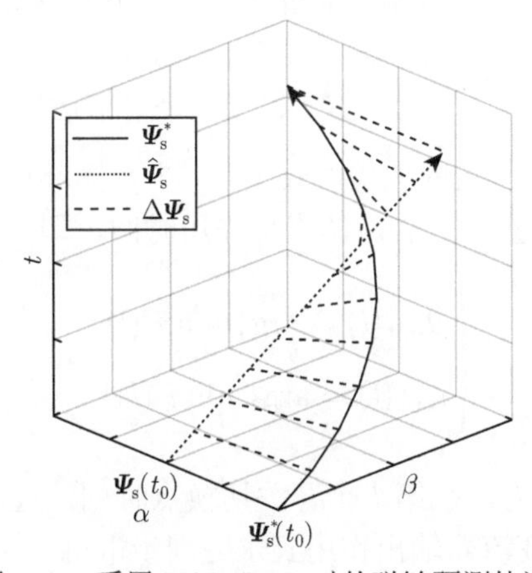

图 8-4 采用 VAP-PFC 时的磁链预测轨迹

最优作用时间 t_i，即

$$\frac{\mathrm{d}f(l)}{\mathrm{d}t_i}=\frac{\mathrm{d}(\Delta\boldsymbol{\Psi}_{\mathrm{s}}(t_i)|_{\boldsymbol{u}_i})^2}{\mathrm{d}t_i}=0 \tag{8-6}$$

上述计算过程可推广到所有候选电压矢量，依次求取候选电压矢量的最优作用时间。

8.1.3　单步预测最优电压矢量遴选

在获得各个候选电压矢量的最优作用时间后，需要从所有候选电压矢量中选出最优电压矢量。由于磁链轨迹只能单方向逆时针行进，因此最优时间 t_i 应大于零。当 t_i 小于零时，意味着磁链轨迹与实际的行进方向相反，因此在最优矢量选择过程中，首先要舍弃 t_i 小于零时对应的电压矢量。在此基础上，将其余 t_i 大于零及其对应的电压矢量代入代价函数，比较得到使代价函数最小时对应的电压矢量，即最优电压矢量 $\boldsymbol{u}_{\mathrm{opt}}$[114]。

由于式 (8-5) 中构建的代价函数仅包含磁链矢量误差项，开关频率只能通过改变采样频率来调节。为了更加灵活地调整开关频率，考虑开关频率约束项，重构代价函数可以表示为

$$F(l)=(\Delta\boldsymbol{\Psi}_{\mathrm{s}}(t_i)|_{\boldsymbol{u}_i})^2+\lambda_{\mathrm{u}}(\Delta\boldsymbol{u}(l))^2 \tag{8-7}$$

式中，$\Delta\boldsymbol{u}$ 和 λ_{u} 分别为开关频率约束项及其相应的权重系数，λ_{u} 是一个非负系数，可以平衡磁链矢量误差和开关频率。

令当前时刻作用电压矢量 $\boldsymbol{u}=[S_{\mathrm{a}},S_{\mathrm{b}},S_{\mathrm{c}}]$，候选电压矢量 $\boldsymbol{u}_i=[\hat{S}_{\mathrm{a}},\hat{S}_{\mathrm{b}},\hat{S}_{\mathrm{c}}]$，其中 S_{a}、S_{b}、S_{c} 和 $\hat{S}_{\mathrm{a}}$、$\hat{S}_{\mathrm{b}}$、$\hat{S}_{\mathrm{c}}$ 分别表示当前作用电压矢量和候选电压矢量对应的两电平逆变器三相开关状态，并且 S_{a}、S_{b}、$S_{\mathrm{c}}\in\{0,1\}$，“1”表示该相上桥臂导通、下桥臂关断，“0”表示该相上桥臂关断、下桥臂导通。因此，$\Delta\boldsymbol{u}$ 可以进一步计算为

$$\Delta\boldsymbol{u}(l)=|S_{\mathrm{a}}-\hat{S}_{\mathrm{a}}|+|S_{\mathrm{b}}-\hat{S}_{\mathrm{b}}|+|S_{\mathrm{c}}-\hat{S}_{\mathrm{c}}| \tag{8-8}$$

最后，将候选电压矢量依次代入式 (8-7) 中，循环比较遴选使代价函数取得最小值时对应的电压矢量及其相应的最优作用时间，即

$$\begin{cases}\boldsymbol{u}_{\mathrm{opt}}(l)=\arg\{\min\limits_{\boldsymbol{u}_i}F(l)\}\\ t_{\mathrm{opt}}(l)=\arg\{\min\limits_{t_i}F(l)\}\end{cases} \tag{8-9}$$

式 (8-9) 可以描述为，在第 l 个开关切换点时刻，选取最优电压矢量 $\boldsymbol{u}_{\mathrm{opt}}(l)$ 在 $t_0\sim t_0+t_{\mathrm{opt}}(l)$ 由变流器输出作用到永磁同步电机。

至此，在 VAP-PFC 算法中，最优电压矢量及其最优作用时间均已确定。

8.2 基于单矢量可变作用时间的多步预测磁链控制

在 8.1 节的基础上，本节将单步 VAP-PFC 算法扩展为多步 VAP-PFC 算法，提出基于单矢量可变作用时间的多步预测磁链控制 (multi-step variable action period predictive flux control, MS-VAP-PFC) 策略。该算法通过考虑多步磁链矢量误差重构代价函数并将其最小化，选取在多步预测步长中最优的电压矢量和相应的最优作用时间，能够进一步减少转矩和磁链波动，降低三相电流谐波含量。

8.2.1 多步预测最优作用时间计算

令上角标 n 表示第 $n(n=1,2,\cdots)$ 步预测步长中的磁链矢量和电压矢量。例如，$\hat{\boldsymbol{\Psi}}_{\mathrm{s}}^{n}$ 表示在第 n 步预测步长中定子磁链矢量预测值。根据式 (8-3)，在 $N(N=1,2,\cdots)$ 步预测中，第 $n(1\leqslant n\leqslant N)$ 个预测步长中的定子磁链矢量预测值和参考值可以表示为

$$\begin{cases}\hat{\boldsymbol{\Psi}}_{\mathrm{s}}^{n}(t_0+t_i^1+\cdots+t_i^n)=\boldsymbol{\Psi}_{\mathrm{s}}(t_0)+\boldsymbol{u}_i^1t_i^1+\cdots+\boldsymbol{u}_i^nt_i^n\\ \boldsymbol{\Psi}_{\mathrm{s,ref}}^{n}(t_0+t_i^1+\cdots+t_i^n)=\boldsymbol{\Psi}_{\mathrm{s,ref}}(t_0)\mathrm{e}^{\mathrm{j}\omega_{\mathrm{e}}(t_i^1+\cdots+t_i^n)}\end{cases}\tag{8-10}$$

式中，$\boldsymbol{u}_i^n$ 和 t_i^n 分别表示在第 n 个预测步长中的电压矢量和对应的矢量作用时间。

根据式 (8-10) 可以获得第 n 个预测步长中定子磁链矢量误差值，即

$$\Delta\boldsymbol{\Psi}_{\mathrm{s}}^{n}(t_i^n)|_{\boldsymbol{u}_i^n}=\boldsymbol{\Psi}_{\mathrm{s,ref}}^{n}-\hat{\boldsymbol{\Psi}}_{\mathrm{s}}^{n}=\boldsymbol{\Psi}_{\mathrm{s,ref}}(t_0)\mathrm{e}^{\mathrm{j}\omega_{\mathrm{e}}(t_i^1+\cdots+t_i^n)}-\boldsymbol{\Psi}_{\mathrm{s}}(t_0)-\boldsymbol{u}_i^1t_i^1-\cdots-\boldsymbol{u}_i^nt_i^n\tag{8-11}$$

可以看出，第 n 个预测步长中磁链矢量误差值是关于矢量作用时间 $t_i^1\sim t_i^n$ 的函数。

基于每一步预测步长中定子磁链矢量误差值，构造的代价函数为

$$f^N(l)=\sum_{n=1}^{N}\left(\Delta\boldsymbol{\Psi}_{\mathrm{s}}^{n}(t_i^n)|_{\boldsymbol{u}_i^n}\right)^2\tag{8-12}$$

求解

$$\frac{\partial f^N(l)}{\partial t_i^n}=\frac{\partial\left[\displaystyle\sum_{n=1}^{N}\left(\Delta\boldsymbol{\Psi}_{\mathrm{s}}^{n}(t_i^n)|_{\boldsymbol{u}_i^n}\right)^2\right]}{\partial t_i^n}=0\tag{8-13}$$

可以获得每一步预测步长中所有候选电压矢量所对应的最优作用时间，对应第 n 步预测步长中最小的磁链矢量误差值。在每一步预测步长中，需对所有候选电压矢量进行上述计算。

8.2.2 多步预测最优电压矢量遴选

在获得第 n 步预测步长中所有候选电压矢量的最优作用时间之后，可以从候选电压矢量中选出最优电压矢量。通过将候选电压矢量及其对应的作用时间遍历代入代价函数中求解，选出每一步预测步长中使代价函数取最小值时的最优电压矢量 $\boldsymbol{u}_{\mathrm{opt}}^1 \sim \boldsymbol{u}_{\mathrm{opt}}^N$。考虑开关约束项重构代价函数为

$$F^N(l)=\sum_{n=1}^{N}\left(\Delta\boldsymbol{\Psi}_{\mathrm{s}}^n(t_i^n)|_{\boldsymbol{u}_i^n}\right)^2+\lambda_u\left(\Delta\boldsymbol{u}^n\right)^2 \tag{8-14}$$

式中，$\Delta\boldsymbol{u}^n$ 表示第 n 个预测步长中的开关频率约束项。

通过最小化代价函数 $F^N(l)$，可以得到最优电压矢量 $\boldsymbol{u}_{\mathrm{opt}}(l)$ 和对应的最优矢量作用时间 $t_{\mathrm{opt}}(l)$，即

$$\begin{cases}\boldsymbol{u}_{\mathrm{opt}}(l)=\arg\{\min\limits_{\boldsymbol{u}_i^1}F^N(l)\}=\boldsymbol{u}_{\mathrm{opt}}^1\\ t_{\mathrm{opt}}(l)=\arg\{\min\limits_{t_i^1}F^N(l)\}=t_{\mathrm{opt}}^1\end{cases} \tag{8-15}$$

式 (8-15) 可以描述为，在第 l 个开关切换点时刻，选取最优电压矢量 $\boldsymbol{u}_{\mathrm{opt}}(l)$ 在 $t_0 \sim t_0+t_{\mathrm{opt}}(l)$ 时间间隔内由逆变器输出到永磁同步电机。

至此，多步预测步长中最优电压矢量及其作用时间均已确定。值得注意的是，当 $N=1$ 时，即单步 VAP-PFC，采用上述计算方法获得的最优解 $\boldsymbol{u}_{\mathrm{opt}}(l)$ 与 8.1 节的最优解一致；当 $N>1$ 时，采用 MS-VAP-PFC 获得的最优解与单步预测步长所得的最优解可能不同，但是多步预测步长获取的最优解可以获得全局更为优化的控制效果。

8.3 基于双矢量可变作用时间的预测磁链控制

本章前两节所述内容均为单矢量可变作用时间的预测磁链控制方法，虽然矢量作用时间可以灵活调整，但是整个控制周期内仅有单个有效矢量作用，仍存在一定的磁链矢量跟踪误差。本节在上述基础上引入双矢量概念，通过在有效电压矢量作用结束后插入零矢量作用合适时间来优化控制周期中的占空比输出，即双矢量可变作用时间的预测磁链控制 (two-vector-based variable action period predictive flux control, TV-VAP-PFC) 算法。与传统基于双矢量的有限集预测磁键

控制 (two-vector-based finte control set predictive flux control, TV-FCS-PFC) 算法不同，该算法中双矢量的控制周期不再固定为采样周期，而是将有效电压矢量和零电压矢量的最优作用时间组合构成可变的控制周期，提高对矢量作用时间的控制自由度，从而改善传统 TV-FCS-PFC 算法中存在的高转矩脉动和高电流谐波含量的问题[115]。

8.3.1 基于双矢量可变作用时间的磁链轨迹

不同于式 (8-3) 中单矢量 VAP-PFC 算法的磁链轨迹在一个控制周期中仅与单个电压矢量及其作用时间有关，在 TV-VAP-PFC 算法的一个控制周期中，依次由有效电压矢量 ($\boldsymbol{u}_1 \sim \boldsymbol{u}_6$) 和零电压矢量 ($\boldsymbol{u}_0$、$\boldsymbol{u}_7$) 作用相应的时间，可以优化整个控制周期的占空比输出。采用 TV-VAP-PFC 策略时，定子磁链参考值可以表示为

$$\begin{cases}\boldsymbol{\Psi}_{\mathrm{s,ref}}(t'+t_{\mathrm{a}})=\boldsymbol{\Psi}_{\mathrm{s,ref}}(t')\mathrm{e}^{\mathrm{j}\omega_{\mathrm{e}}t_{\mathrm{a}}}\\ \boldsymbol{\Psi}_{\mathrm{s,ref}}(t'+t_{\mathrm{a}}+t_{\mathrm{b}})=\boldsymbol{\Psi}_{\mathrm{s,ref}}(t')\mathrm{e}^{\mathrm{j}\omega_{\mathrm{e}}(t_{\mathrm{a}}+t_{\mathrm{b}})}\end{cases} \tag{8-16}$$

式中，t' 为第 l 个控制周期的开始时刻；t_{a} 和 t_{b} 分别为候选有效电压矢量和零电压矢量的作用时间。

定子磁链的预测值可以表示为

$$\begin{cases}\hat{\boldsymbol{\Psi}}_{\mathrm{s},1}(t'+t_{\mathrm{a}})=\boldsymbol{\Psi}_{\mathrm{s}}(t')+\boldsymbol{u}_{\mathrm{a}}t_{\mathrm{a}}\\ \hat{\boldsymbol{\Psi}}_{\mathrm{s},2}(t'+t_{\mathrm{a}}+t_{\mathrm{b}})=\boldsymbol{\Psi}_{\mathrm{s}}(t')+\boldsymbol{u}_{\mathrm{a}}t_{\mathrm{a}}+\boldsymbol{u}_{\mathrm{b}}t_{\mathrm{b}}\end{cases} \tag{8-17}$$

式中，$\boldsymbol{u}_{\mathrm{a}}$ 和 $\boldsymbol{u}_{\mathrm{b}}$ 分别为候选有效电压矢量和零电压矢量。

在有效电压矢量作用 t_{a} 之后，通过插入零矢量 $\boldsymbol{u}_{\mathrm{b}}$ 作用相应的时间 t_{b}，可以进一步减少磁链矢量跟踪误差。基于双矢量可变作用时间的定子磁链轨迹如图 8-5 所示。

图中，$\boldsymbol{\Psi}_{\mathrm{s,ref}}$ 是参考定子磁链矢量，$\hat{\boldsymbol{\Psi}}_{\mathrm{s}}$ 是预测定子磁链矢量，$\Delta\boldsymbol{\Psi}_{\mathrm{s}}$ 是参考定子磁链矢量和预测定子磁链矢量的控制误差。假设 $\boldsymbol{u}_2$ 是最优有效电压矢量，$t_{\mathrm{a,opt}}$ 是 $\boldsymbol{u}_2$ 的最优作用时间，$t_{\mathrm{b,opt}}$ 是零电压矢量的最优作用时间。与传统 TV-FCS-PFC 不同，$t_{\mathrm{a,opt}}$ 与 $t_{\mathrm{b,opt}}$ 的和不再固定为采样周期 T_{s}，而是基于磁链矢量误差最小原则确定有效电压矢量和零电压矢量的最优作用时间。同时，与单矢量 VAP-PFC 不同，在有效电压矢量作用结束之后，定子磁链矢量跟踪仍然存在较大误差，插入零矢量后磁链矢量误差达到最小值[116]。

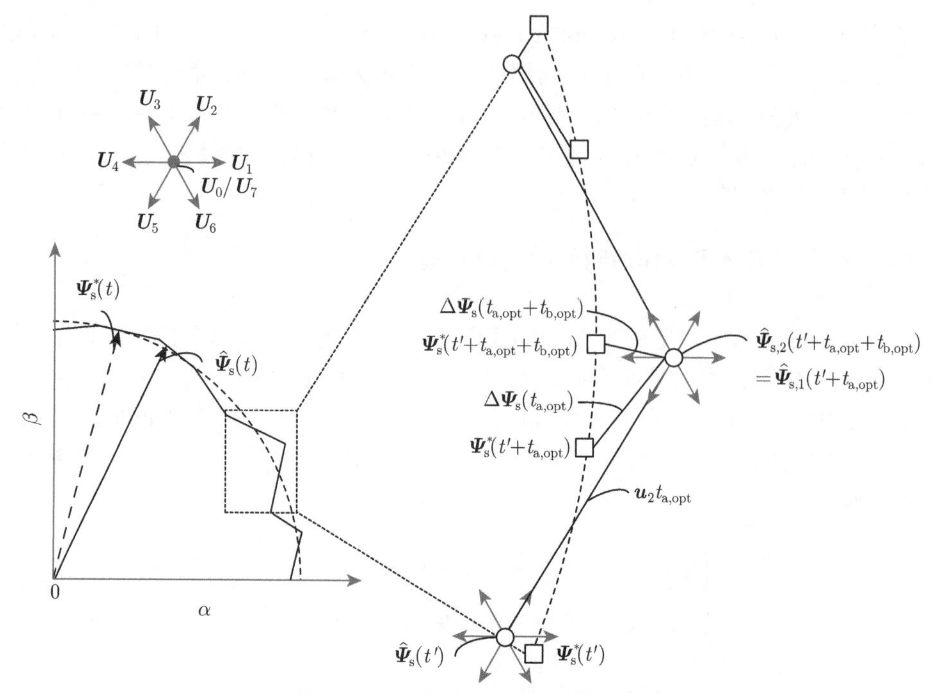

图 8-5　基于双矢量可变作用时间的定子磁链轨迹

8.3.2　基于双矢量可变作用时间的最优作用时间计算

根据式 (8-16) 和式 (8-17) 可以分别得到有效电压矢量作用结束和零矢量作用结束时的磁链矢量误差，即

$$\begin{cases}\Delta\boldsymbol{\Psi}_{\rm s}(t_{\rm a})|_{\boldsymbol{u}_{\rm a}} = \boldsymbol{\Psi}_{\rm s,ref}(t'+t_{\rm a}) - \hat{\boldsymbol{\Psi}}_{\rm s,1}(t'+t_{\rm a}) \\ \Delta\boldsymbol{\Psi}_{\rm s}(t_{\rm a}+t_{\rm b})|_{\boldsymbol{u}_{\rm a},\boldsymbol{u}_{\rm b}} = \boldsymbol{\Psi}_{\rm s,ref}(t'+t_{\rm a}+t_{\rm b}) - \hat{\boldsymbol{\Psi}}_{\rm s,2}(t'+t_{\rm a}+t_{\rm b})\end{cases} \tag{8-18}$$

可以看出，磁链矢量误差为矢量作用时间 $t_{\rm a}$ 和 $t_{\rm b}$ 的函数。为了使定子磁链矢量的跟踪误差最小，根据双矢量作用结束时刻的定子磁链矢量误差构造代价函数，即

$$\begin{aligned} f(l) &= (\Delta\boldsymbol{\Psi}_{\rm s}(t_{\rm a})|_{\boldsymbol{u}_{\rm a}})^2 + (\Delta\boldsymbol{\Psi}_{\rm s}(t_{\rm a}+t_{\rm b})|_{\boldsymbol{u}_{\rm a},\boldsymbol{u}_{\rm b}})^2 \\ &= (\boldsymbol{\Psi}_{\rm s,ref}(t'+t_{\rm a}) - \hat{\boldsymbol{\Psi}}_{\rm s,1}(t'+t_{\rm a}))^2 \\ &\quad + (\boldsymbol{\Psi}_{\rm s,ref}(t'+t_{\rm a}+t_{\rm b}) - \hat{\boldsymbol{\Psi}}_{\rm s,2}(t'+t_{\rm a}+t_{\rm b}))^2 \end{aligned} \tag{8-19}$$

分别求解，可得

$$\begin{aligned}\frac{\partial f(l)}{\partial t_{\mathrm{a}}}&=\frac{\partial\left[(\Delta\boldsymbol{\Psi}_{\mathrm{s}}(t_{\mathrm{a}})|_{\boldsymbol{u}_{\mathrm{a}}})^2+(\Delta\boldsymbol{\Psi}_{\mathrm{s}}(t_{\mathrm{a}}+t_{\mathrm{b}})|_{\boldsymbol{u}_{\mathrm{a}},\boldsymbol{u}_{\mathrm{b}}})^2\right]}{\partial t_{\mathrm{a}}}=0\\\frac{\partial f(l)}{\partial t_{\mathrm{b}}}&=\frac{\partial\left[(\Delta\boldsymbol{\Psi}_{\mathrm{s}}(t_{\mathrm{a}})|_{\boldsymbol{u}_{\mathrm{a}}})^2+(\Delta\boldsymbol{\Psi}_{\mathrm{s}}(t_{\mathrm{a}}+t_{\mathrm{b}})|_{\boldsymbol{u}_{\mathrm{a}},\boldsymbol{u}_{\mathrm{b}}})^2\right]}{\partial t_{\mathrm{b}}}=0\end{aligned}\tag{8-20}$$

可以获得有效电压矢量和零电压矢量的最优作用时间 t_{a} 和 t_{b}。上述计算过程可推广到所有候选电压矢量，依次求取所有候选电压矢量的最优作用时间。

8.3.3 基于双矢量可变作用时间的最优电压矢量遴选

在获得各个候选电压矢量的最优作用时间后，考虑开关约束项重构代价函数，即

$$F(l)=(\Delta\boldsymbol{\Psi}_{\mathrm{s}}(t_{\mathrm{a}})|_{\boldsymbol{u}_{\mathrm{a}}})^2+(\Delta\boldsymbol{\Psi}_{\mathrm{s}}(t_{\mathrm{a}}+t_{\mathrm{b}})|_{\boldsymbol{u}_{\mathrm{a}},\boldsymbol{u}_0})^2+\lambda_{\mathrm{u}}(\Delta\boldsymbol{u}_{\mathrm{a}})^2+\lambda_{\mathrm{u}}(\Delta\boldsymbol{u}_{\mathrm{b}})^2\tag{8-21}$$

式中，$\Delta\boldsymbol{u}_{\mathrm{a}}$ 和 $\Delta\boldsymbol{u}_{\mathrm{b}}$ 分别表示零电压矢量切换为有效电压矢量和有效电压矢量切换为零电压矢量的开关约束项。

令当前作用零电压矢量 $\boldsymbol{u}=[S_{\mathrm{a}},S_{\mathrm{b}},S_{\mathrm{c}}]$，候选有效电压矢量 $\boldsymbol{u}_{\mathrm{a}}=[\hat{S}_{1,\mathrm{a}},\hat{S}_{1,\mathrm{b}},\hat{S}_{1,\mathrm{c}}]$，候选零电压矢量 $\boldsymbol{u}_{\mathrm{b}}=[\hat{S}_{2,\mathrm{a}},\hat{S}_{2,\mathrm{b}},\hat{S}_{2,\mathrm{c}}]$，则 $\Delta\boldsymbol{u}_{\mathrm{a}}$ 和 $\Delta\boldsymbol{u}_{\mathrm{b}}$ 可以分别表示为

$$\begin{cases}\Delta\boldsymbol{u}_{\mathrm{a}}=|S_{\mathrm{a}}-\hat{S}_{1,\mathrm{a}}|+|S_{\mathrm{b}}-\hat{S}_{1,\mathrm{b}}|+|S_{\mathrm{c}}-\hat{S}_{1,\mathrm{c}}|\\\Delta\boldsymbol{u}_{\mathrm{b}}=|\hat{S}_{1,\mathrm{a}}-\hat{S}_{2,\mathrm{a}}|+|\hat{S}_{1,\mathrm{b}}-\hat{S}_{2,\mathrm{b}}|+|\hat{S}_{1,\mathrm{c}}-\hat{S}_{2,\mathrm{c}}|\end{cases}\tag{8-22}$$

因此，将候选电压矢量依次代入式 (8-21)，循环比较可以选出使代价函数取得最小值时对应的电压矢量及其相应的最优作用时间，即

$$\begin{cases}\boldsymbol{u}_{\mathrm{a,opt}}(l)=\arg\{\min\limits_{\boldsymbol{u}_{\mathrm{a}}}F(l)\}\\t_{\mathrm{a,opt}}(l)=\arg\{\min\limits_{t_{\mathrm{a}}}F(l)\}\\\boldsymbol{u}_{\mathrm{b,opt}}(l)=\arg\{\min\limits_{\boldsymbol{u}_{\mathrm{b}}}F(l)\}\\t_{\mathrm{b,opt}}(l)=\arg\{\min\limits_{t_{\mathrm{b}}}F(l)\}\end{cases}\tag{8-23}$$

至此，基于双矢量可变作用时间预测磁链控制的最优有效电压矢量和零矢量及其作用时间均已确定。

8.4 基于切换点优化的预测磁链控制

在 8.1~8.3 节中，通过选取下一控制周期中最优电压矢量和相应的最优作用时间实现可变矢量作用时间的目标，可以提高对矢量作用时间的控制自由度，降

低转矩脉动和电流谐波含量，改善控制效果。不同于以上控制策略，本节聚焦于优化当前电压矢量和下一控制周期中最优电压矢量的切换时刻，实现磁链矢量误差最小化的控制效果。该方法通过切换点的优化实现可变矢量作用时间的目标，提高对矢量作用时间的控制自由度，以改善控制效果。

8.4.1 基于切换点优化的磁链轨迹

采用传统 FCS-PFC 算法时，电压矢量作用时间固定为单个采样周期 T_{s}，即相邻电压矢量只能在采样点切换，会限制定子磁链矢量的跟踪精度，产生较大的转矩脉动和较高电流谐波含量。与之不同，本节所述的切换点优化算法中，相邻电压矢量的切换时刻不再局限于采样点，而是基于磁链矢量误差最小化原则在采样点前后任意合适位置动作，因此可以获得更为精确的磁链矢量跟踪效果。

为便于理解与说明，将 8.1~8.3 节涉及的一步延时补偿方法统一在 8.5 节中阐述。本节加入延时补偿能够更方便地解释基于切换点优化的预测磁链控制算法，因此下面分析数字化实现过程中引起的一步延时考虑在内。考虑延时补偿，在第 k 个采样点采样并预测第 $(k+2)$ 时刻的控制变量。采用切换点优化方法时，定子磁链轨迹预测值和参考值可以分别表示为

$$
\begin{cases}
\boldsymbol{\Psi}_{\mathrm{s,ref}}(k+2)=\boldsymbol{\Psi}_{\mathrm{s,ref}}\mathrm{e}^{\mathrm{j}\omega_{\mathrm{e}}\cdot 2T_{\mathrm{s}}} \\
\hat{\boldsymbol{\Psi}}_{\mathrm{s}}(k+2)=\boldsymbol{\Psi}_{\mathrm{s}}(k)+\boldsymbol{u}_{\mathrm{opt}}(k)(T_{\mathrm{s}}+t_i(k))+\boldsymbol{u}_i(k+1)(T_{\mathrm{s}}+t_i(k+1))
\end{cases}
\tag{8-24}
$$

式中，$\boldsymbol{u}_{\mathrm{opt}}(k)$ 为当前时刻作用的最优电压矢量了；$\boldsymbol{u}_i(k+1)$ 可以从八个基本电压矢量中选取，$t_i(k+1)$ 为 $\boldsymbol{u}_{\mathrm{opt}}(k)$ 切换到 $\boldsymbol{u}_i(k+1)$ 的优化时间。

$t_i(k+1)$ 为正时，切换时刻在采样点之后；$t_i(k+1)$ 为负时，切换时刻在采样点之前；$t_i(k+1)$ 为 0 时，切换时刻在采样点处。

采用不同控制策略时的电压矢量切换示意图和不同控制策略时的磁链轨迹示意图 (假设最优电压矢量切换顺序为 $\boldsymbol{u}_2\rightarrow\boldsymbol{u}_3$) 分别如图 8-6 和图 8-7 所示。

图中，a、b、c 表示采样点时刻，A、B、C 表示电压矢量切换时刻。采用传统 FCS-PFC 策略 (方法 I) 时，最优电压矢量作用时间固定为采样周期 T_{s}，如图 8-6(a) 所示。由于限制了矢量作用时间控制自由度，磁链矢量不能精确跟踪其参考值，会产生较大的磁链矢量误差，如图 8-7 中方法 I 产生的磁链轨迹所示。为了改善磁链矢量跟踪效果，提出一种改善切换点的 FCS-PFC 策略 (方法 Ⅱ)。采用方法 Ⅱ 时，最优电压矢量作用时间不再固定为 T_{s}，矢量切换可以在采样点之后的合适时刻动作，如图 8-6(b) 所示。这会在一定程度上提高矢量作用时间控制自由度，减少某些切换点的磁链矢量误差，如图 8-7 中方法 Ⅱ 产生的磁链轨迹所示。相对于采用方法 I 的产生磁链轨迹，方法 Ⅱ 通过将 C 处切换时刻优化到采

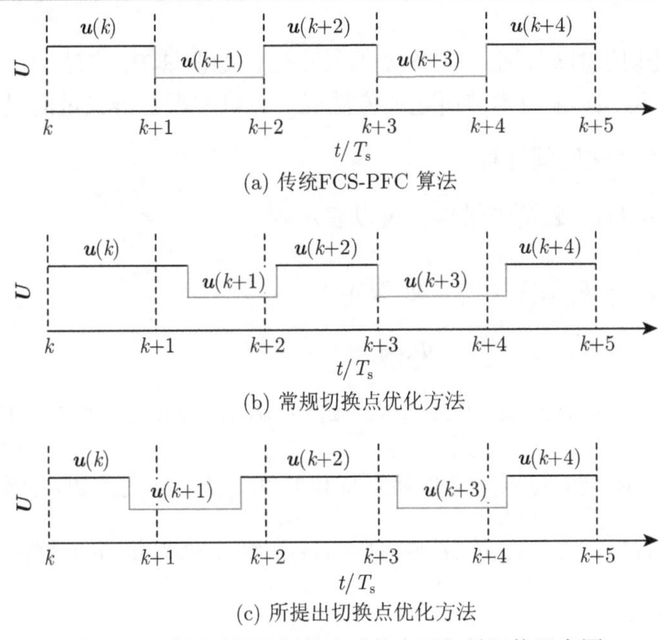

(a) 传统FCS-PFC 算法

(b) 常规切换点优化方法

(c) 所提出切换点优化方法

图 8-6 采用不同控制策略时的电压矢量切换示意图

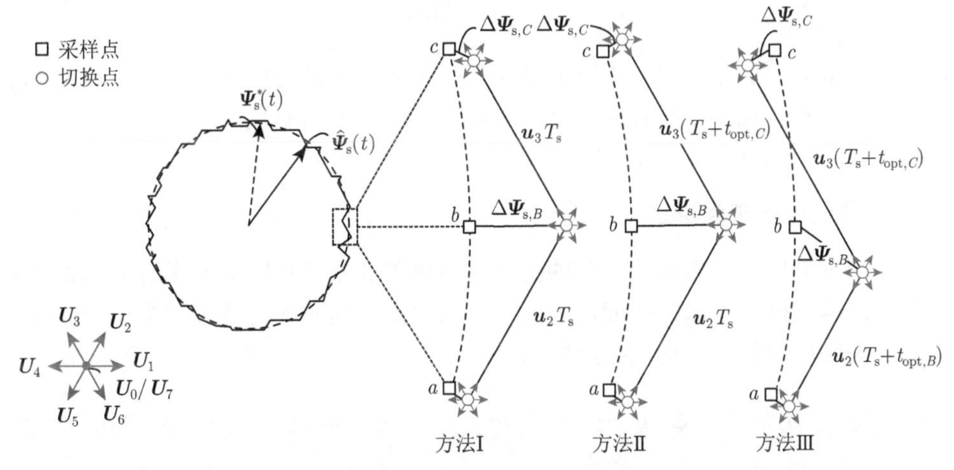

图 8-7 采用不同控制策略时的磁链轨迹示意图 (假设最优电压矢量切换顺序为 $\boldsymbol{u}_2 \rightarrow \boldsymbol{u}_3$)

样点之后的合适位置，减少 C 点的磁链矢量误差。但是，由于 B 处切换时刻最佳切换位置在采样点之前，方法 Ⅱ 无法实现切换点在采样点之前的优化，因此采用方法 Ⅱ 时，某些切换点仍然存在较大的磁链矢量误差。为了解决以上问题，本节提出基于切换点优化的 PFC 策略 (方法 Ⅲ)。采用该方法，最优电压矢量作用时间更加灵活，矢量切换点可以实现在任何最佳切换时刻的优化，如图 8-6(c) 所示。与之相应，在优化的切换点时刻，磁链矢量误差达到最小值，因此采用方法 Ⅲ 可以实现每一处切换时刻磁链矢量误差的最小化，如图 8-7中方法 Ⅲ 产生的磁链轨迹所示。由此可知，采用本节所述的方法 Ⅲ，可以实现磁链矢量的最优跟踪效果。

8.4.2　切换点优化时间计算

根据式 (8-24)，磁链矢量误差可以表示为

$$\begin{aligned}\Delta\boldsymbol{\Psi}_{\mathrm{s}}(t_i)|_{\boldsymbol{u}_i} &= \boldsymbol{\Psi}_{\mathrm{s,ref}}(k+2) - \hat{\boldsymbol{\Psi}}_{\mathrm{s}}(k+2) \\ &= \boldsymbol{\Psi}_{\mathrm{s,ref}}\mathrm{e}^{\mathrm{j}\omega_{\mathrm{e}}2T_{\mathrm{s}}} - \boldsymbol{\Psi}_{\mathrm{s}}(k) \\ &\quad - \boldsymbol{u}_{\mathrm{opt}}(k)(T_{\mathrm{s}}+t_i(k+1)) - \boldsymbol{u}_i(k+1)(T_{\mathrm{s}}+t_i(k+1))\end{aligned} \tag{8-25}$$

由此可知，磁链矢量误差是切换点优化时间 $t_i(k+1)$ 的函数，则构建代价函数

$$f(k+1) = (\Delta\boldsymbol{\Psi}_{\mathrm{s}}(t_i)|_{\boldsymbol{u}_i})^2 = (\boldsymbol{\Psi}_{\mathrm{s,ref}}(k+2) - \hat{\boldsymbol{\Psi}}_{\mathrm{s}}(k+2))^2 \tag{8-26}$$

通过求解下式，即

$$\frac{\mathrm{d}f(k+1)}{\mathrm{d}t_i} = \frac{\mathrm{d}(\Delta\boldsymbol{\Psi}_{\mathrm{s}}(t_i)|_{\boldsymbol{u}_i})^2}{\mathrm{d}t_i} = 0 \tag{8-27}$$

可以得到 $\boldsymbol{u}_i(k+1)$ 作用下，磁链矢量误差最小时对应的切换点优化时间 $t_i(k+1)$。上述计算过程可推广到所有候选电压矢量，依次求取所有候选电压矢量与当前作用电压矢量 $\boldsymbol{u}_{\mathrm{opt}}(k)$ 的切换优化时间。

8.4.3　最优电压矢量遴选

如图 8-7 所示，切换点时刻的磁链矢量误差和采样点时刻的磁链矢量误差都将直接影响磁链矢量跟踪性能，因此为了获得更加精确的磁链矢量跟踪性能与灵活的开关频率调整，重构代价函数为

$$J_2 = |\boldsymbol{\Psi}_{\mathrm{s,ref}}(k+2) - \hat{\boldsymbol{\Psi}}_{\mathrm{s}}(k+2)|^2 + |\boldsymbol{\Psi}^t_{\mathrm{s,ref}}(k+1) - \boldsymbol{\Psi}^t_{\mathrm{s}}(k+1)|^2 + \lambda_u|\Delta u| \tag{8-28}$$

式中，$\boldsymbol{\Psi}^t_{\mathrm{s,ref}}(k+1)$ 和 $\hat{\boldsymbol{\Psi}}^t_{\mathrm{s}}(k+1)$ 分别为切换点处的磁链参考值和预测值，即

$$\begin{cases}\boldsymbol{\Psi}^t_{\mathrm{s,ref}}(k+1) = \boldsymbol{\Psi}_{\mathrm{s,ref}}\mathrm{e}^{\mathrm{j}\omega_{\mathrm{e}}\cdot(T_{\mathrm{s}}+t_i(k+1))} \\ \hat{\boldsymbol{\Psi}}^t_{\mathrm{s}}(k+1) = \boldsymbol{\Psi}_{\mathrm{s}}(k) + \boldsymbol{u}_{\mathrm{opt}}(k)(T_{\mathrm{s}}+t_i(k+1))\end{cases} \tag{8-29}$$

将候选电压矢量及其相应的切换点优化时间依次代入式 (8-28)，循环比较选出使代价函数取得最小值时对应的电压矢量及其相应的切换点优化时间，即

$$\begin{cases}\boldsymbol{u}_{\text{opt}}(k+1)=\arg\{\min\limits_{\boldsymbol{u}_i} J_2\}\\ t_{\text{opt}}(k+1)=\arg\{\min\limits_{t_i} J_2\}\end{cases} \tag{8-30}$$

需要注意，即使考虑延时补偿，在 $[kT_{\text{s}},(k+1)T_{\text{s}}]$ 中也不可能实现 $\boldsymbol{u}_{\text{opt}}(k)$ 到 $\boldsymbol{u}_{\text{opt}}(k+1)$ 的切换，即 $t_{\text{opt}}(k+1)<0$ 时，以上算法无法对磁链跟踪性能进行优化。为解决以上问题，在选出最优电压矢量 $\boldsymbol{u}_{\text{opt}}(k+1)$ 和相应的切换点优化时间 $t_{\text{opt}}(k+1)$ 后，需要进行一步预测对矢量切换模式进行更新。

8.4.4 切换点前后优化模式选择

切换点优化算法的矢量切换模式示意图如图 8-8 所示。根据切换模式 $(M=1,2,3)$ 的不同，可以分为以下三种情况。

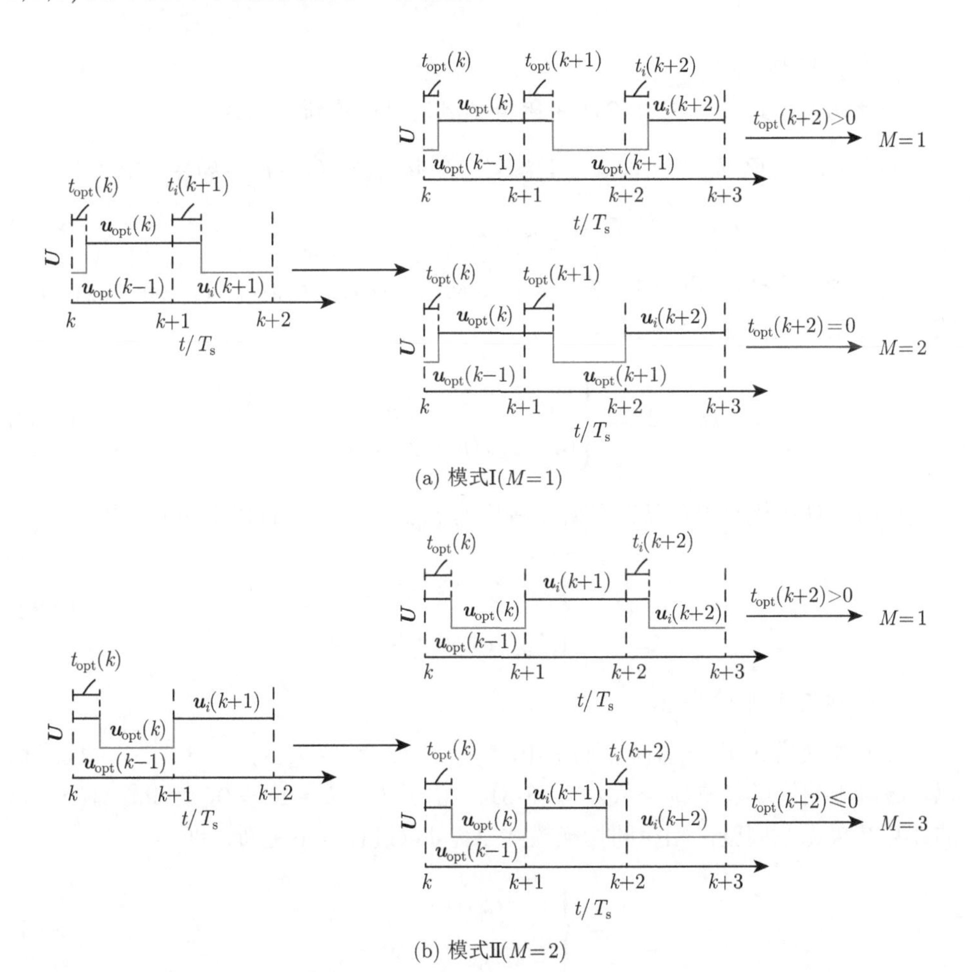

(a) 模式I($M=1$)

(b) 模式II($M=2$)

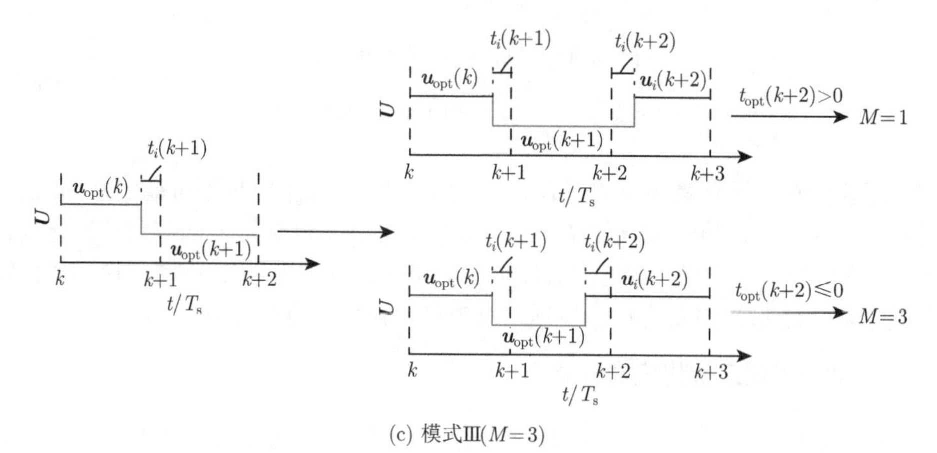

(c) 模式Ⅲ($M=3$)

图 8-8　切换点优化算法的矢量切换模式示意图

1. 切换模式 I ($M = 1$)

在此切换模式下，式 (8-24) 中磁链预测值可以重新表示为

$$\hat{\boldsymbol{\Psi}}_{\rm s}(k+2) = \boldsymbol{\Psi}_{\rm s}(k) + \boldsymbol{u}_{\rm opt}(k-1)t_{\rm opt}(k) + \boldsymbol{u}_{\rm opt}(k)[T_{\rm s} - t_{\rm opt}(k) + t_i(k+1)] + u_i(k+1)[T_{\rm s} - t_i(k+1)] \tag{8-31}$$

因为一个采样周期中的开关状态至多动作一次，当 $t_{\rm opt}(k+1) > 0$，$t_{\rm opt}(k+2)$ 的计算结果需要做如下调整，即

$$t_{\rm opt}(k+2) = \begin{cases} t_{\rm opt}(k+2), & t_{\rm opt}(k+2) > 0 \\ 0, & t_{\rm opt}(k+2) \leqslant 0 \end{cases} \tag{8-32}$$

同时，切换模型 M 应当根据更新后的 $t_{\rm opt}(k+2)$ 进行以下更新，即

$$M = \begin{cases} 1, & t_{\rm opt}(k+2) > 0 \\ 2, & t_{\rm opt}(k+2) \leqslant 0 \end{cases} \tag{8-33}$$

2. 切换模式 Ⅱ (M=2)

在此切换模式下，$t_{\rm opt}(k+1) = 0$，$t_{\rm opt}(k+2) \in (-T_{\rm s}, T_{\rm s})$。与 $M = 1$ 模式相似，磁链预测值可以重新表示为式 (8-31)。由于 $t_{\rm opt}(k+1) = 0$，因此 $t_{\rm opt}(k+2)$ 的计算结果无须调整，相应的切换模式 M 可以进行以下更新，即

$$M = \begin{cases} 1, & t_{\rm opt}(k+2) > 0 \\ 3, & t_{\rm opt}(k+2) \leqslant 0 \end{cases} \tag{8-34}$$

3. 切换模式 Ⅲ (M=3)

在此切换模式下，$t_{\text{opt}}(k+1)<0$，$t_{\text{opt}}(k+2)\in(-T_{\text{s}},T_{\text{s}})$。式 (8-24) 中磁链预测值无须调整。由于 $t_{\text{opt}}(k+1)<0$，$t_{\text{opt}}(k+2)$ 的计算结果也无须调整，相应的切换模式 M 可以进行以下更新，即

$$M=\begin{cases}1, & t_{\text{opt}}(k+2)>0\\ 3, & t_{\text{opt}}(k+2)\leqslant 0\end{cases} \tag{8-35}$$

8.5 模型预测磁链控制算法实现

本节对前述算法的数字化实现过程做进一步阐述。不同于传统 FCS-PFC 算法中控制周期的占空比等于基本电压矢量的占空比，本章提出算法的占空比在每一个控制周期中需要基于电压矢量作用时间进行具体计算。同时，算法在实际实现过程中存在一步计算延时，为了防止一步延时产生的劣化效果，需要进行相应的补偿。相对于传统 FCS-PFC 算法中最优化问题仅需遴选出最优电压矢量，提出的算法还需增加对候选电压矢量最优作用时间或最佳切换点优化时间的计算，因此存在较大的计算负担。为实现该算法的具体应用，本节从基于固定采样周期的占空比更新、一步计算延时补偿、算法的在线优化阐述提出算法的实施过程。

8.5.1 基于固定采样周期的占空比更新

为简化算法的实现，在一个采样周期中，开关状态至多切换一次。为了详细地描述不同开关切换状态下的占空比输出，图 8-9 和图 8-10 展示了典型的电压切换示意图。图中，$\boldsymbol{d}_{\text{abc}}(k-1)$、$\boldsymbol{d}_{\text{abc}}(k)$ 和 $\boldsymbol{d}_{\text{abc}}(k+1)$ 分别表示第 $k-1$、k 和 $k+1$ 个采样周期的三相占空比信号。此外，假设最优电压矢量切换顺序为 $\boldsymbol{u}_0\rightarrow\boldsymbol{u}_6\rightarrow\boldsymbol{u}_2\rightarrow\boldsymbol{u}_3$。为方便描述，采用 $k\in\text{N}$ 和 $l\in\text{N}$ 表示第 k 个采样点和第 l 个开关切换点。

由于矢量作用时间不再固定，三相开关状态在一个采样周期中可能不切换，或者仅切换一次，因此对占空比信号的更新需要进行如下讨论。

1. 开关状态在一个采样周期中保持不变

开关状态在一个采样周期中保持不变时，电压矢量切换示意图如图 8-9所示，$[(k-1)T_{\text{s}},kT_{\text{s}}]$ 中最优电压矢量 $\boldsymbol{u}_{\text{opt}}(l-1)$ 作用于整个采样周期，即三相开关状态在此采样周期中不动作。

在此情况下，占空比信号可以表示为

$$\boldsymbol{d}_{\text{abc}}(k-1)=[0,0,0] \tag{8-36}$$

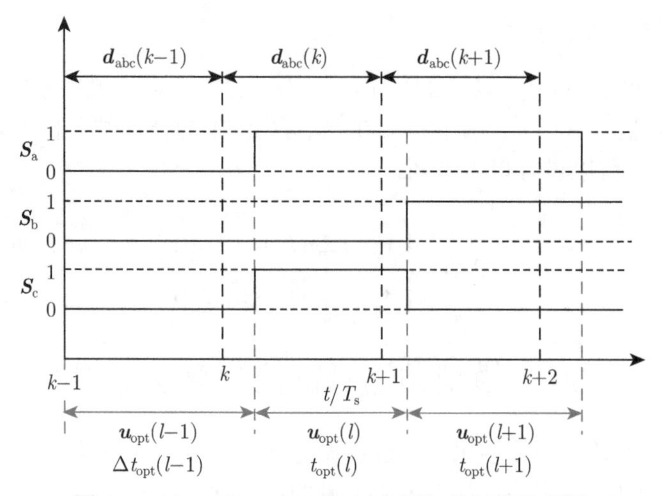

图 8-9　$\Delta t_{\text{opt}}(l-1) \geqslant T_{\text{s}}$ 时电压矢量切换示意图

为方便下一周期占空比信号计算，$\boldsymbol{u}_{\text{opt}}(l-1)$ 剩余的作用时间 $\Delta t_{\text{opt}}(l-1)$ 需要进行相应的更新，即

$$\Delta t_{\text{opt}}(l-1) = \Delta t_{\text{opt}}(l-1) - T_{\text{s}} \tag{8-37}$$

2. 开关状态在一个采样周期中切换一次

开关状态在一个采样周期中切换一次时，电压矢量切换示意图如图 8-10 所示。与上一种情况不同，$[(k-1)T_{\text{s}},\ kT_{\text{s}}]$ 中最优电压矢量 $\boldsymbol{u}_{\text{opt}}(l-1)$ 作用完剩余时间

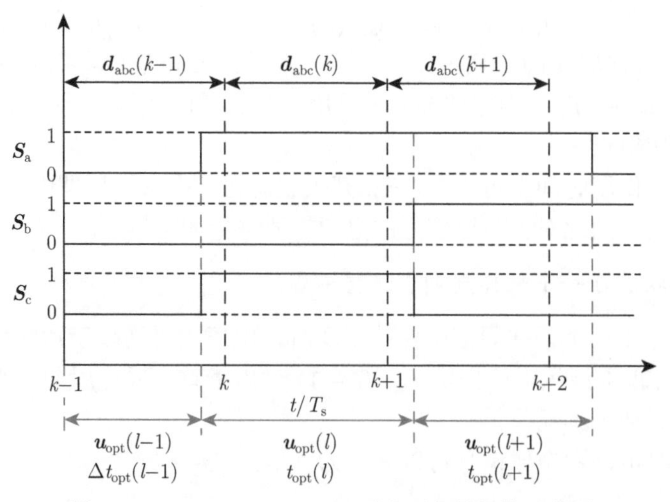

图 8-10　$\Delta t_{\text{opt}}(l-1) < T_{\text{s}}$ 时电压矢量切换示意图

$\Delta t_{\text{opt}}(l-1)$ 后需要切换为 $\boldsymbol{u}_{\text{opt}}(l)$，即三相开关状态在此采样周期中动作一次。

在此情况下，占空比信号可以计算为

$$\boldsymbol{d}_{\text{abc}}(k-1)=\left[\frac{T_{\text{s}}-\Delta t_{\text{opt}}(l-1)}{T_{\text{s}}},0,0\right] \tag{8-38}$$

$\Delta t_{\text{opt}}(l-1)$ 需要更新为 $\Delta t_{\text{opt}}(l)$，即

$$\Delta t_{\text{opt}}(l)=\Delta t_{\text{opt}}(l-1)+t_{\text{opt}}(l)-T_{\text{s}} \tag{8-39}$$

需要指出的是,以上占空比更新方式适用于8.1~8.4节提出算法的占空比计算。

8.5.2 考虑延时补偿的最优解计算

在实际的数字化实现过程中，考虑算法执行消耗一定时间，在当前周期内计算出的最优解无法立刻作用，只能在下个周期内作用。因此，在计算最优电压矢量及其作用时间时，需要将此时间延迟考虑在内。以图 8-9 为例，在 $(k-1)T_{\text{s}}$ 时刻，定子电流 $\boldsymbol{i}_{\text{s}}(k-1)$ 由采样过程得到，转子位置电角度 $\theta_{\text{e}}(k-1)$ 通过编码器及数字信号处理得到。由于一步计算延时的存在，若在 kT_{s} 时刻采样并计算获得最优电压矢量 $\boldsymbol{u}_{\text{opt}}(l)$ 及其最优作用时间 $t_{\text{opt}}(l)$，已不能有效作用于 $[kT_{\text{s}},(k+1)T_{\text{s}}]$ 中，因此在 $(k-1)T_{\text{s}}$ 时刻，需要预测 $[kT_{\text{s}},(k+1)T_{\text{s}}]$ 中的电压切换状态。考虑延时补偿，式 (8-3) 中 t_0 表示图 8-9 中 $\boldsymbol{u}_{\text{opt}}(l-1)$ 到 $\boldsymbol{u}_{\text{opt}}(l)$ 的切换时刻。此时，磁链矢量预测值与参考值可以分别表示为

$$\begin{cases}\hat{\boldsymbol{\varPsi}}_{\text{s}}(t_0+t_i)=\boldsymbol{\varPsi}_{\text{s}}(k-1)+\boldsymbol{u}_{\text{opt}}(l-1)\Delta t_{\text{opt}}(l-1)+\boldsymbol{u}_i t_i\\ \boldsymbol{\varPsi}_{\text{s,ref}}(t_0+t_i)=\boldsymbol{\varPsi}_{\text{s,ref}}(k-1)\text{e}^{\text{j}\omega_{\text{e}}(\Delta t_{\text{opt}}(l-1)+t_i)}\end{cases} \tag{8-40}$$

因此，可以重新计算出磁链矢量误差，即

$$\Delta\boldsymbol{\varPsi}_{\text{s}}(t_i)|_{\boldsymbol{u}_i}=\boldsymbol{\varPsi}_{\text{s,ref}}(k-1)\text{e}^{\text{j}\omega_{\text{e}}(\Delta t_{\text{opt}}(l-1)+t_i)}-\boldsymbol{\varPsi}_{\text{s}}(k-1)-\boldsymbol{u}_{\text{opt}}(l-1)\Delta t_{\text{opt}}(l-1)-\boldsymbol{u}_i t_i \tag{8-41}$$

可以发现，考虑延时补偿的磁链矢量误差仍然为候选电压矢量作用时间 t_i 的函数。根据式 (8-5)~ 式 (8-9)，可以依次求取候选电压矢量最优作用时间，确定最优电压矢量。

至此，考虑一步延时补偿后的最优电压矢量及其作用时间均已获得。

8.5.3 算法的在线简化

在前四节所述的算法中，由于需要遍历计算所有候选电压矢量的最优作用时间或最佳切换时间，同时在遴选最优电压矢量时同样需要遍历所有候选电压矢量，繁重的计算负担将不可避免。为解决以上问题，本节分别基于相邻矢量和预判扇区提出两种简化候选电压矢量集的方法。

1. 基于相邻矢量的候选电压矢量集简化方法

为了减小基于单矢量可变作用时间预测磁链算法的计算负担和平均开关频率，本节提出一种基于相邻电压矢量的候选电压矢量集简化方法。该方法通过查表可以得到简化的候选电压矢量集。基于相邻矢量的候选电压矢量集如表 8-1 所示。

表 8-1 基于相邻矢量的候选电压矢量集

前一个电压矢量	候选电压矢量集
$\boldsymbol{u}_0$	$\boldsymbol{u}_0 \sim \boldsymbol{u}_7$
$\boldsymbol{u}_1$	$\boldsymbol{u}_0, \boldsymbol{u}_1, \boldsymbol{u}_2, \boldsymbol{u}_6$
$\boldsymbol{u}_2$	$\boldsymbol{u}_1, \boldsymbol{u}_2, \boldsymbol{u}_3, \boldsymbol{u}_7$
$\boldsymbol{u}_3$	$\boldsymbol{u}_0, \boldsymbol{u}_2, \boldsymbol{u}_3, \boldsymbol{u}_4$
$\boldsymbol{u}_4$	$\boldsymbol{u}_3, \boldsymbol{u}_4, \boldsymbol{u}_5, \boldsymbol{u}_7$
$\boldsymbol{u}_5$	$\boldsymbol{u}_0, \boldsymbol{u}_4, \boldsymbol{u}_5, \boldsymbol{u}_6$
$\boldsymbol{u}_6$	$\boldsymbol{u}_1, \boldsymbol{u}_5, \boldsymbol{u}_6, \boldsymbol{u}_7$
$\boldsymbol{u}_7$	$\boldsymbol{u}_0 \sim \boldsymbol{u}_7$

可以看出，若前一个最优电压矢量为非零矢量时，候选电压矢量集包括前一个最优电压矢量本身、相邻的两个电压矢量，以及零矢量。若前一个最优电压矢量为零矢量，下一个最优电压矢量就会从 8 个基本电压矢量中选出。在候选电压矢量集确定之后，代价函数可以通过遍历矢量集的方法选出最优解[117]。

2. 基于预判扇区的候选电压矢量集简化方法

为减小基于双矢量可变作用时间的预测磁链算法的计算负担，可使用基于预判扇区的候选电压矢量集简化方法。预判磁链矢量误差扇区位置的示意图和基于预判扇区的候选电压矢量集分别如图 8-11 和表 8-2 所示。

表 8-2 中展示了磁链矢量 $\hat{\boldsymbol{\Psi}}_{\rm s}(t')$ 位于不同扇区时简化的候选电压矢量集。例如，当 $\hat{\boldsymbol{\Psi}}_{\rm s}(t')$ 位于扇区 I 时，$\hat{\boldsymbol{\Psi}}_{\rm s}(t')$ 和 $\boldsymbol{u}_1$、$\boldsymbol{u}_2$、$\boldsymbol{u}_6$ 的角度 (即 θ_1、θ_2、θ_3) 都小于 90°。如果 $\hat{\boldsymbol{\Psi}}_{\rm s}(t')$ 的幅值小于 $\boldsymbol{\Psi}_{\rm s,ref}(t')$ 的幅值，则 $\boldsymbol{u}_1$、$\boldsymbol{u}_2$ 和 $\boldsymbol{u}_6$ 可以作为候选电压矢量。通过这种方法，可以选取 $\boldsymbol{u}_1$、$\boldsymbol{u}_2$ 或者 $\boldsymbol{u}_6$ 减小磁链矢量误差，而增加磁链矢量误差的电压矢量 (即 $\boldsymbol{u}_3$、$\boldsymbol{u}_4$ 和 $\boldsymbol{u}_5$) 可以直接排除。同理，当 $\hat{\boldsymbol{\Psi}}_{\rm s}(t')$ 位于扇区 Ⅲ 时，$\hat{\boldsymbol{\Psi}}_{\rm s}(t')$ 和 $\boldsymbol{u}_5$、$\boldsymbol{u}_6$、$\boldsymbol{u}_1$ 的角度 (即 θ_4、θ_5、θ_6) 都大于 90°。如果 $\hat{\boldsymbol{\Psi}}_{\rm s}(t')$ 的幅值大于 $\boldsymbol{\Psi}_{\rm s,ref}(t')$ 的幅值，可以选取 $\boldsymbol{u}_1$、$\boldsymbol{u}_5$ 和 $\boldsymbol{u}_6$ 作为候选电压矢量集。

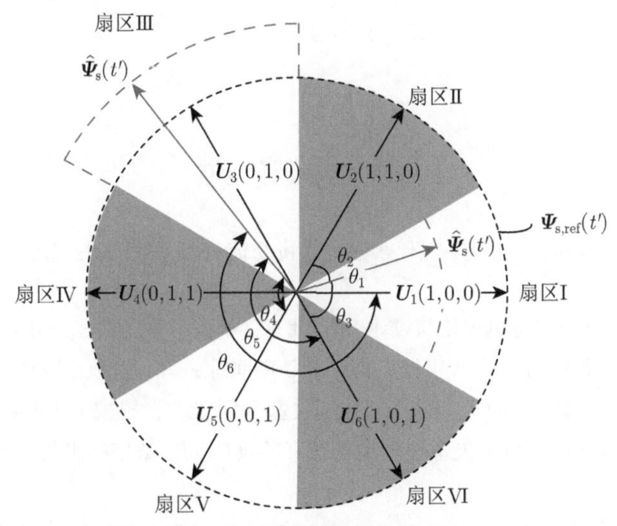

图 8-11 预判磁链矢量误差扇区位置的示意图

表 8-2 基于预判扇区的候选电压矢量集

扇区	$\|\hat{\boldsymbol{\Psi}}_{\rm s}(t')\| - \|\boldsymbol{\Psi}_{\rm s,ref}(t')\| < 0$	$\|\hat{\boldsymbol{\Psi}}_{\rm s}(t')\| - \|\boldsymbol{\Psi}_{\rm s,ref}(t')\| > 0$
Ⅰ	$\boldsymbol{u}_1$, $\boldsymbol{u}_2$, $\boldsymbol{u}_6$	$\boldsymbol{u}_3$, $\boldsymbol{u}_4$, $\boldsymbol{u}_5$
Ⅱ	$\boldsymbol{u}_1$, $\boldsymbol{u}_2$, $\boldsymbol{u}_3$	$\boldsymbol{u}_4$, $\boldsymbol{u}_5$, $\boldsymbol{u}_6$
Ⅲ	$\boldsymbol{u}_2$, $\boldsymbol{u}_3$, $\boldsymbol{u}_4$	$\boldsymbol{u}_1$, $\boldsymbol{u}_5$, $\boldsymbol{u}_6$
Ⅳ	$\boldsymbol{u}_3$, $\boldsymbol{u}_4$, $\boldsymbol{u}_5$	$\boldsymbol{u}_1$,$\boldsymbol{u}_2$, $\boldsymbol{u}_6$
Ⅴ	$\boldsymbol{u}_4$, $\boldsymbol{u}_5$, $\boldsymbol{u}_6$	$\boldsymbol{u}_1$,$\boldsymbol{u}_2$, $\boldsymbol{u}_3$
Ⅵ	$\boldsymbol{u}_1$, $\boldsymbol{u}_5$, $\boldsymbol{u}_6$	$\boldsymbol{u}_2$,$\boldsymbol{u}_3$, $\boldsymbol{u}_4$

参 考 文 献

[1] 郭庆鼎, 孙宜标, 王丽梅. 现代永磁电动机交流伺服系统 [M]. 北京：中国电力出版社, 2006.

[2] 唐任远. 现代永磁电机理论与设计 [M]. 北京：机械工业出版社, 2016.

[3] 杨国良, 李建雄. 永磁同步电机控制技术 [M]. 北京：知识产权出版社, 2015.

[4] 王成元, 夏加宽, 孙宜标. 现代电机控制技术 [M]. 北京：机械工业出版社, 2014.

[5] 李帅男. 永磁同步电机矢量控制系统仿真的设计 [J]. 数字技术与应用, 2018, 36 (10): 12–13.

[6] Li S, Liu Z. Adaptive speed control for permanent-magnet synchronous motor system with variations of load inertia [J]. IEEE Transactions on Industrial Electronics, 2009, 56 (8): 3050–3059.

[7] Mohamed Y A I, El-Saadany E F. A current control scheme with an adaptive internal model for torque ripple minimization and robust current regulation in PMSM drive systems [J]. IEEE Transactions on Energy Conversion, 2008, 23 (1): 92–100.

[8] Bolognani S, Zordan M, Zigliotto M. Experimental fault-tolerant control of a PMSM drive [J]. IEEE Transactions on Industrial Electronics, 2000, 47 (5): 1134–1141.

[9] 丁宝苍. 预测控制的理论与方法 [M]. 北京：机械工业出版社, 2007.

[10] 席裕庚. 预测控制 [M]. 北京：国防工业出版社, 1991.

[11] 王伟. 广义预测控制理论及其应用 [M]. 北京：科学出版社, 1998.

[12] 高丽媛. 永磁同步电机的模型预测控制研究 [D]. 杭州：浙江大学, 2013.

[13] Rodriguez J, Cortes P. Predictive control of a three-phase inverter [J]. Electronics Letters, 2004, 40 (9): 561–563.

[14] Zhang Y C, Xie W, Li Z X, et al. Low-complexity model predictive power control: Double-vector-based approach [J]. IEEE Transactions on Industrial Electronics, 2014, 61 (11): 5871–5880.

[15] Morales-Caporal R, Pacas M. A predictive torque control for the synchronous reluctance machine taking into account the magnetic cross saturation [J]. IEEE Transactions on Industrial Electronics, 2007, 54 (2): 1161–1167.

[16] Lai Y S, Chen J H. A new approach to direct torque control of induction motor drives for constant inverter switching frequency and torque ripple reduction [J]. IEEE Transactions on Energy Conversion, 2001, 16 (3): 220–227.

[17] Lin S X, Morel F, Llor A M, et al. Implementation of hybrid control for motor drives [J]. IEEE Transactions on Industrial Electronics, 2007, 54 (4): 1946–1952.

[18] 欧阳红林, 周马山, 童调生. 多相永磁同步电动机不对称运行的矢量控制 [J]. 中国电机工程学报, 2004, (7): 149–154.

[19] 刘旭, 阮毅, 张朝艺. 一种异步电机转动惯量辨识方法 [J]. 电机与控制应用, 2009, 36 (9): 1–3.

[20] Bolognani S, Tubiana L, Zigliotto M. EKF-based sensorless IPM synchronous motor drive for flux-weakening applications [J]. IEEE Transactions on Industry Applications, 2003, 39 (3): 768–775.

[21] 高瑾, 殷桂来, 霍锋伟, 等. 考虑损耗的内置式永磁同步电机标幺化系统硬件在环实时仿真与测试 [J]. 电工技术学报, 2016, 31 (19): 147–154.

[22] Shahbazi M, Poure P, Saadate S, et al. FPGA-based fast detection with reduced sensor count for a fault-tolerant three-phase converter [J]. IEEE Transactions on Industrial Informatics, 2013, 9 (3): 1343–1350.

[23] 宋建国, 牟蓬涛, 林强强. 基于标幺化模型的 PMSM 矢量控制系统设计 [J]. 电力电子技术, 2016, 50 (6): 58–60.

[24] Herrera L, Li C, Yao X, et al. FPGA-based detailed real-time simulation of power converters and electric machines for EV HIL applications [J]. IEEE Transactions on Industry Applications, 2015, 51 (2): 1702–1712.

[25] 姚骏, 廖勇, 李辉, 等. 直驱永磁同步风力发电机单位功率因数控制 [J]. 电机与控制学报, 2010, 14 (6): 13–20.

[26] 白玉成, 唐小琦, 吴功平. 内置式永磁同步电机弱磁调速控制 [J]. 电工技术学报, 2011, 26 (9): 54–59.

[27] Sue S M, Pan C T. Voltage-constraint-tracking-based field-weakening control of IPM synchronous motor drives [J]. IEEE Transactions on Industrial Electronics, 2008, 55 (1): 340–347.

[28] Ben-Brahim L. On the compensation of dead time and zero-current crossing for a PWM-inverter-controlled AC servo drive [J]. IEEE Transactions on Industrial Electronics, 2004, 51 (5): 1113–1118.

[29] 吴茂刚, 赵荣祥, 汤新舟. 正弦和空间矢量 PWM 逆变器死区效应分析与补偿 [J]. 中国电机工程学报, 2006, (12): 101–105.

[30] 卢东斌, 欧阳明高, 谷靖, 等. 电动汽车永磁同步电机最优制动能量回馈控制 [J]. 中国电机工程学报, 2013, 33 (3): 83–91.

[31] 肖岚, 李睿. 电压电流双闭环控制逆变器并联系统的建模和环流特性分析 [J]. 电工技术学报, 2006, (2): 51–56.

[32] Choi J W, Sul S K. Inverter output voltage synthesis using novel dead time compensation [J]. IEEE Transactions on Power Electronics, 1996, 11 (2): 221–227.

[33] 宋文胜, 蒋蔚, 刘碧, 等. 单相级联 H 桥整流器简化模型预测电流控制 [J]. 中国电机工程学报, 2019, 39 (4): 1127–1138.

[34] Kim H S, Moon H T, Youn M J. On-line dead-time compensation method using disturbance observer [J]. IEEE Transactions on Power Electronics, 2003, 18 (6): 1336–1345.

[35] 高宏伟, 于艳君, 柴凤, 等. 基于载波频率成分法的内置式永磁同步电机无位置传感器控制 [J]. 中国电机工程学报, 2010, 30 (18): 91–96.

[36] Corzine K, Sudhoff S, Whitcomb C. Performance characteristics of a cascaded two-level converter [J]. IEEE Transactions on Energy Conversion, 1999, 14 (3): 433–439.

[37] Venugopal R B, Somasekhar V T, Kalyan Y. Decoupled space vector PWM strategies for a four-level asymmetrical open-end winding induction motor drive with waveform symmetries [J]. IEEE Transactions on Industrial Electronics, 2011, 58 (11): 5130–5141.

[38] Levi E. Advances in converter control and innovative exploitation of additional degrees of freedom for multiphase machines [J]. IEEE Transactions on Industrial Electronics, 2016, 63 (1): 433–448.

[39] 方辉, 冯晓云, 葛兴来, 等. 过调制区内两电平 SVPWM 与 CBPWM 算法的内在联系研究 [J]. 中国电机工程学报, 2012, 32 (18): 23–30.

[40] 王文杰, 闫浩, 邹继斌, 等. 基于混合脉宽调制技术的永磁同步电机过调制区域相电流重构策略 [J]. 中国电机工程学报, 2021, 41 (17): 6050–6060.

[41] Harke M C, Guerrero J M, Degner M W, et al. Current measurement gain tuning using high-frequency signal injection [J]. IEEE Transactions on Industry Applications, 2008, 44 (5): 1578–1586.

[42] 钟再敏, 王庆龙, 尹星. 不同空间矢量调制算法的共模电压抑制性能对比研究 [J]. 电机与控制应用, 2021, 48 (5): 26–33.

[43] Julian A, Oriti G, Lipo T. Elimination of common-mode voltage in three-phase sinusoidal power converters [J]. IEEE Transactions on Power Electronics, 1999, 14 (5): 982–989.

[44] Yang S C. Saliency-based position estimation of permanent-magnet synchronous machines using square-wave voltage injection with a single current sensor [J]. IEEE Transactions on Industry Applications, 2015, 51 (2): 1561–1571.

[45] 鄢永, 黄文新. 基于闭环电流预测的永磁同步电机电流环延时补偿策略研究 [J]. 中国电机工程学报, 2022, 42(1): 1–11.

[46] 卞延庆, 庄海, 张颖杰. 永磁同步电机电流环电压前馈解耦控制 [J]. 微电机, 2015, 48 (7): 68–72.

[47] Dhaouadi R, Kubo K, Tobise M. Two-degree-of-freedom robust speed controller for high-performance rolling mill drives [J]. IEEE Transactions on Industry Applications, 1993, 29 (5): 919–926.

[48] Umeno T, Hori Y. Robust speed control of DC servomotors using modern two degrees-of-freedom controller design [J]. IEEE Transactions on Industrial Electronics, 1991, 38 (5): 363–368.

[49] 王莉娜, 朱鸿悦, 杨宗军. 永磁同步电动机调速系统 PI 控制器参数整定方法 [J]. 电工技术学报, 2014, 29 (5): 104–117.

[50] 蒋学程, 彭侠夫. 小转动惯量 PMSM 电流环二自由度内模控制 [J]. 电机与控制学报, 2011, 15 (8): 69–74.

[51] 张井岗, 刘志运, 裴润. 交流伺服系统的二自由度内模控制 [J]. 电工技术学报, 2002, (4): 45–48.

[52] 杨明, 李钊, 胡浩, 等. 永磁同步伺服系统速度调节器抗饱和补偿器设计 [J]. 电机与控制学报, 2011, 15 (4): 46–51.

[53] 唐文明, 骆光照, 马升潘, 等. 永磁同步电动机矢量相位滞后的误差补偿控制 [J]. 微特电机, 2013, 41 (9): 1–3.

[54] 王宏佳, 杨明, 牛里, 等. 永磁交流伺服系统电流环带宽扩展研究 [J]. 中国电机工程学报, 2010, 30 (12): 56–62.

[55] 符慧, 左月飞, 刘闯, 等. 永磁同步电机转速环的一种变结构 PI 控制器 [J]. 电工技术学报, 2015, 30 (12): 237–242.

[56] Choi C, Lee W. Analysis and compensation of time delay effects in hardware-in-the-loop simulation for automotive PMSM drive system [J]. IEEE Transactions on Industrial Electronics, 2012, 59 (9): 3403–3410.

[57] 刘景林, 公超, 韩泽秀, 等. 永磁同步电机闭环控制系统数字 PI 参数整定 [J]. 电机与控制学报, 2018, 22 (4): 26–32.

[58] 朱磊, 温旭辉, 赵峰, 等. 永磁同步电机弱磁失控机制及其应对策略研究 [J]. 中国电机工程学报, 2011, 31 (18): 67–72.

[59] 赵纪龙, 林明耀, 付兴贺, 等. 混合励磁同步电机及其控制技术综述和新进展 [J]. 中国电机工程学报, 2014, 34 (33): 5876–5887.

[60] Morimoto S, Takeda Y, Hirasa T, et al. Expansion of operating limits for permanent magnet motor by current vector control considering inverter capacity [J]. IEEE Transactions on Industry Applications, 1990, 26 (5): 866–871.

[61] 窦汝振, 温旭辉. 永磁同步电动机直接转矩控制的弱磁运行分析 [J]. 中国电机工程学报, 2005, (12): 117–121.

[62] 白玉成, 唐小琦, 吴功平. 内置式永磁同步电机弱磁调速控制 [J]. 电工技术学报, 2011, 26 (9): 54–59.

[63] 王伟华, 肖曦. 永磁同步电机高动态响应电流控制方法研究 [J]. 中国电机工程学报, 2013, 33(21): 117–123.

[64] Morel F, Lin S X, Retif J M, et al. A comparative study of predictive current control schemes for a permanent-magnet synchronous machine drive [J]. IEEE Transactions on Industrial Electronics, 2009, 56 (7): 2715–2728.

[65] Moreno J C, Espi H J M, Gil R G, et al. A robust predictive current control for three-phase grid-connected inverters [J]. IEEE Transactions on Industrial Electronics, 2009, 56 (6): 1993–2004.

[66] Casadei D, Profumo F, Serra G, et al. FOC and DTC: Two viable schemes for induction motors torque control [J]. IEEE Transactions on Power Electronics, 2002, 17 (5): 779–787.

[67] Serrano-Iribarnegaray L, Martinez-Roman J. A unified approach to the very fast torque control methods for DC and AC machines [J]. IEEE Transactions on Industrial Electronics, 2007, 54 (4): 2047–2056.

[68] Pacas M, Weber J. Predictive direct torque control for the PM synchronous machine [J]. IEEE Transactions on Industrial Electronics, 2005, 52 (5): 1350–1356.

[69] 牛里. 基于参数辨识的高性能永磁同步电机控制策略研究 [D]. 哈尔滨：哈尔滨工业大学, 2015.

[70] Davari S A, Khaburi D A, Kennel R. An improved FCS - MPC algorithm for an induction motor with an imposed optimized weighting factor [J]. IEEE Transactions on Power Electronics, 2012, 27 (3): 1540–1551.

[71] Aguilera R P, Lezana P, Quevedo D E. Finite-control-set model predictive control with improved steady-state performance [J]. IEEE Transactions on Industrial Informatics, 2013, 9 (2): 658–667.

[72] Akagi H, Kanazawa Y, Nabae A. Instantaneous reactive power compensators comprising switching devices without energy storage components [J]. IEEE Transactions on Industry Applications, 1984, 20 (3): 625–630.

[73] Zhang Y, Zhu J. A novel duty cycle control strategy to reduce both torque and flux ripples for DTC of permanent magnet synchronous motor drives with switching frequency reduction [J]. IEEE Transactions on Power Electronics, 2011, 26 (10): 3055–3067.

[74] Wu J, Zhang D, Li Y. Fully digital implementation of PMSM servo based on a novel current control strategy [C] // Proceedings of Power Conversion Conference, 1997: 133–138.

[75] 黄文涛, 花为, 於锋. 考虑定位力矩补偿的磁通切换永磁电机模型预测转矩控制方法 [J]. 电工技术学报, 2017, 32(15): 27–33.

[76] Cortes P, Rodriguez J, Silva C, et al. Delay compensation in model predictive current control of a three-phase inverter [J]. IEEE Transactions on Industrial Electronics, 2012, 59 (2): 1323–1325.

[77] 王伟华, 肖曦, 丁有爽. 永磁同步电机改进电流预测控制 [J]. 电工技术学报, 2013, 28 (3): 50–55.

[78] 张永昌, 杨海涛, 魏香龙. 基于快速矢量选择的永磁同步电机模型预测控制 [J]. 电工技术学报, 2016, 31 (6): 66–73.

[79] 兰志勇, 王波, 徐琛, 等. 永磁同步电机新型三矢量模型预测电流控制 [J]. 中国电机工程学报, 2018, 38 (S1): 243–249.

[80] 周湛清, 夏长亮, 陈炜, 等. 具有参数鲁棒性的永磁同步电机改进型预测转矩控制 [J]. 电工技术学报, 2018, 33 (5): 965–972.

[81] 谢云辉, 郑常宝, 胡存刚, 等. 永磁同步电机模型预测的优化控制策略 [J]. 电力电子技术, 2019, 53 (7): 39–42.

[82] 曹晓冬, 杨世海, 陈宇沁, 等. 基于无模型预测控制的 PMSM 鲁棒调速系统 [J]. 电力电子技术, 2019, 53 (10): 43–47.

[83] 丁石川, 王清明, 杭俊, 等. 计及模型预测控制的永磁同步电机匝间短路故障诊断 [J]. 中国电机工程学报, 2019, 39 (12): 3697–3708.

[84] 李红, 孙文涛. 基于全局电流变化更新的 PMSM 无模型预测控制 [J]. 电力电子技术, 2020, 54 (11): 116–120.

[85] 张虎, 张永昌, 刘家利, 等. 基于单次电流采样的永磁同步电机无模型预测电流控制 [J]. 电工技术学报, 2017, 32 (2): 180–187.

[86] 赵凯辉, 周瑞睿, 冷傲杰, 等. 一种永磁同步电机的有限集无模型容错预测控制算法 [J]. 电工技术学报, 2021, 36 (1): 27–38.

[87] 史涔溦, 解正宵, 陈卓易, 等. 永磁同步电机无参数超局部模型预测控制 [J]. 电机与控制学报, 2021, 25 (8): 1–8.

[88] 霍闯, 於锋, 茅靖峰. 永磁同步电机无权值全速域模型预测磁链控制 [J]. 微电机, 2020, 53 (9): 75–81.

[89] 於锋, 吴晓新, 田朱杰, 等. 计及中点电位平衡的 PMSM 三电平无权值预测磁链控制 [J]. 电机与控制学报, 2020, 24 (9): 145–155.

[90] Yang J, Chen W H, Li S, et al. Disturbance/uncertainty estimation and attenuation techniques in PMSM drives-A survey [J]. IEEE Transactions on Industrial Electronics, 2017, 64 (4): 3273–3285.

[91] Zhou K, Low K S, Wang D, et al. Zero-phase odd-harmonic repetitive controller for a single-phase PWM inverter [J]. IEEE Transactions on Power Electronics, 2006, 21 (1): 193–201.

[92] Zhou K, Wang D, Zhang B, et al. Plug-in dual-mode-structure repetitive controller for CVCF PWM inverters [J]. IEEE Transactions on Industrial Electronics, 2009, 56 (3): 784–791.

[93] Bodson M, Douglas S C. Adaptive algorithms for the rejection of sinusoidal disturbances with unknown frequency [J]. Automatica, 1997, 33 (12): 2213–2221.

[94] Yang Y, Zhou K, Blaabjerg F. Enhancing the frequency adaptability of periodic current controllers with a fixed sampling rate for grid-connected power converters [J]. IEEE Transactions on Power Electronics, 2016, 31 (10): 7273–7285.

[95] Chen D, Zhang J, Qian Z. An improved repetitive control scheme for grid-connected inverter with frequency-adaptive capability [J]. IEEE Transactions on Industrial Electronics, 2013, 60 (2): 814–823.

[96] Cui P, Wang Q, Li S, et al. Combined FIR and fractional-order repetitive control for harmonic current suppression of magnetically suspended rotor system [J]. IEEE Transactions on Industrial Electronics, 2017, 64 (6): 4828–4835.

[97] Zou Z, Zhou K, Wang Z, et al. Frequency-adaptive fractional-order repetitive control of shunt active power filters [J]. IEEE Transactions on Industrial Electronics, 2015, 62 (3): 1659–1668.

[98] Xie C, Zhao X, Savaghebi M, et al. Multirate fractional-order repetitive control of shunt active power filter suitable for microgrid applications [J]. IEEE Journal of Emerging and Selected Topics in Power Electronics, 2017, 5 (2): 809–819.

[99] Liu Z, Zhang B, Zhou K, et al. Virtual variable sampling discrete Fourier transform based selective odd-order harmonic repetitive control of DC/AC converters [J]. IEEE Transactions on Power Electronics, 2018, 33 (7): 6444–6452.

[100] Zhou Z, Xia C, Yan Y, et al. Disturbances attenuation of permanent magnet synchronous motor drives using cascaded predictive-integral-resonant controllers [J]. IEEE Transactions on Power Electronics, 2018, 33 (2): 1514–1527.

[101] Teodorescu R, Blaabjerg F, Liserre M, et al. Proportional-resonant controllers and filters for grid-connected voltage-source converters [J]. IEE Proceedings of Electric Power Applications, 2006, 153 (5): 750–762.

[102] Yang Y, Zhou K, Cheng M, et al. Phase compensation multiresonant control of CVCF PWM converters [J]. IEEE Transactions on Power Electronics, 2013, 28 (8): 3923–3930.

[103] Lascu C, Asiminoaei L, Boldea I, et al. Frequency response analysis of current controllers for selective harmonic compensation in active power filters [J]. IEEE Transactions on Industrial Electronics, 2009, 56 (2): 337–347.

[104] Zhou K, Yang Y, Blaabjerg F, et al. Optimal selective harmonic control for power harmonics mitigation [J]. IEEE Transactions on Industrial Electronics, 2015, 62 (2): 1220–1230.

[105] Yepes A G, Freijedo F D, Doval-Gandoy J, et al. Effects of discretization methods on the performance of resonant controllers [J]. IEEE Transactions on Power Electronics, 2010, 25 (7): 1692–1712.

[106] Jorge S G, Busada C A, Solsona J A. Frequency-adaptive current controller for three-phase grid-connected converters [J]. IEEE Transactions on Industrial Electronics, 2013, 60 (10): 4169–4177.

[107] Zanchetta P, Degano M, Liu J, et al. Iterative learning control with variable sampling frequency for current control of grid-connected converters in aircraft power systems [J]. IEEE Transactions on Industry Applications, 2013, 49 (4): 1548–1555.

[108] Deng H, Oruganti R, Srinivasan D. Analysis and design of iterative learning control strategies for UPS inverters [J]. IEEE Transactions on Industrial Electronics, 2007, 54 (3): 1739–1751.

[109] Yepes A G, Freijedo F D, Óscar Lopez, et al. High-performance digital resonant controllers implemented with two integrators [J]. IEEE Transactions on Power Electronics, 2011, 26 (2): 563–576.

[110] Song Z F, Xia C L, Liu T. Predictive current control of three-phase grid-connected converters with constant switching frequency for wind energy systems [J]. IEEE Transactions on Industrial Electronics, 2013, 60 (6): 2451–2464.

[111] 牛峰, 韩振铎, 黄晓艳, 等. 永磁同步电机模型预测磁链控制 [J]. 电机与控制学报, 2019, 23 (3): 34–41.

[112] 夏长亮, 张天一, 周湛清, 等. 结合开关表的三电平逆变器永磁同步电机模型预测转矩控制 [J]. 电工技术学报, 2016, 31 (20): 83–92.

[113] 於锋, 朱晨光, 吴晓新, 等. 基于矢量分区的永磁同步电机三电平双矢量模型预测磁链控制 [J]. 电工技术学报, 2020, 35 (10): 2130–2140.

[114] 孙翀. 开绕组永磁同步电机驱动系统优化模型预测控制技术研究 [D]. 杭州：浙江大学, 2019.

[115] 葛兴来, 胡晓, 孙伟鑫, 等. 永磁同步电机三矢量优化预测磁链控制 [J]. 电机与控制学报, 2021, 25 (8): 9–17.

[116] 张永昌, 杨海涛. 感应电机模型预测磁链控制 [J]. 中国电机工程学报, 2015, 35 (3): 719–726.

[117] Brosch A, Wallscheid O, Böcker J. Torque and inductances estimation for finite model predictive control of highly utilized permanent magnet synchronous motors [J]. IEEE Transactions on Industrial Informatics, 2021, 17 (12): 8080–8091.